VORLESUNGEN
ÜBER
GRAPHISCHE STATIK

VON

FRIEDRICH SCHUR

HERAUSGEGEBEN UNTER MITWIRKUNG VON WOLFGANG VOGT.

MIT ZAHLREICHEN FIGUREN IM TEXT.

LEIPZIG,
VERLAG VON VEIT & COMP.
1915.

Druck von Metzger & Wittig in Leipzig.

Einleitung und Vorrede.

In der allgemeinen Statik wird das Gleichgewicht der auf einen oder mehrere Körper wirkenden Kräfte durch geometrische und analytische Betrachtungen untersucht. Die graphische Statik hat darüber hinaus den Zweck, diejenigen Kräfte (Stützwiderstände, Spannungen usw.), welche gegebenen Kräften das Gleichgewicht halten sollen, durch Zeichnung zu ermitteln. Die einfachen Regeln hierfür, die erlauben verwickelte Rechnungen durch übersichtliche und leicht kontrollierbare Konstruktionen zu ersetzen, entstanden durch die technischen Anwendungen der Statik auf Bauwerke und wurden deshalb auch zuerst in der technischen Literatur behandelt. Erst Culmanns Werk „Die graphische Statik" (Zürich 1864—66) erhob diese Lehre zu einer gewissen Selbständigkeit. Seither ist eine große Anzahl von Lehrbüchern der graphischen Statik erschienen, die man in der Enzyklopädie der mathematischen Wissenschaften Bd. IV, 1, S. 346 (Artikel von Henneberg) aufgeführt findet. Hierzu kam vor kurzem das umfangreiche Lehrbuch von Henneberg „Die graphische Statik der starren Systeme" (Leipzig 1911).

Wenn wir diesen zahlreichen Lehrbüchern ein neues folgen lassen, so geschah das hauptsächlich deshalb, um der alten Culmannschen Forderung, „die Körper, an welchen Kräfte im Gleichgewichte sind, und die Liniengebilde, welche die Richtungen und Größe dieser Kräfte darstellen, als geometrisch zusammengehörige Gebilde aufzufassen" oder mit andern Worten die graphische Statik durchaus geometrisch zu behandeln, in höherem Maße gerecht zu werden, als dies nach unserer Ansicht bisher geschehen ist. Wir glauben nicht, daß die Einfachheit und Strenge der Darstellung durch ihren rein geometrischen Charakter gelitten hat.

Die Eigenschaften des Seilpolygons, d. h. derjenigen Figur, welche die ganze graphische Statik beherrscht, werden aus einem Satze (S. 11) über zwei Vierecke mit entsprechend parallelen Seiten und Diagonalen abgeleitet. Dieser Satz macht die Benutzung der projektiven Geometrie, die Culmann für unerläßlich hielt, überflüssig und ist zugleich die Grundlage der Lehre von den reziproken Figuren der graphischen Statik, wie sie in der Fachwerkslehre eine so große Rolle spielen. Die Fachwerkslehre selbst ist in zwei Paragraphen behandelt, von denen der erste die einfacheren und praktisch gebräuchlichen Fälle darstellt, während der zweite die allgemeine Theorie in demjenigen Umfange gibt, in welchem sie leichterem Verständnisse zugänglich gemacht werden kann. Eben deshalb konnte den Kräften im Raume nur der letzte Paragraph gewidmet werden. Der Verfasser war aber hier in der glücklichen Lage, sich der bisher nicht veröffentlichten Darstellungsmethode räumlicher Kräfte in einer Zeichenebene, die R. v. Mises vor kurzem fand, bedienen zu dürfen. In § 6, der von den Schwerpunkten sowie von den statischen und Trägheitsmomenten der Profile handelt, hofft der Verfasser sowohl den technischen als den geometrischen Interessen gerecht worden zu sein, insofern zuletzt auch auf die statischen Polarsysteme eingegangen wird.

Wenn das vorliegende Buch auch besonderen Nachdruck auf die geometrische Seite der graphischen Statik legt, so ist es doch entsprechend seiner Entstehung aus Vorlesungen, die der Verfasser an den technischen Hochschulen zu Aachen und zu Karlsruhe von 1892 bis 1909 gehalten hat, durchaus für den Unterricht angehender Techniker geeignet. Dies kommt schon dadurch zum Ausdruck, daß den zahlreich eingestreuten technischen Beispielen bestimmte Zahlenangaben zugrunde liegen, wie sie in langjähriger Übungspraxis erprobt sind. Aber das Buch dient trotzdem nur zur Einführung in die allgemeine Theorie und kann z. B. dem Bauingenieur nicht das Studium solcher Werke ersetzen wie Müller-Breslau, „Die graphische Statik der Baukonstruktionen" (Berlin 1887—1901). Ebenso wird der Mathematiker, der hier tiefer eindringen will, nicht versäumen dürfen besonders in literarischer Hinsicht sich Rat in dem oben angeführten Lehrbuche von Henneberg zu holen. Wir haben uns auf einige wenige Zitate beschränkt, die spätere Erscheinungen betreffen.

Obwohl die Figuren überall in den Text gesetzt werden konnten, so kann doch der Studierende nicht nachdrücklich genug darauf hingewiesen werden, nicht nur überhaupt, sondern besonders auch bei den Beispielen alle Figuren noch einmal selbst zu entwerfen. Hierbei empfiehlt es sich auch farbige Linien zu verwenden, besonders wenn es sich um die Unterscheidung verschiedener Seilpolygone handelt, deren zugehörige Seilstrahlen dann je in derselben Farbe zu zeichnen sind. Punkte, deren Abstände wichtig sind, z. B. Kräfte bedeuten, oder die viel Linien enthalten, werden gut mit Nullenkreisen umgeben.

Schließlich ist es mir eine angenehme Pflicht, meinem Mitarbeiter W. Vogt auch an dieser Stelle meinen wärmsten Dank auszusprechen. Er hat nicht nur die meisten Figuren gezeichnet, sondern mich auch überall mit seinen Ratschlägen unterstützt.

Ebenso danke ich der Verlagsbuchhandlung für die Sorgfalt, mit der sie den Druck und besonders die zahlreichen Figuren ausführen ließ.

Straßburg, im Januar 1915.

F. Schur.

Inhalt.

§ 1.

Zusammensetzung und Zerlegung von Kräften.

1. Kräfte mit gemeinsamem Angriffspunkte.

Wir stellen hier zunächst diejenigen Grundsätze der allgemeinen Statik zusammen, die für die Einwirkung von Kräften auf einen starren Körper gelten. Der erste Grundsatz führt uns zur geometrischen Darstellung der Kräfte:

I. Grundsatz. Greift eine Kraft an einem starren Körper an, so kann ihr Angriffspunkt, ohne ihre Wirkung zu ändern, in der Richtung der Kraft, ihrer Angriffslinie, beliebig verschoben werden, wenn er nur mit dem starren Körper in starrer Verbindung bleibt.

Hiernach können wir die folgende Definition aufstellen:

1. Definition. Eine Kraft wird nach Lage, Größe und Sinn dargestellt durch ihre gerade Angriffslinie, eine in dieser liegende, der Größe der Kraft proportionale Strecke, und die Pfeilrichtung dieser Strecke, die auch durch Bezeichnung ihres Anfangs- und Endpunktes gegeben werden kann.

Natürlich muß für diese Darstellung eine Festsetzung darüber getroffen werden, welche Streckenlänge der Krafteinheit entsprechen soll, d. h. wie viele Millimeter die Schwerkraft eines Kilogramms oder einer Tonne darstellen. Wir werden z. B. oft 1 cm = 500 kg setzen. Darnach können wir ein für alle Male eine Kraft durch eine Strecke der Lage, Größe und Pfeilrichtung nach gegeben denken, und wir wissen dabei, daß diese Strecke, ohne ihre Bedeutung zu ändern, beliebig in ihrer Geraden verschoben werden kann.

Nunmehr können wir den zweiten Grundsatz folgendermaßen aussprechen:

II. Grundsatz. (Satz vom Parallelogramm der Kräfte.) Zwei Kräfte mit demselben Angriffspunkte können in ihrer Wirkung durch die den Angriffspunkt enthaltende Diagonale desjenigen Parallelogramms ersetzt werden, von dem zwei Seiten die gegebenen Kräfte darstellen.

Um diesem Grundsatze eine für die Anwendungen bequemere Form zu geben, wollen wir bei dem Begriffe „Strecke" oder **Vektor** von der Lage im Raume absehen und nur Größe und Pfeilrichtung in Betracht ziehen. Eine solche Strecke oder Vektor ist also nicht an eine bestimmte Gerade als Träger gebunden, sondern kann parallel mit sich selbst verschoben werden. Faßt man den Begriff Strecke in dieser Weise, so kann man Strecken ähnlich wie Zahlen addieren, wenn man die folgende Definition einführt:

2. Definition. Unter der geometrischen Summe zweier ihrer Größe und Pfeilrichtung nach gegebenen Strecken oder Vektoren versteht man eine der in Größe und Pfeilrichtung übereinstimmenden Strecken, die entstehen, wenn man die eine Strecke mit ihrem Anfangspunkte an den Endpunkt der anderen ihrer Größe und Pfeilrichtung nach ansetzt und den Anfangspunkt der einen mit dem Endpunkte der angesetzten verbindet.

Sind z. B. $\overrightarrow{A_1B_1}$ und $\overrightarrow{A_2B_2}$ irgendwelche Darstellungen der beiden Strecken oder Vektoren, und macht man (Fig. 1) entweder $OC_1 = \|$ (gleich und gleich gerichtet mit) A_1B_1 und $C_1C = \| A_2B_2$ oder $OC_2 = \| A_2B_2$ und $C_2C = \| A_1B_1$, so stellt $\overrightarrow{OC}$ die geometrische Summe der beiden Vektoren dar. Diese Summe ist natürlich unabhängig von dem Anfangspunkte O, von dem aus die Ansetzung ausgeht, und ebenso von der Reihenfolge der Summanden. Sind die beiden Vektoren parallel, so stimmt unsere Definition der geometrischen Summe ersichtlich mit der gewöhnlichen algebraischen Summe überein.

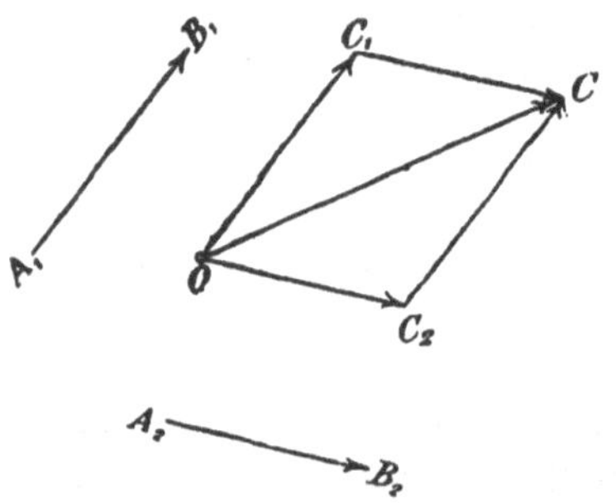

Fig. 1.

Hiernach können wir dem zweiten Grundsatze die folgende Fassung geben:

II. Grundsatz. Zwei Kräfte mit gemeinsamem Angriffspunkte können in ihrer Wirkung durch eine einzige Kraft mit demselben Angriffspunkte, ihre Resultante, ersetzt werden, welche nach Größe und Pfeilrichtung durch die geometrische Summe der beiden die gegebenen Kräfte darstellenden Strecken dargestellt wird.

Diese Fassung hat zugleich den Vorteil, daß sie die beiden oben außer acht gelassenen Spezialfälle umfaßt, in denen die beiden Kräfte gleiche oder entgegengesetzte Pfeilrichtungen haben; die Resultante ist dann gleich der algebraischen Summe der die beiden Kräfte darstellenden Strecken. Insbesondere ist hervorzuheben:

Zusatz 1. Zwei Kräfte heben einander dann und nur dann auf, wenn sie denselben Angriffspunkt haben und gleich groß sowie entgegengesetzt gerichtet sind.

Eine unmittelbare Folge des zweiten Grundsatzes ist ferner seine Umkehrung:

Zusatz 2. Eine gegebene Kraft ist von gleicher Wirkung oder äquivalent mit je zwei Kräften, ihren Komponenten, deren Angriffslinien sich auf ihrer Angriffslinie schneiden und deren Strecken die Strecke der gegebenen Kraft zur geometrischen Summe haben.

Nach der 2. Definition können wir nun auch die Summe von mehr als zwei Strecken bilden, indem wir die zweite Strecke mit ihrem Anfangspunkte an den Endpunkt der ersten ansetzen, dann die dritte mit ihrem Anfangspunkte an den Endpunkt der zweiten usf. und schließlich den Anfangspunkt der ruhenden ersten Strecke mit dem Endpunkte der letzten angesetzten verbinden; diese Schlußstrecke stellt dann die geometrische Summe der gegebenen Strecken oder Vektoren dar. Offenbar gilt nun der Hilfssatz:

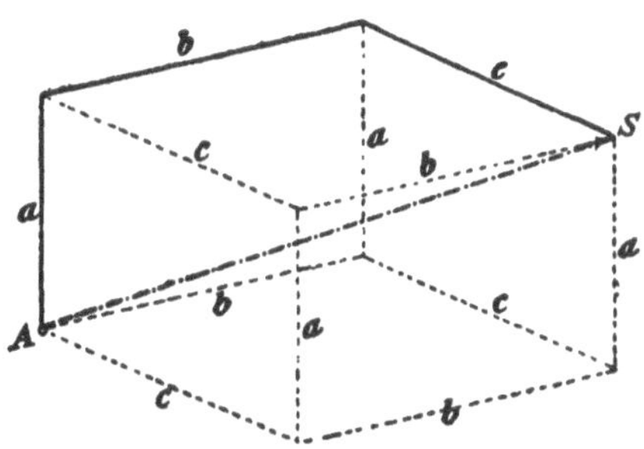

Fig. 2.

1. Hilfssatz. Eine Summe von beliebig viel Strecken ist unabhängig von der Reihenfolge der Summanden.

Der Beweis für den entsprechenden Satz der Algebra beruht bekanntlich auf der Gültigkeit der beiden Formeln $a + b = b + a$ und $(a + b) + c = a + (b + c)$, die das kommutative und das assoziative Gesetz der Addition darstellen. Die Gültigkeit dieser Gesetze für die geometrische Summation folgt unmittelbar aus der Definition, so daß der geometrische Satz wie der algebraische bewiesen werden kann. Fig. 2 erläutert dann die Gültigkeit der folgenden Formeln für drei Summanden:

$$(a + b) + c = (b + a) + c = b + (a + c) = b + (c + a) =$$
$$(b + c) + a = (c + b) + a = c + (b + a) = c + (a + b) =$$
$$(c + a) + b = (a + c) + b = a + (c + b) = a + (b + c).$$

Die 12 Ausdrücke bedeuten geometrisch die verschiedenartigen Wege, auf denen man in den gegebenen Pfeilrichtungen um die gegebenen Strecken fortschreitend vom Anfangspunkte A zum Endpunkte S gelangen kann.

Darnach können wir auch beliebig viele Kräfte mit demselben Anfangspunkte zu einer einzigen Kraft zusammensetzen, denn es gilt der Satz:

Satz 1. *Beliebig viel Kräfte, deren Angriffslinien durch einen Punkt laufen, können in ihrer Wirkung durch eine Kraft mit demselben Angriffspunkte, ihre Resultante, ersetzt werden, welche durch die geometrische Summe der die gegebenen Kräfte darstellenden Strecken dargestellt ist.*

Der Satz gilt nämlich zunächst nach dem II. Grundsatze für zwei Kräfte, hieraus folgt er für drei, indem man die dritte Kraft mit der Resultante der beiden ersten zusammensetzt usf. Die Reihenfolge der Kräfte ist hierbei wie bei der Summation der Strecken beliebig.

2. Zusammensetzung von beliebigen Kräften einer Ebene, das Seilpolygon.

Laufen die Angriffslinien der zusammenzusetzenden Kräfte nicht durch denselben Punkt, so wollen wir uns künftig auf den Fall beschränken, daß sie in derselben Ebene liegen. Diese Beschränkung ist für die meisten Fälle der Praxis deshalb erlaubt, weil sich die auf ein technisches Objekt wirkenden Kräfte gewöhnlich symmetrisch um eine Ebene gruppieren, die man als die Ebene der Angriffslinien ihrer Resultanten betrachten kann. Wir kommen bei den Anwendungen hierauf zurück. Die Bestimmung der Resultante von beliebig viel Kräften einer Ebene kann nun schrittweise geschehen, indem man zuerst die ersten beiden Kräfte zu einer Resultante zusammensetzt, dann diese mit der dritten usf. Wir können aber diese Konstruktion auf Grund des folgenden Satzes in zwei Teile zerlegen:

Satz 2. *Größe und Pfeilrichtung der Resultante von Kräften einer Ebene ändern sich nicht, wenn diese je eine beliebige Parallelverschiebung erleiden.*

Der Satz ergibt sich nämlich für zwei Kräfte aus der zweiten Form des II. Grundsatzes, und da man die Resultante von drei Kräften durch Zusammensetzung der Resultante der ersten beiden mit der dritten erhält, so gilt er auch für drei Kräfte usf. Größe und Pfeilrichtung von beliebig vielen Kräften einer Ebene kann darnach unabhängig von der Lage der Kräfte durch ein Summationspolygon gefunden werden, dessen aufeinanderfolgende Seiten (Fig. 3) K_0K_1, K_1K_2, $K_2K_3, \ldots, K_{n-1}K_n$ in Größe und Pfeilrichtung mit

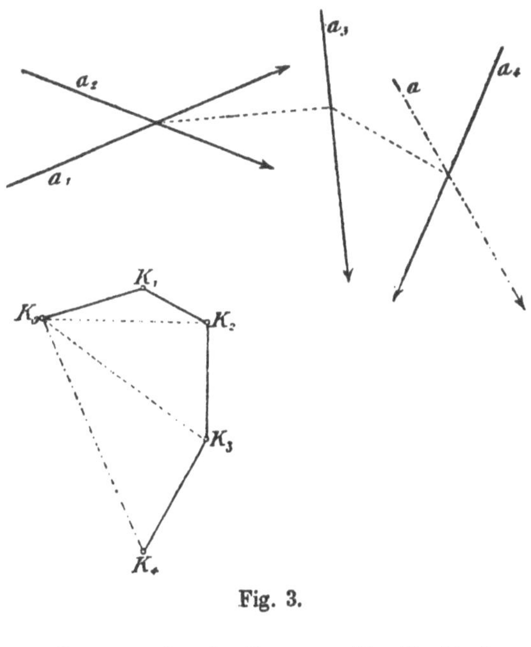

Fig. 3.

den gegebenen Kräften übereinstimmen; die Verbindungsstrecke des Anfangspunktes K_0 mit dem Endpunkte K_n gibt dann nach Größe und Pfeilrichtung die Resultante an. Das Polygon $K_0K_1K_2 \ldots K_n$ heißt **Kräftepolygon,** die Strecke $\overrightarrow{K_0K_n}$ die **Schlußlinie des Kräftepolygons.** Es empfiehlt sich meist, das Kräftesystem durch zwei Figuren zu geben, von denen die eine die Angriffslinien $a_1, a_2, \ldots, a_n$ der Kräfte enthält und die andere das Kräftepolygon, also deren Größen und Pfeilrichtungen.

Was nun den Ort oder die Angriffslinie der Resultante betrifft, so wird man sie schrittweise folgendermaßen finden können: durch den Schnittpunkt der beiden ersten Angriffslinien a_1, a_2 und parallel zu K_0K_2 läuft die Resultante s_1 der beiden ersten Kräfte, durch ihren Schnittpunkt mit der dritten Angriffslinie a_3 und parallel zu K_0K_3 geht die Resultante der drei ersten Kräfte usf., durch den Schnittpunkt der Resultante der $n-1$ ersten Kräfte mit der Angriffslinie a_n der letzten Kraft und parallel zur Schlußlinie K_0K_n des Kräftepolygons geht schließlich die Angriffslinie der Resultante des ganzen Kräftesystems.

Diese Konstruktion der Resultante eines gegebenen Kräftesystems ist aber, sollen anders umständliche Hilfskonstruktionen vermieden werden, praktisch nur brauchbar, wenn die Schnittpunkte der Teilresultanten mit den folgenden Angriffslinien vorhanden und auf dem Blatte erreichbar sind. So ist z. B. die Zusammensetzung paralleler Kräfte auf diesem Wege unmöglich. Es ist darum wichtig, ein einheitliches Verfahren zu besitzen, das in jedem Falle zum Ziele führt.

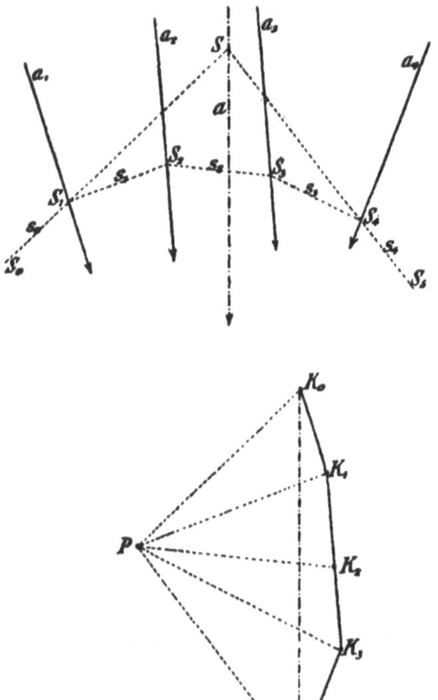

Fig. 4.

Hierzu gelangen wir durch eine kleine Abänderung des obigen Verfahrens. Nach Zusatz 1 auf S. 3 ändern wir die Wirkung des gegebenen Kräftesystems nicht, wenn wir (Fig. 4) in derselben Angriffslinie $s_0 = S_0S_1$, wo S_1 auf der Angriffslinie a_1 der ersten Kraft beliebig angenommen ist, zwei entgegengesetzt gleiche Kräfte hinzufügen, deren Größen und Pfeilrichtungen durch K_0P und PK_0 gegeben sein mögen, wo durch die beliebige Annahme des Punktes P zugleich die Richtung von S_0S_1 bestimmt sein mag. Die zweite Zusatzkraft verbindet sich nun mit der ersten Kraft zu einer Resultante von der Größe und Pfeilrichtung PK_1, deren Angriffslinie s_1 den Punkt S_1 enthält und die Angriffslinie a_2 der zweiten Kraft in S_2 schneiden mag. Diese Resultante verbindet sich daher mit der zweiten Kraft zu einer Resultante von der Größe und Pfeilrichtung PK_2 und der Angriffslinie s_2 durch S_2. Schneidet diese also die dritte Angriffslinie a_3 in S_3, so verbindet sie sich mit der dritten gegebenen Kraft zu einer Resultante s_3 durch S_3 von der Größe und Pfeilrichtung PK_3. So kann man fortfahren, bis man auf der letzten Angriffslinie a_n den Angriffspunkt S_n der Resultante $s_n \parallel PK_n$ der zweiten Zusatzkraft und der gegebenen Kräfte erhält. Der Schnittpunkt S der Angriffslinie S_0S_1 der ersten Zusatzkraft K_0P und der Parallelen $s_n = S_nS_{n+1}$ durch S_n zu PK_n ist demnach ein Punkt der Angriffslinie der Resultante K_0K_n des gegebenen Kräftesystems. Der Wert dieser Konstruktion liegt darin, daß man die gemeinsame Angriffslinie der sich aufhebenden Zusatzkräfte und den Punkt P auf ihrer Parallelen durch K_0 ganz beliebig annehmen kann. Man kann es so erreichen, daß die Konstruktion dann zum Ziele führt, wenn die gesuchte Resultante überhaupt in die Tafel fällt.

Das von den Geraden $s_0, s_1, s_2, \ldots s_n$ gebildete Polygon mit den auf den Angriffslinien $a_1, a_2, \ldots a_n$ liegenden Ecken $S_1, S_2, \ldots, S_n$ nennt man nach seinem Erfinder das Polygon von Varignon (1725) oder auch das zu dem *Kräftepolygon* $K_0K_1 \ldots K_n$ in bezug auf den *Pol* P gehörige **Seilpolygon**; die Geraden $s_0, s_1, \ldots, s_n$ nennt man *Seilseiten*, die Geraden $PK_0, PK_1, \ldots, PK_n$ *Polstrahlen.* Die zweite Bezeichnung beruht auf der folgenden Betrachtung. Denken wir uns in den Seitenpaaren $s_0, s_1; s_1, s_2; s_2, s_3; \ldots; s_{n-1}, s_n$ die Paare von Kräften angebracht, deren Größen und Pfeilrichtungen dargestellt sind durch $K_0P, PK_1; K_1P, PK_2; K_2P, PK_3; \ldots; K_{n-1}P, PK_n$, so haben diese Paare offenbar je eine der gegebenen Kräfte zur Resultanten. Wir können daher den Linienzug $S_0S_1S_2 \ldots S_{n-1}S_n$ (nach Umkehrung der Pfeilrichtungen der Kräfte) als ein Seil auffassen, das in den Punkten S_0 und S_{n+1} befestigt ist und sich unter dem Einflusse der gegebenen n Kräfte im Gleichgewichte befindet. Denn die n gegebenen Kräfte können durch die n Paare von Kräften ersetzt werden, und von diesen heben sich die in den inneren Seiten gelegenen zu je zweien auf, weil sie gleich und entgegengesetzt gerichtet sind; die beiden äußeren Kräfte werden aber durch die beiden Aufhängepunkte aufgehoben. Die Regel zur Konstruktion der Resultante eines Kräftesystems können wir in den folgenden Satz zusammenfassen:

Satz 3. *Sind n Kräfte einer Ebene nach Größe und Pfeilrichtung zu einem Kräftepolygon $K_0K_1K_2 \ldots K_n$ zusammengesetzt, hat man einen Pol P beliebig angenommen und ein zugehöriges Seilpolygon so konstruiert, daß seine Seiten $s_0, s_1, \ldots, s_n$ beziehungsweise zu den Polstrahlen $PK_0, PK_1, PK_2, \ldots, PK_n$ parallel sind, seine Ecken*

$S_1, S_2, \ldots, S_n$ aber auf den Angriffslinien der gegebenen Kräfte $a_1, a_2, \ldots, a_n$ liegen, so ist der Schnittpunkt S der ersten und letzten Seite s_0 und s_n ein Punkt der Resultante des gegebenen Kräftesystems,

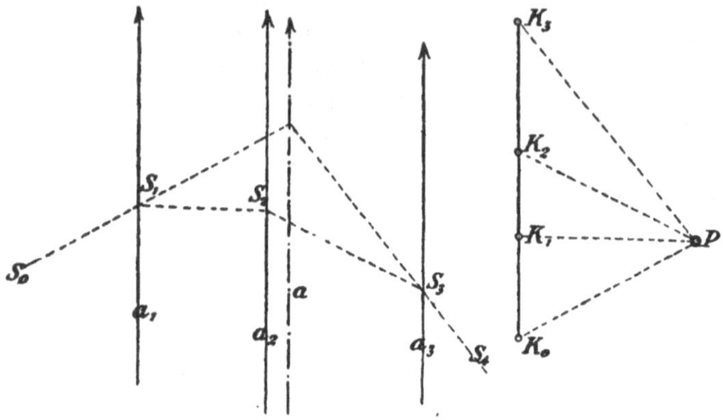

Fig. 4a.

und deren Größe und Pfeilrichtung ist durch die Schlußlinie K_0K_n des Kräftepolygons dargestellt.

Wir fügen als Zusatz hinzu:

Zusatz. *Das Kräftesystem ist äquivalent mit einer Kraft K_0P in der ersten, und einer Kraft PK_n in der letzten Seite des Seilpolygons.*

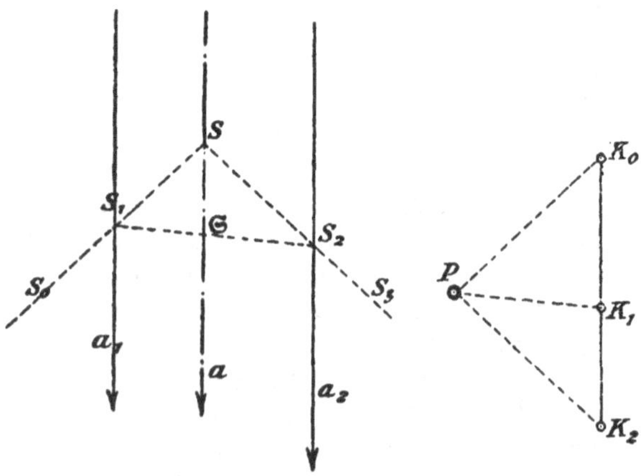

Fig. 5.

Mittels eines Seilpolygons können wir auch die *Resultante paralleler Kräfte* konstruieren (Fig. 4a), und es ist klar, daß sie diesen selbst parallel ist, weil alle Seiten des Kräftepolygons in eine Gerade fallen. Bei zwei Kräften insbesondere liefert die Figur des Seilpolygons (Fig. 5 u. 5a) die Ähnlichkeit der Dreiecke: $\varDelta S_1 \mathfrak{S} S \sim \varDelta P K_1 K_0$ und $\varDelta S_2 \mathfrak{S} S \sim \varDelta P K_1 K_2$; es bestehen daher auch in Rücksicht auf die Vorzeichen der Strecken die Proportionen:

$$S_1\mathfrak{S} : \mathfrak{S}S = PK_1 : K_1K_0, \quad S_2\mathfrak{S} : \mathfrak{S}S = PK_1 : K_1K_2,$$
$$S_1\mathfrak{S} : S_2\mathfrak{S} = K_1K_2 : K_1K_0,$$

die auch bei entgegengesetzt gerichteten parallelen Kräften richtig bleiben. Die letzte lehrt, daß die Resultante den Abstand der beiden Kräfte im umgekehrten Verhältnisse der beiden Kräfte selbst teilt,

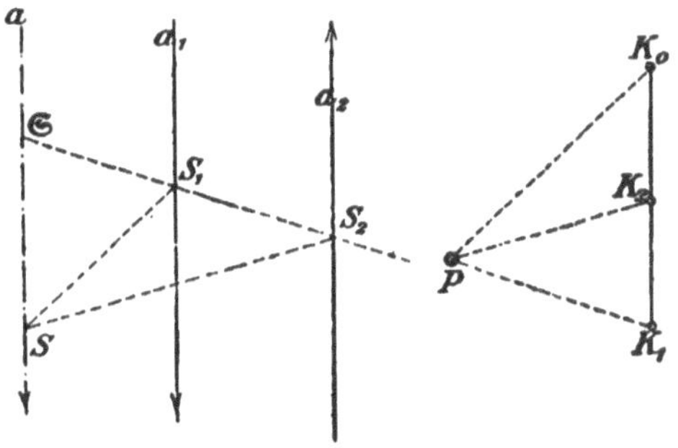

Fig. 5a.

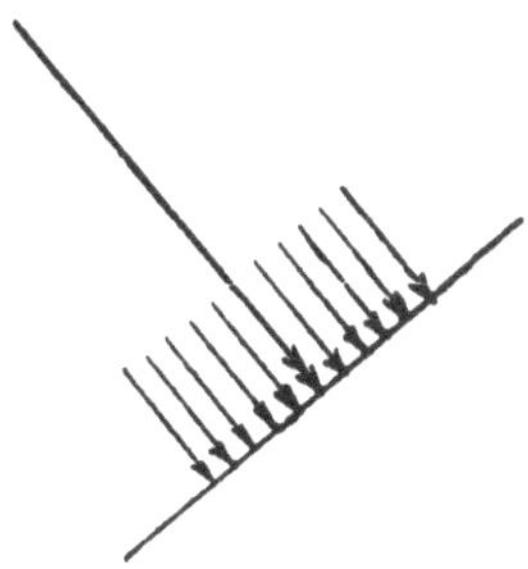

Fig. 6.

und da die Gültigkeit sich auch auf das Vorzeichen erstreckt, so ist überdies klar, daß die Resultante zwischen den parallelen Angriffslinien liegt, wenn die Kräfte gleich gerichtet sind, außerhalb auf der Seite der größeren, wenn sie entgegengesetzt gerichtet sind. Wir erhalten so das Resultat:

Satz 4. *Die Resultante zweier paralleler Kräfte ist ihnen selbst parallel und teilt den Abstand ihrer Angriffslinien im umgekehrten Verhältnisse ihrer Größen innen, wenn die Kräfte gleich, außen, wenn sie entgegengesetzt gerichtet sind.*

Hieraus können wir sogleich einen Schluß ziehen über die Lage der Resultante einer über eine gewisse Strecke *gleichmäßig verteilten kontinuierlichen Last* (Fig. 6), wie sie etwa durch das Gewicht eines zylindrischen Stabes oder den gleichmäßigen Druck des Windes auf eine schräge Fläche im Querschnitt dargestellt wird. Man kann eine solche Last als Grenze der Resultante von beliebig vielen kleinen und in gleichen Abständen folgenden Kräften auffassen. Die Resultante der ersten und letzten dieser Kräfte liegt dann nach obigem Satze in der Mitte der Belastungsstrecke, ebenso diejenige der zweiten und vorletzten usf. Demnach muß auch die Gesamtresultante die Belastungsstrecke halbieren.

Satz 5. *Die Resultante einer über eine Strecke gleichmäßig und kontinuierlich verteilten Last geht durch die Mitte der Belastungsstrecke.*

3. Beziehungen zwischen zwei Seilpolygonen.

Die Figur des Seilpolygons ist für die graphische Statik so wichtig, daß sie ein näheres Studium erfordert. Insbesondere legt die Freiheit in der Wahl des Poles und eines Punktes einer Seilseite die Frage

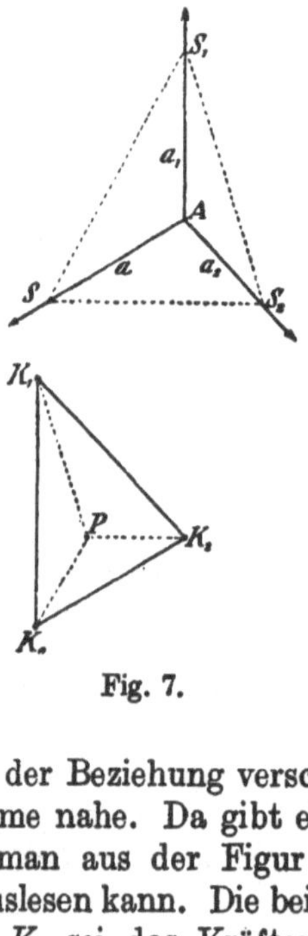

Fig. 7.

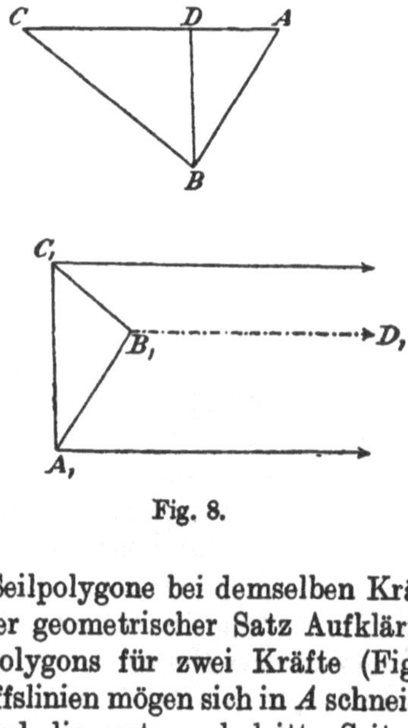

Fig. 8.

nach der Beziehung verschiedener Seilpolygone bei demselben Kräftesysteme nahe. Da gibt ein einfacher geometrischer Satz Aufklärung, den man aus der Figur des Seilpolygons für zwei Kräfte (Fig. 7) herauslesen kann. Die beiden Angriffslinien mögen sich in A schneiden, $K_0K_1K_2$ sei das Kräftepolygon, und die erste und dritte Seite des zu dem beliebigen Pole P gehörigen Seilpolygons mögen sich in S schneiden. Dann muß AS die Angriffslinie der Resultante, also parallel zu K_0K_2 sein. Die beiden Vierecke S_1AS_2S und $K_0K_1K_2P$ sind also einander so zugeordnet, daß je zwei entsprechende Seiten einander parallel sind ($S_1A, AS_2, S_2S, SS_1 \parallel K_0K_1, K_1K_2, K_2P, PK_0$ resp.), daß aber die Diagonale S_1S_2 nicht der entsprechenden (K_0K_2), sondern der anderen K_1P parallel ist; dann ist auch die andere Diagonale AS der nicht entsprechenden K_0K_2 parallel, welche Entstehung die beiden Figuren auch haben mögen. Denn wir können das Dreiseit SS_1S_2S den Voraussetzungen gemäß stets als das in Beziehung auf den Pol P zu dem Kräftepolygon $K_0K_1K_2$ mit den Angriffslinien S_1A und S_2A gehörige Seilpolygon betrachten. Wir können daher den geometrischen Satz aussprechen:

2. Hilfssatz. Haben zwei Vierecke die entsprechenden Seiten parallel und ist zugleich eine Diagonale des einen Vierecks einer der beiden Diagonalen des anderen parallel, so sind auch die übrig bleibenden Diagonalen einander parallel.

In diesem Satze sind zwei Fälle enthalten, der erste ist fast selbstverständlich, nämlich wenn zwei entsprechende Diagonalen parallel sind. Hier sind wegen der Ähnlichkeit der beiden Teildreiecke die beiden Vierecke ähnlich und ähnlich gelegen. Für uns kommt hauptsächlich der zweite Fall in Betracht, in welchem jede Diagonale der nicht entsprechenden parallel ist; wir wollen daher diesen Fall unabhängig von der statischen Entstehung, die auf dem II. Grundsatze beruht, rein geometrisch beweisen.

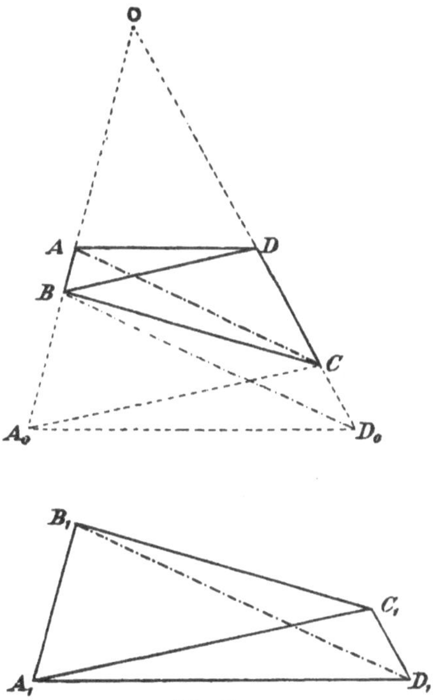

Fig. 9.

Wir schließen hierbei den Fall aus, daß drei Ecken eines Vierecks in gerader Linie liegen, und folglich ein Eckpunkt des anderen Vierecks ins Unendliche fällt (Fig. 8). Hier wird der Satz selbstverständlich, falls die fehlende Diagonale des zweiten Vierecks den unendlich fernen Eckpunkt enthält, sonst versagt er; dieser besondere Fall kommt in den Anwendungen nicht vor.

Sind $ABCD$ und $A_1B_1C_1D_1$ die beiden Vierecke (Fig. 9), und ist AB, BC, CD, $DA \parallel A_1B_1$, B_1C_1, C_1D_1, D_1A_1 resp. sowie $AC \parallel B_1D_1$, so ist zu beweisen, daß auch $BD \parallel A_1C_1$ ist. Konstruieren wir nun ein dem zweiten Vierecke ähnliches und ähnlich gelegenes $A_0B_0C_0D_0$ so, daß B_0C_0 mit BC zusammenfällt, so fallen BA_0 und CD_0 auf die Geraden BA und CD, und es ist aus $AD \parallel A_0D_0$ und $AC \parallel BD_0$ zu beweisen, daß auch $BD \parallel A_0C$ ist. Schneiden sich nun AB und CD in O, so besagen die Voraussetzungen, daß $OA:OA_0 = OD:OD_0$ und $OA:OB = OC:OD_0$ ist oder $OA \cdot OD_0 = OA_0 \cdot OD = OB \cdot OC$, d. h. $OB:OA_0 = OD:OC$ oder $BD \parallel A_0C$, wie zu beweisen war. Sind AB und CD einander parallel, so ergeben die Voraussetzungen, daß $AA_0 = DD_0$ und $AB = CD_0$ ist (Fig. 10), woraus folgt, daß auch $BA_0 = DC$ oder $BD \parallel A_0C$ ist.

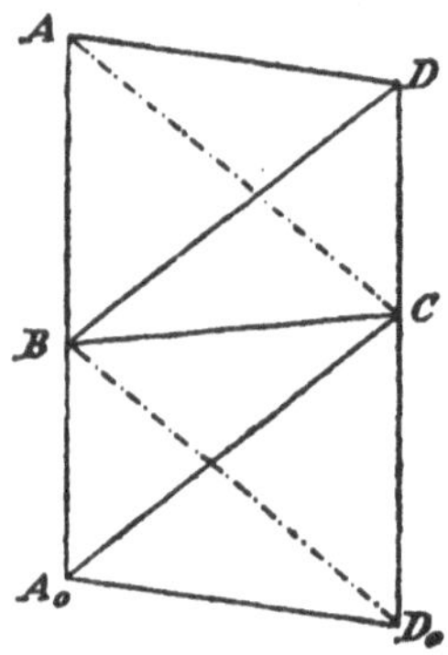

Fig. 10.

Nunmehr mögen für ein gegebenes Kräftesystem zwei zu verschiedenen Polen P und P' gehörige Seilpolygone $S_0S_1S_2 \ldots S_{n+1}$ und $S_0'S_1'S_2' \ldots S'_{n+1}$ gezeichnet vorliegen (Fig. 11); dann enthält unser Satz eine wichtige Beziehung zwischen den beiden Figuren. Bezeichnen wir nämlich den Schnittpunkt der beiden gleichvielten Seiten S_iS_{i+1} und $S_i'S'_{i+1}$ der beiden Seilpolygone mit Q_i, so stehen die beiden Vierecke $PK_{i-1}P'K_i$ und $S_iQ_{i-1}S_i'Q_i$ in der Beziehung unseres Satzes; denn es ist $PK_{i-1} \parallel S_{i-1}S_i \equiv S_iQ_{i-1}$, $K_{i-1}P' \parallel S'_{i-1}S_i' \equiv Q_{i-1}S_i'$, $P'K_i \parallel S_i'S'_{i+1} \equiv S'_iQ_i$, $K_iP \parallel S_iS_{i+1} \equiv Q_iS_i$ und $K_{i-1}K_i \parallel S_iS_i'$, folglich ist auch $PP' \parallel Q_{i-1}Q_i$. Dieser Schluß bleibt richtig, wenn P und P' mit K_{i-1} oder K_i in gerader Linie liegen, weil dann Q_{i-1} oder Q_i der unendlich ferne Punkt der Geraden PP' ist. Die sämtlichen Punkte Q_i liegen also auf einer Parallelen zu PP', und wir haben den Satz:

Satz 6. *Die gleichvielten Seiten zweier zu demselben ebenen Kräftesysteme, aber zu verschiedenen Polen gehörigen Seilpolygone schneiden sich in Punkten einer Geraden, die zur Verbindungslinie der beiden Pole parallel ist.*

Derselbe geometrische Hilfssatz liefert auch den geometrischen Beweis für zwei fundamentale Eigenschaften des Seilpolygons, die im statischen Sinne aus der eindeutigen Bestimmtheit der Resultante ohne weiteres folgen. Weil $PK_0 \parallel SQ_0$, $K_0P \parallel Q_0S'$, $P'K_n \parallel S'Q_n$, $K_nP \parallel Q_nS$ und $PP' \parallel Q_0Q_n$, so stehen auch die Vierecke $PK_0P'K_n$ und $SQ_0S'Q_n$ in der Beziehung des Hilfssatzes, und es ist darum auch $K_0K_n \parallel SS'$. Sollten P und P' mit K_0 oder K_n in einer Geraden liegen, so braucht man nur einen dritten Pol P'' so zu wählen, daß weder für P und P'' noch P' und P'' dieser Fall eintritt; dann ist sicher $SS'' \parallel K_0K_n \parallel S'S''$, also auch $SS' \parallel K_0K_n$. Gehört das Seilpolygon $\bar{S}\bar{S}_1\bar{S}_2 \ldots \bar{S}_n\bar{S}$ ebenfalls zum Pole P', so folgt ebenso daraus, daß sowohl SS' als auch $S\bar{S}$ zu K_0K_n parallel ist, dasselbe

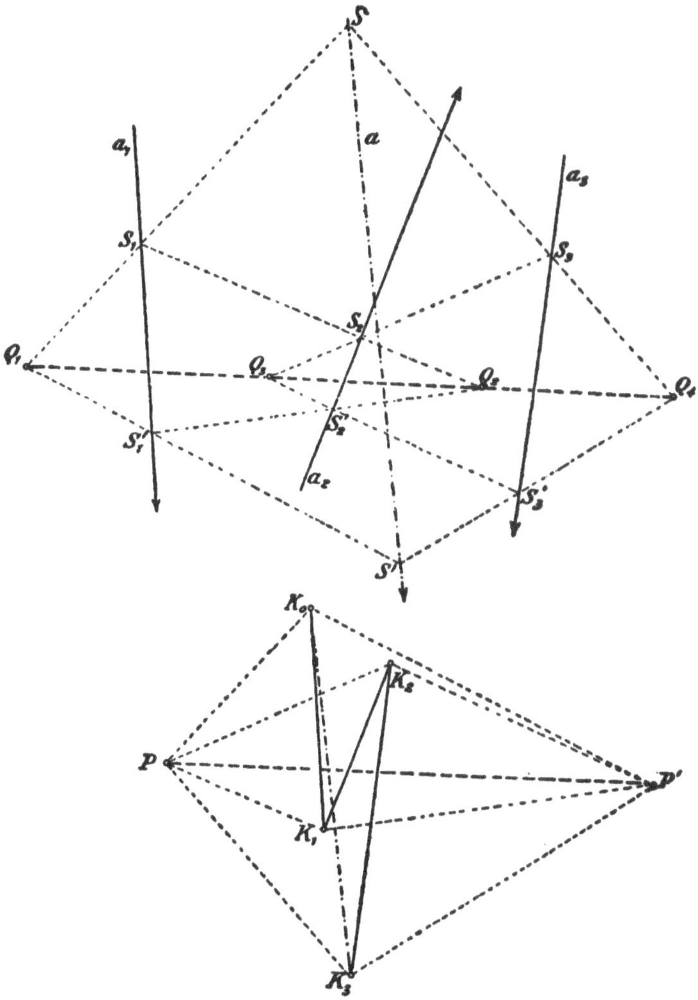

Fig. 11.

für $S'\bar{S}$. Die Schnittpunkte der ersten und letzten Seite aller Seilpolygone liegen demnach auf derselben Parallelen zur Schlußlinie des Kräftepolygons.

Wir können ebenso die Unabhängigkeit der Resultante von der Reihenfolge der Kräfte des Systems beweisen; denn auch hier gilt sowohl das kommutative wie das assoziative Gesetz. Das erste folgt daraus, daß man die erste und letzte Seite eines Seilpolygons von zwei Kräften auch als letzte und erste Seite für den Pol P' betrachten kann, der Schnittpunkt der Parallelen durch K_0 und K_2 zu S_2S und SS_1 ist (Fig. 12). Denn die letzte Seite des zu P' gehörigen Seilpolygons, dessen erste Seite SS_2 ist, muß nach dem Obigen durch S gehen, also mit SS_1 identisch sein. Führen wir daher

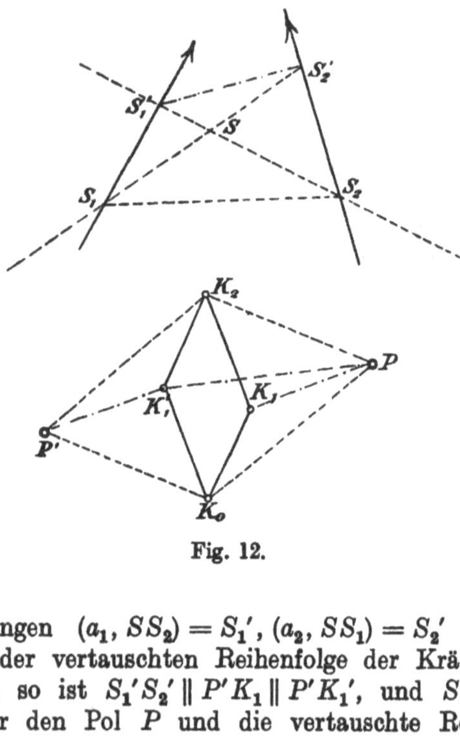

Fig. 12.

die Bezeichnungen $(a_1, SS_2) = S_1'$, $(a_2, SS_1) = S_2'$ ein, und ist $K_0K_1'K_2$ das der vertauschten Reihenfolge der Kräfte zugehörige Kräftepolygon, so ist $S_1'S_2' \parallel P'K_1 \parallel P'K_1'$, und $SS_2'S_1'$ ist ein Seilpolygon für den Pol P und die vertauschte Reihenfolge der Kräfte. Die erste und letzte Seite des ursprünglichen Seilpolygons haben also dieselbe Bedeutung für denselben Pol und die vertauschte Reihenfolge der beiden Kräfte. Hieraus folgt nicht nur das kommutative Gesetz für zwei Kräfte, sondern daß überhaupt je zwei benachbarte Kräfte eines Systems vertauscht werden können, ohne daß der Schnittpunkt der ersten und letzten Seite des Seilpolygons sich ändert. Folgt schon hieraus das Behauptete, so kann man aber auch das assoziative Gesetz wie auf S. 3 benutzen. Dieses selbst ergibt sich daraus, daß die erste und letzte Seite eines Seilpolygons von drei Kräften dieselbe Rolle bezüglich desselben Poles beibehalten für die beiden Systeme von Kräften, die erstens aus der ersten und der Resultante der beiden anderen, und zweitens aus der Resultante der beiden ersten und der dritten bestehen.

Wir können daher den folgenden Satz als rein geometrisch bewiesen betrachten:

Satz 7. *Die mit Hilfe eines Seilpolygons konstruierte Resultante eines ebenen Kräftesystems ist unabhängig sowohl von der Wahl des Poles als von derjenigen einer Ecke, als von der Reihenfolge der Kräfte des Systems.*

4. Aufgaben über das Seilpolygon.

Die Mannigfaltigkeit der zu demselben Kräftesysteme gehörigen Seilpolygone erlaubt ein solches gewissen Bedingungen entsprechend zu konstruieren. Für die Anwendungen sind zwei Aufgaben besonders wichtig. Die erste lautet:

1. Aufgabe. Für ein gegebenes Kräftesystem ein Seilpolygon zu konstruieren, dessen erste Seite s_1 gegeben ist, und dessen letzte Seite durch einen gegebenen Punkt B geht.

Mit der ersten Seilseite ist auch der erste Polstrahl gegeben, der Pol des gesuchten Seilpolygons muß auf der Parallelen durch K_0 zu s_0 liegen. Nehmen wir auf ihr (Fig. 13) einen Pol P' beliebig an und zeichnen das zugehörige Seilpolygon mit s_0 als erster Seilseite, nämlich $SS_1S_2'S_3' \ldots S$. Dieses Seilpolygon wird zwar die zweite Bedingung im allgemeinen nicht befriedigen, aber der Schnittpunkt S seiner ersten und letzten Seite muß auch ein Punkt der letzten Seite des gesuchten Polygons sein, so daß SB diese Seite sein muß. Die Parallele zu SB durch K_n schneidet daher K_0P' in dem Pole P des gesuchten Seilpolygons.

Diese Methode der Lösung versagt indessen, wenn S unzugänglich wird oder etwa überhaupt ins Unendliche fällt. Wir geben daher noch eine zweite, stets brauchbare Lösung der Aufgabe. Wir nehmen wieder den Pol P' eines Hilfsseilpolygons auf dem ersten Polstrahl willkürlich an, zeichnen aber das Seilpolygon von der letzten Seite beginnend so, daß diese durch den gegebenen Punkt B geht. Dann wird die erste Seite zwar im allgemeinen nicht mit s_0 zusammenfallen, aber doch dazu parallel sein. Der Ort der Schnittpunkte gleichvielter Seiten dieses und des gesuchten Seilpolygons wird daher nach Satz 6 auf S. 12 die Parallele durch B zu s_0 sein. Durch den Schnittpunkt Q_1 derselben mit der zweiten Seite des gezeichneten Seilpolygons muß also auch die zweite Seite des gesuchten Seilpolygons gehen, diese ist demnach die Gerade S_1Q_1, und die Parallele zu ihr durch K_1 schneidet auf dem ersten Polstrahle den gesuchten Pol P aus. Der Leser wird aber, wie in allen solchen Fällen, gut tun,

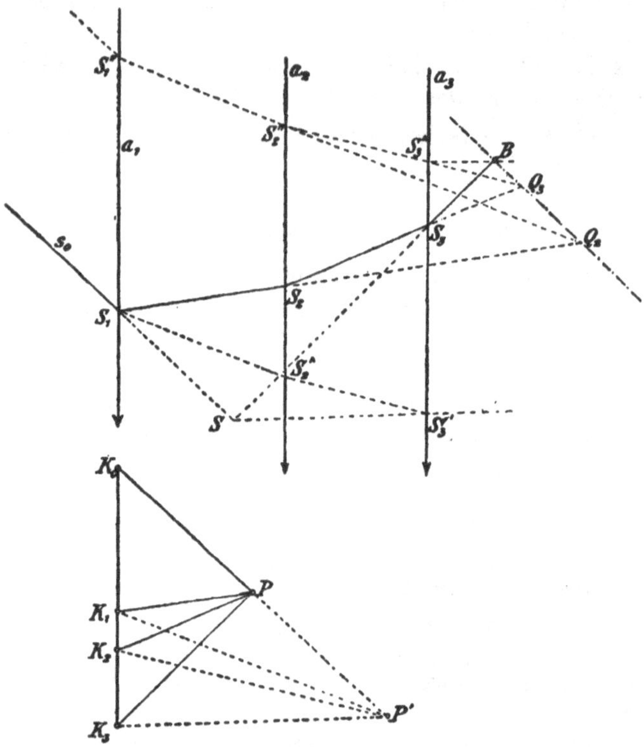

Fig. 13.

die Probe zu machen, ob das gefundene Stück wirklich den geforderten Bedingungen genügt.

Eine andere Aufgabe, die in der Theorie der Kettenbrücken, des Dreigelenkbogens und des Gewölbes eine Rolle spielt, lautet:

2. Aufgabe. Für ein gegebenes System von z. B. vier Kräften ist ein Seilpolygon so zu konstruieren, daß die erste, dritte und fünfte Seilseite durch je einen gegebenen Punkt A, B, C laufen.

Zeichnen wir hier zuerst für einen beliebigen Pol P' ein Seilpolygon (Fig. 14), dessen dritte Seite B enthält, so schneidet diese nach dem Obigen dessen erste Seite in einem Punkte σ so, daß die Parallele durch K_0 zu $A\sigma$ auf K_2P' den Pol α eines Seilpolygons ausschneidet, dessen erste Seite durch A, und dessen dritte Seite durch B läuft. Bezeichnen wir den Pol des gesuchten Seilpolygons mit P, so muß nach Satz 6 auf S. 12 $\alpha P \parallel AB$ sein. Schneiden sich ebenso die dritte und fünfte Seite des zuerst gezeichneten Seilpolygons in τ und die Parallele durch K_4 zu τC und K_2P' in γ, so muß auch $\gamma P \parallel BC$ sein. Es ist folglich P der Schnittpunkt der

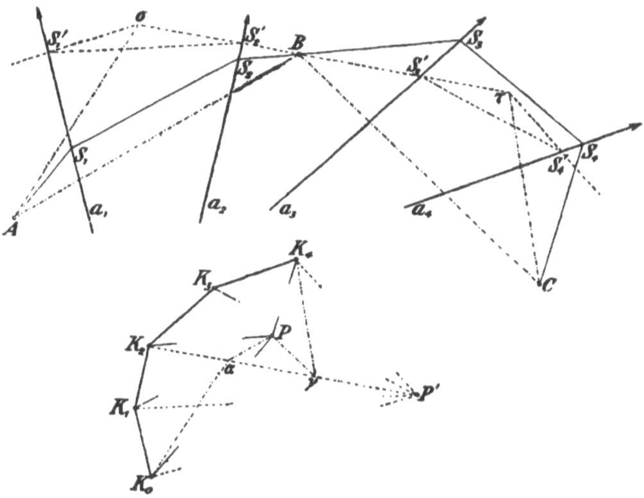

Fig. 14.

Parallelen durch α und γ zu AB und BC. Man kann die Lösung der Aufgabe auch so auffassen, daß diese beiden Parallelen die Orte der Pole von Seilpolygonen sind, deren erste Seite durch A und deren dritte Seite durch B, bzw. deren dritte Seite durch B und deren vierte Seite durch C laufen; von diesen Orten wurde je ein Punkt α resp. γ konstruiert.

Die Lage der Punkte A, B, C ist für die Lösung der Aufgabe ohne Belang, nur dürfen sie nicht auf einer Geraden liegen. Die sämtlichen Seilpolygone nämlich, welche ihre erste Seite durch A und ihre dritte durch B senden, schicken nach Satz 6 von selbst ihre letzte Seite durch einen festen Punkt der Geraden AB. Fällt der Punkt C in diesen, so ist die Aufgabe unbestimmt; sonst hat sie keine Lösung.

5. Der Fall des Gleichgewichts; das Kräftepaar.

Wir haben bisher stillschweigend vorausgesetzt, daß ein System von Kräften einer Ebene stets eine Resultante besitze, wenn wir auch von dieser Voraussetzung nirgends Gebrauch gemacht haben. Eine solche Resultante wird aber sicher nicht vorhanden sein, wenn

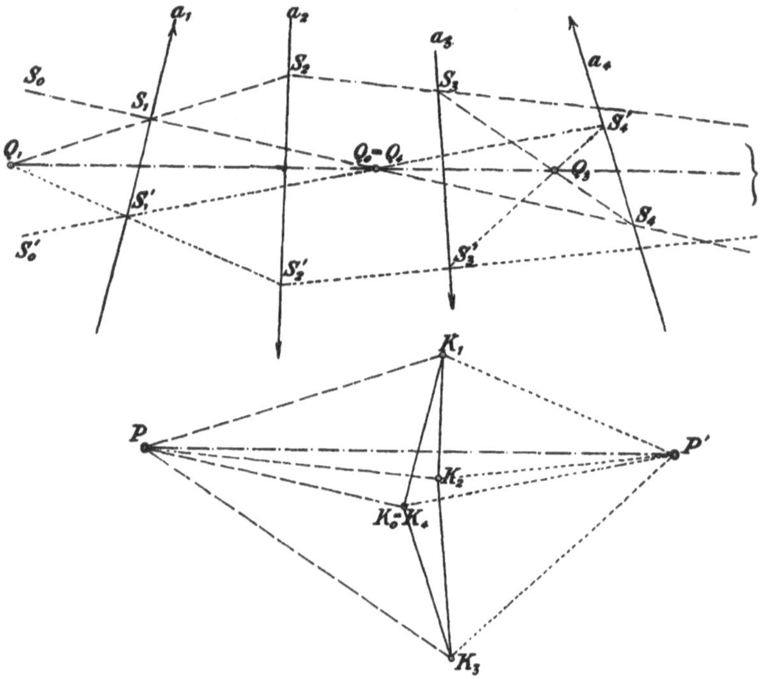

Fig. 15.

das Kräftepolygon des Systems sich schließt oder K_n mit K_0 zusammenfällt. Hier sind nun zwei Fälle zu unterscheiden, ob nämlich die letzte Seite des Seilpolygons mit der ersten zusammenfällt oder ob sie ihr nur parallel ist ($S_0S_1 \parallel PK_0 \equiv PK_n \parallel S_nS_{n+1}$).

Im ersten Falle ist das Kräftesystem nach der Entstehung des Seilpolygons (S. 6) auf zwei entgegengesetzt gleiche in derselben Angriffslinie (S_0S_1 oder S_nS_{n+1}) wirkende Kräfte, K_0P und PK_n, reduziert, die gegebenen Kräfte heben sich daher auf; es muß sich also jedes Seilpolygon schließen. Das läßt sich aus Satz 6 auch leicht direkt beweisen. Behalten wir nämlich die auf S. 13 gebrauchten, auf zwei verschiedene Seilpolygone bezüglichen Bezeichnungen bei, und fällt S_0S_1 mit S_nS_{n+1} (Fig. 15) zusammen, so muß Q_n erstens auf S_nS_{n+1}, also auf S_0S_1 liegen, und zweitens auf der Parallelen durch Q_0 zu PP', d. h. es muß Q_n für alle nicht auf PK_0 liegenden Pole P' mit Q_0 zusammenfallen, folglich auch $S_n'S'_{n+1}$ mit $S_0'S_1'$, da diese beiden Geraden einander parallel sind und den Punkt Q_0 gemein haben. Ist unsere Behauptung aber für die nicht auf PK_0 liegenden Pole P' bewiesen, so folgt sie daraus auch für jeden Punkt P'' auf PK_0, da P' und P'' nicht in einer Geraden mit K_0 liegen. Wir erhalten daher den Satz:

Satz 8. *Schließt sich das Kräftepolygon eines Systems von Kräften und zugleich ein Seilpolygon, so schließt sich jedes zugehörige Seilpolygon, und die gegebenen Kräfte stehen miteinander im Gleichgewicht, und umgekehrt ist ein ebenes Kräftesystem nur dann im Gleichgewicht, wenn das Kräftepolygon und ein Seilpolygon sich schließen.*

Die Umkehrung ist ja selbstverständlich, da sonst die gegebenen Kräfte nicht auf zwei sich aufhebende Kräfte zurückgeführt werden könnten.

Im zweiten Falle hingegen, wo die erste und letzte Seite des Seilpolygons einander nur parallel sind und *nicht* zusammenfallen, es folglich nach dem letzten Satze niemals tun werden, ist eine weitere Reduktion des gegebenen Kräftesystems als auf ein solches Paar paralleler und entgegengesetzter gleicher Kräfte, ein sogenanntes **Kräftepaar**, nicht möglich. Der Angriffspunkt der Resultante fällt eben stets ins Unendliche, während diese selbst nur die Größe Null haben kann. Der willkürlichen Annahme des Poles und einer Ecke des Seilpolygons entsprechend kann das Kräftepaar aber auf die mannigfaltigste Weise durch andere ihm äquivalente Paare ersetzt werden, unsere Reduktion des Kräftesystems ist keine eindeutige mehr. Wir werden deshalb die Beziehung zwischen allen diesen Paaren zu untersuchen haben. Wir fassen zu diesem Zwecke die Figur des Seilpolygons (Fig. 16) näher ins Auge, durch welche das Kräftesystem auf die in den parallelen Angriffslinien S_0S_1 und S_nS_{n+1} wirkenden Kräfte K_0P und PK_0 reduziert ist. Hierzu setzen wir zuerst die ersten i Kräfte zu einer Resultante zusammen, deren Angriffslinie r_1 und deren Größe und Pfeilrichtung durch K_0K_i dargestellt ist, und ebenso die letzten $n-i$ Kräfte zu einer Resultante, deren Angriffslinie $r_2 \parallel r_1$ und deren Größe und Pfeilrichtung durch K_iK_0 dargestellt ist. Dann fällt die erste und letzte Seite des zu diesem Paar von Kräften gehörigen Seilpolygons mit denen für das gegebene Kräftesystem zusammen, und die zweite Seite R_1R_2 ist die $i+1^{\text{te}}$ Seite $S_iS_{i+1} \parallel PK_i$ jenes Seilpolygons. Macht man daher den auch durch die Aufeinanderfolge der Endpunkte bezeichneten Pfeilrichtungen nach R_1L_1 und $R_2L_2 \parallel$ und $= K_0K_i$ sowie R_1M_1 und $R_2M_2 \parallel$ und $= K_0P$, so sind einerseits L_1M_1

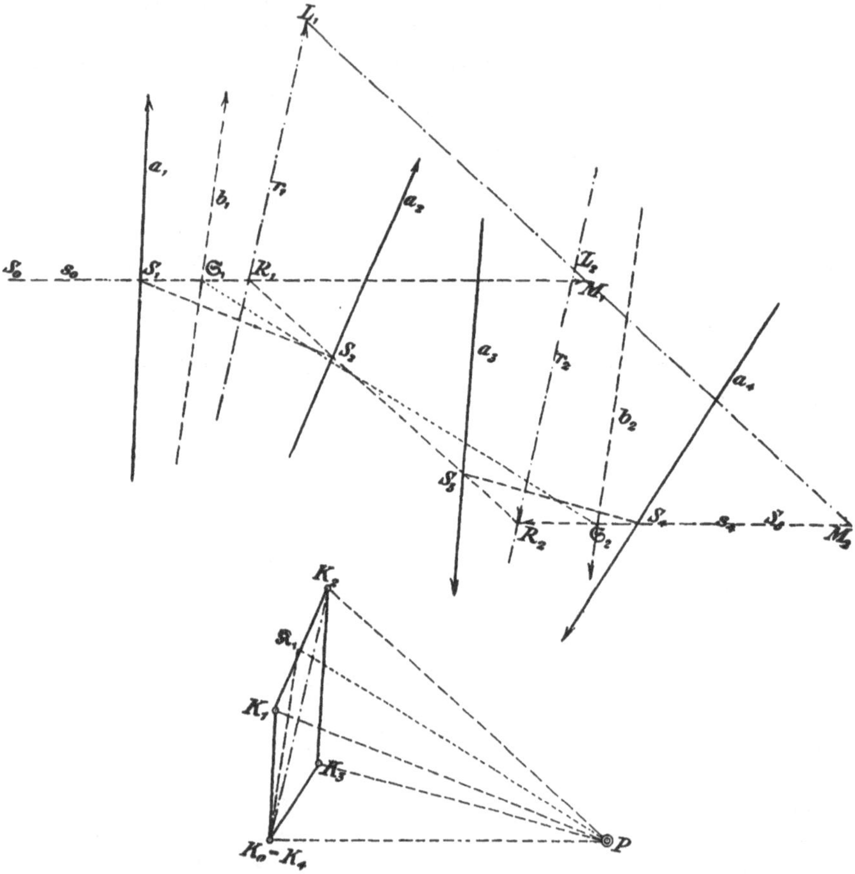

Fig. 16.

und $L_2M_2 \parallel K_iP$ und andrerseits L_1L_2 und $M_1M_2 \parallel R_1R_2$, so daß die vier Punkte L_1, M_1, L_2, M_2 in einer Parallelen zu R_1R_2 liegen. Da nun R_1M_1, M_2R_2 die Kräfte des einen Paares sind und R_1L_1, L_2R_2 die des ihm äquivalenten, so sehen wir, daß diese Paare auch dem Vorzeichen nach dasselbe Moment bestimmen, wenn wir dieses folgendermaßen definieren.

3. Definition. Unter dem **Momente eines Kräftepaares** versteht man den Flächeninhalt des durch seine Kräfte

bestimmten Parallelogramms, wenn dieser Flächeninhalt als positiv oder negativ angesehen wird, je nachdem das Parallelogramm bei der im Sinne der Kräfte des Paares vorgenommenen Umlaufung zur Rechten oder zur Linken bleibt.

Die Momente der beiden Kräftepaare in unserer Figur sind hiernach positiv und gleich. Dies Moment müssen auch alle die Kräftepaare in der ersten und letzten Seite aller möglichen Seilpolygone des gegebenen Kräftesystems ergeben. Gemäß der 1. Aufgabe auf S. 15 können diese erste und letzte Seite offenbar irgend zwei parallele Geraden s_0 und s_n sein; denn durch Annahme des dort mit B bezeichneten Punktes auf s_n fällt die letzte Seite hier von selbst mit s_n zusammen. Mit dem Pole P sind dann die beiden Kräfte K_0P und PK_0 auch ihrer Größe und Pfeilrichtung nach bestimmt. Dasselbe erkennen wir auch unabhängig von der Lösung dieser Aufgabe. Sind b_1 und b_2 die Angriffslinien einer dem gegebenen Kräftesysteme äquivalenten Paares, $K_0\mathfrak{K}_1$ und $\mathfrak{K}_1K_0$ Größe und Pfeilrichtung seiner Kräfte und wird $(s_0, b_1) = \mathfrak{S}_1$, $(s_n, b_2) = \mathfrak{S}_2$ gesetzt, so muß $\mathfrak{S}_1\mathfrak{S}_2 \parallel P\mathfrak{K}_1$ sein. Denn kehren wir die Pfeilrichtung der in b_1 und b_2 wirkenden Kräfte um, so müssen sie mit dem gegebenen Kräftesysteme im Gleichgewichte stehen. Fügen wir also diesem die Kräfte $K_0\mathfrak{K}_1$ und $\mathfrak{K}_1K_0$ in b_2 und b_1 resp. als $(n+1)^{\text{te}}$ und $(n+2)^{\text{te}}$ Kraft hinzu, so muß nach dem letzten Satze auch das zugehörige Seilpolygon sich schließen, d. h. die Parallele durch $\mathfrak{S}_2$ zu $P\mathfrak{K}_1$ muß b_1 in demselben Punkte schneiden wie die erste Seite oder $\mathfrak{S}_2\mathfrak{S}_1 \parallel P\mathfrak{K}_1$. Wir haben somit auch bewiesen, daß zwei Kräftepaare nur dann äquivalent sein können, wenn sie dasselbe Moment auch dem Vorzeichen nach bestimmen; denn dann muß das eine Kräftepaar mit dem durch Umkehrung des zweiten entstehenden im Gleichgewichte sein. Wie beim Beweise des Satzes 7 auf S. 15 folgt nun auch, daß das Moment eines solchen Kräftesystems unabhängig von der Reihenfolge seiner Kräfte ist. Wir erhalten so den Satz:

Satz 9. *Schließt sich das Kräftepolygon eines Kräftesystems, das Seilpolygon hingegen nicht, so ist das Kräftesystem einem Kräftepaare äquivalent, von dem die beiden parallelen Angriffslinien beliebig angenommen werden können. Alle diese einem gegebenen Kräftesysteme äquivalenten Kräftepaare besitzen auch dem Vorzeichen nach dasselbe Moment, und es sind umgekehrt zwei Kräftepaare dann und nur dann äquivalent, wenn sie dasselbe Moment besitzen.*

Wir bemerken noch, daß unsere Beweise, wo sie infolge des Verschwindens benutzter Schnittpunkte unvollständig erscheinen sollten, durch Einschiebung geeigneter Kräftepaare oder Seilpolygone leicht vervollständigt werden können.

Mehrere gegebene Kräftepaare setzen sich, wofern sie sich nicht das Gleichgewicht halten, stets wieder zu einem Kräftepaare zusammen, wie aus dem geschlossenen Kräftepolygone hervorgeht. Um das resultierende Paar mittelst eines Seilpolygons zu konstruieren, wird man im Kräftepolygone je zwei entgegengesetzt gleiche Kräfte unmittelbar aufeinander folgen lassen, so daß $K_0 \equiv K_2 \equiv K_4 \equiv \ldots \equiv K_{2l}$

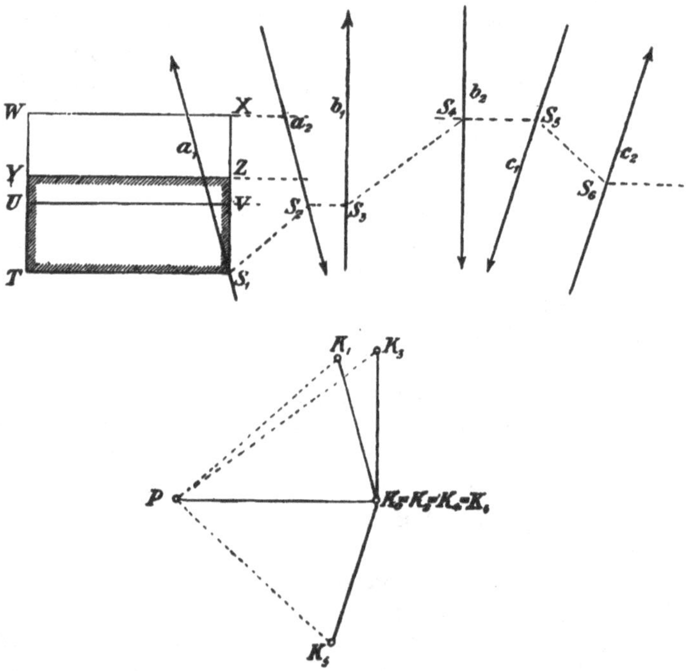

Fig. 17.

ist (Fig. 17). Das Seilpolygon verwandelt zunächst jedes einzelne Kräftepaar in ein anderes mit der Kraftgröße K_0P, dessen Angriffslinien beziehungsweise die erste und dritte, die dritte und fünfte usw. Seilseite sind; schließlich gibt es auch das resultierende Paar mit derselben Kraftgröße in der ersten und letzten Seilseite wirkend. Die Momente aller dieser Kräftepaare sind somit als Parallelogramme mit gemeinsamer Seitenlänge und -richtung K_0P dargestellt, und da jedes sich mit einer Seite an eine Seite des vorhergehenden anschließt, das resultierende Parallelogramm aber von der ersten Seite des ersten und der zweiten Seite des letzten bestimmt wird, so fügen sie sich wie die Glieder einer algebraischen Summe zu dem resultierenden Momente zusammen. Denn je nachdem die zweite Seite jedes folgenden Parallelogramms in das Äußere oder Innere des vorhergehenden fällt, hat es mit diesem das Vorzeichen gemein oder nicht. In der Figur ist das Moment der gegebenen Kräftepaare auch dem Umlaufungssinne nach dargestellt durch das Rechteck S_1TUV, $VUWX$, $XWYZ$ resp., die ersten beiden sind also positiv, das dritte negativ und das Moment des Resultantenpaares S_1TYZ entsteht durch Addition der ersten beiden Rechtecke und Subtraktion des dritten. Wir erhalten daher das Resultat:

Satz 10. *Das Moment des resultierenden Paares einer Reihe von Kräftepaaren ist gleich der algebraischen Summe der Momente der einzelnen Paare.*

6. Das Drehmoment.

Diesem Satze kommt eine besondere Bedeutung zu durch die Beziehung des Momentes eines Kräftepaares zu dem in der Technik besonders wichtigen Begriffe des Drehmoments einer Kraft in bezug auf einen Punkt. Wir definieren:

4. Definition. Unter dem **Drehmomente** einer Kraft in bezug auf einen Momentenpunkt versteht man das Moment des Kräftepaares, das aus der Kraft und der ihr entgegengesetzt gleichen Kraft durch den Momentenpunkt besteht.

Man kommt z. B. zur Einführung dieses Begriffes des Drehmoments, wenn man nach der Wirkungsweise einer Kraft in einem nicht in ihrer Angriffslinie enthaltenen Punkt A fragt (Fig. 18), den man sich etwa als festen Drehpunkt der starren Scheibe denken kann. Man kann dann nämlich dem Systeme zwei in A angreifende Kräfte hinzufügen, von denen die eine der gegebenen gleich und gleich gerichtet, die andere ihr gleich und entgegengesetzt ist. So ist die gegebene Kraft ersetzbar durch die ihr gleiche und gleich gerichtete durch A und ein Kräftepaar, dessen Moment mit dem oben definierten Drehmoment der gegebenen Kraft in bezug auf A übereinstimmt.

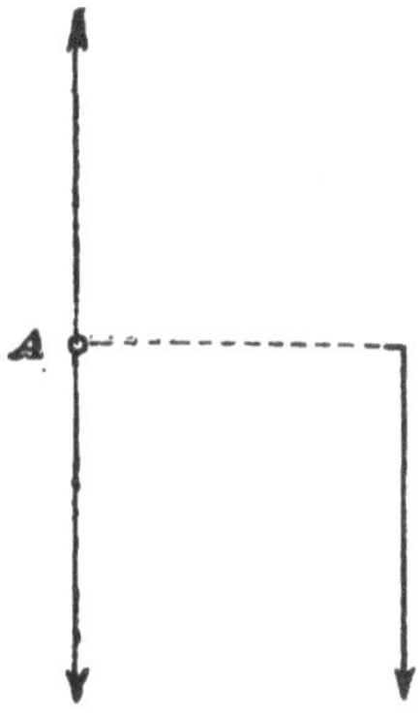

Fig. 18.

Das Drehmoment ist rechnerisch gleich dem Produkte der Kraft in ihrem senkrechten Abstand vom Momentenpunkt. Es ist positiv oder negativ, je nachdem die Kraft um den Momentenpunkt als Drehpunkt im Sinne des Uhrzeigers oder umgekehrt dreht. Das Drehmoment verschwindet, wenn die Angriffslinie der Kraft den Momentenpunkt enthält, und es kann auch nur in diesem Falle verschwinden, es sei denn, daß die Kraft selbst verschwindet.

Wollen wir das Drehungsmoment der Resultante mehrerer Kräfte in Beziehung auf denselben Momentenpunkt finden, so besteht das zur Definition dienende Kräftepaar aus der Resultante der gegebenen Kräfte und der ihr entgegengesetzt gleichen Kraft durch den Momentenpunkt. Dies Paar ist aber auch das Resultantenpaar aller derjenigen Paare, die aus den gegebenen Kräften und den ihnen entgegengesetzt gleichen durch den Momentenpunkt bestehen. Nach dem letzten Satze ist daher das gesuchte Drehungsmoment gleich der algebraischen Summe der Drehungsmomente der einzelnen Komponenten. Dies bleibt auch für den Fall bestehen, daß das System keine Resultante besitzt, wenn man nur unter Drehungsmoment des Resultantenpaares sein Moment im Sinne der 8. Definition versteht. Das ergibt sich, falls das System nur aus zwei parallelen und entgegengesetzt gleichen Kräften besteht, ohne weiteres dadurch, daß man die Kräfte in ihren Angriffslinien so verschiebt, daß die Verbindungslinie des Anfangspunktes der einen mit dem Endpunkte der anderen durch den Momentenpunkt geht; denn dann erscheint das Momentenparallelogramm des Paares als algebraische Summe der die beiden Drehmomente darstellenden Parallelogramme. Besteht das System aus mehr als zwei Kräften, so braucht man es nur in zwei Teile zu zerlegen (s. S. 19), deren Resultanten, die entgegengesetzt gleich sein werden, zu bestimmen und zu bedenken, daß die Drehmomente dieser Einzelresultanten gleich der algebraischen Summe der Drehmomente ihrer Komponenten sind. Sonach gilt der Satz:

Satz 11. *Die algebraische Summe der Drehmomente mehrerer Kräfte in bezug auf einen und denselben Momentenpunkt ist gleich dem Drehmomente der Resultante dieser Kräfte, wenn eine solche vorhanden ist, und gleich dem Momente des resultierenden Kräftepaares, wenn das System sich auf ein Kräftepaar reduziert; diese Summe heißt deshalb das Drehmoment des Systems.*

Dies Drehmoment wird also für jeden Momentenpunkt verschwinden, wenn das System im Gleichgewichte ist, also die beiden Angriffslinien des Resultantenpaares zusammenfallen. Im übrigen verschwindet das Drehmoment eines Kräftesystems für keinen Punkt, wenn das System einem Kräftepaare mit nicht verschwindendem Momente äquivalent ist, für alle Punkte der Resultante und nur für diese, wenn eine Einzelresultante vorhanden ist. Die Bedingungen des Gleichgewichts eines Systems können wir daher auch in folgender Form aussprechen:

Satz 12. *Schließt sich das Kräftepolygon eines Systems von Kräften und ist zugleich sein Drehmoment in bezug auf irgendeinen Punkt gleich Null, so stehen die Kräfte im Gleichgewichte, und das Drehmoment des Systems verschwindet für jeden Momentenpunkt.*

Zur Bestimmung des Drehmoments eines Kräftesystems in bezug auf einen beliebigen Punkt liefert wieder die Verwendung des Seilpolygons ein besonders einfaches und wichtiges Verfahren. Ein solches Drehungsmoment ist nach dem Obigen gleich dem Momente eines Kräftepaares, das den gegebenen Kräften und einer im Momentenpunkte M angreifenden und mit $K_n K_0$ gleichen und gleich gerichteten Kraft äquivalent ist (Fig. 19). Betrachten wir daher diese als die $(n+1)^{\text{te}}$ Kraft des neuen Systems, so ist $S_0 S_1$, wo S_0 auf der $(n+1)^{\text{ten}}$ Angriffslinie a_{n+1} liegen mag, die eine Angriffslinie des Paares, während die zweite durch denjenigen Punkt S_{n+1} gehen wird, in welchem die zu PK_n parallele Seite des Seilpolygons die a_{n+1} schneidet. Das gesuchte Moment ist also auch dem Vorzeichen nach gleich dem Flächeninhalte eines Parallelogramms, von dem zwei anstoßende Seiten mit $K_0 P$ und $S_0 S_{n+1}$ gleich und gleich gerichtet sind. Sehen wir also von dem meist leicht zu bestimmenden Vorzeichen ab, so gilt der Satz:

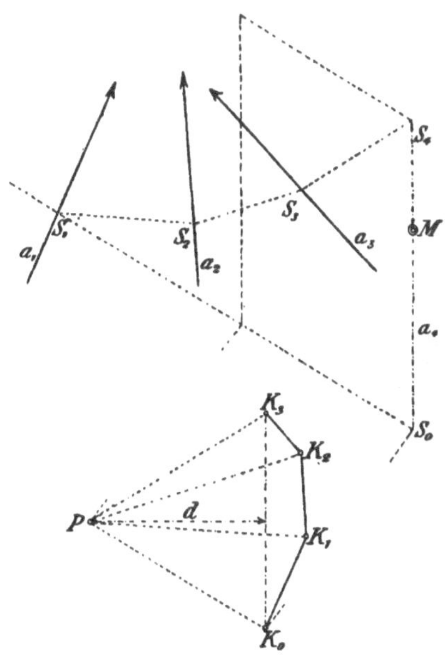

Fig. 19.

Satz 13. *Das Drehmoment der Resultante mehrerer Kräfte in bezug auf einen Drehpunkt M ist, vom Vorzeichen abgesehen, gleich dem Produkte aus der Entfernung des Poles von der Schlußlinie des Kräftepolygons in das Stück auf der Parallelen zur Resultierenden durch den Momentenpunkt, das zwischen dem Schnittpunkte mit der ersten und letzten Seite des Seilpolygons liegt.*

Denn nimmt man die mit $S_0 S_{n+1}$ parallele Seite als Grundlinie des das Moment bestimmenden Parallelogramms, so ist seine Höhe gleich dem Abstande d des Poles von der Schlußlinie $K_0 K_n$, der sogenannten Poldistanz.

Der Wert dieses Verfahrens liegt besonders darin, daß man das gesuchte Moment durch geeignete Wahl der Poldistanz sogleich als Rechteck mit einer gegebenen Basis erhält, wodurch verschiedene solche Momente erst untereinander vergleichbar werden.

7. Zerlegung von Kräften.

Ebenso wichtig wie die bisher fast ausschließlich behandelte Zusammensetzung von Kräften ist für die Anwendungen ihre Zerlegung in Komponenten, die gegebene Bedingungen erfüllen sollen. Aus dem II. Grundsatze folgt unmittelbar, daß eine gegebene Kraft eindeutig in zwei Komponenten zerlegt werden kann, deren Angriffslinien a_1, a_2 sich auf ihrer Angriffslinie a schneiden. Man erhält die Komponenten als die Seiten desjenigen Parallelogramms, dessen Diagonale die gegebene Kraft $K_0 K_2$ ist, während seine Seiten zu a_1 und a_2 parallel sind. Darin ist zugleich eine Lösung der folgenden Fundamentalaufgabe enthalten:

3. Aufgabe. Eine Kraft $K_0 K_2$ mit der Angriffslinie a in zwei Komponenten zu zerlegen, von denen die eine eine gegebene Angriffslinie a_1 und die andere einen gegebenen Angriffspunkt A_2 besitzt.

Die zweite Angriffslinie ist nämlich sofort bekannt als die Verbindungsgerade des Punktes A_2 mit dem Schnittpunkte $(a_1, a) = A$ (Fig. 20). Diese Methode der Lösung versagt aber, wenn dieser Schnittpunkt nicht auf dem Blatte liegt oder überhaupt ins Unendliche fällt, also $a_1 \parallel a$ ist. Auch in diesem Falle führt das Seilpolygon zum Ziele. Denken wir uns nämlich die beiden gesuchten Komponenten in a_1 und a_2 schon gefunden, so müssen die erste und letzte Seite eines für diese Komponenten gezeichneten Seilpolygons sich in einem Punkte S der Resultierenden a schneiden. Legen wir daher durch $A_2 \equiv S_2$ eine Parallele zu PK_2, die a in S schneiden mag, und durch S eine Parallele zu PK_0, die a_1 in S_1 schneide, so sind dies sicher erste und letzte Seite eines solchen Seilpolygons, und $S_1 S_2$ muß die mittlere Seite sein. Die Parallelen durch K_0 zu a_1 und durch P zu $S_1 S_2$ schneiden sich daher in einem solchen Punkte K_1, daß $K_0 K_1$ und $K_1 K_2$ die gesuchten Komponenten sind, von denen die erste in a_1 und die zweite in der Parallelen a_2 zu $K_1 K_2$ durch A wirkt. Daß diese Gerade a_2 mit $A_2 A$ zusammenfällt, folgt wieder aus dem 2. Hilfssatze auf S. 11, weil die Vierecke $PK_1K_0K_2$ und A_2S_1AS in der Beziehung dieses Satzes stehen. Die Aufgabe hat stets eine eindeutig bestimmte Lösung, es müßte denn A_2 auf a_1 liegen. In diesem Falle hat die Aufgabe keine bestimmte Lösung, falls A_2 zugleich nach A fällt, sonst werden die Komponenten unendlich groß, weil dann S_1S_2 mit a_1 zusammenfällt, also PK_1 und K_0K_1 parallel werden.

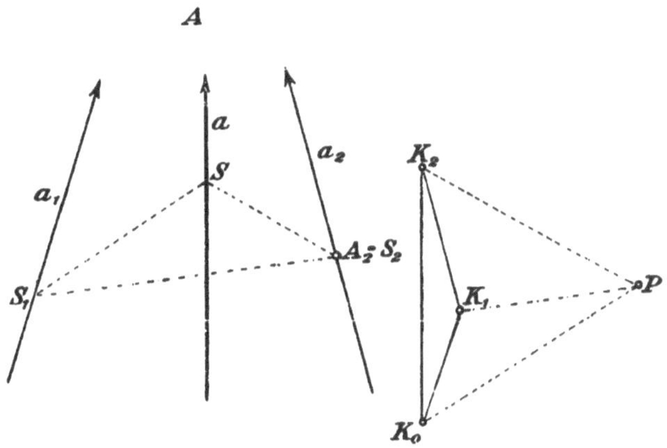

Fig. 20.

Das zweite Verfahren ist besonders wichtig, wenn die Aufgabe in der folgenden, praktisch häufigen Form auftritt:

4. **Aufgabe.** Ein gegebenes Kräftesystem nach zwei Komponenten zu zerlegen, von denen die eine eine gegebene Angriffslinie b_1 und die andere einen gegebenen Angriffspunkt B_2 hat.

Man braucht nämlich das zu dem Kräftesystem und zu einem beliebigen Pole gehörige Seilpolygon nur so zu legen, daß seine letzte Seite durch B_2 geht. Schneidet dann die erste Seite b_1 in B_1 (Fig. 21), so trifft die Parallele durch P zu B_1B_2, der sogenannten *Schlußlinie* des Seilpolygons, die Parallele durch K_0 zu b_1 in dem Punkte K, der die beiden gesuchten Komponenten K_0K und KK_n liefert. In der Tat befindet sich das Kräftesystem, das aus den gegebenen Kräften und den Umkehrungen der beiden gefundenen Komponenten besteht, im Gleichgewicht, weil das Kräftepolygon und ein Seilpolygon sich schließen. Hierbei ist es gleichgültig, ob das gegebene System eine Einzelresultante besitzt oder nicht.

Schneidet b_1 etwa die Angriffslinie a_1 der ersten der gegebenen Kräfte, so kann unsere Aufgabe auch auf die S. 15 gelöste 1. Aufgabe zurückgeführt werden, wenn man nämlich b_1 als erste Seilseite und B_2 als einen Punkt der letzten betrachtet. Denn ist der Pol P dieses Seilpolygons gefunden, so sind K_0P und PK_n die gesuchten Komponenten.

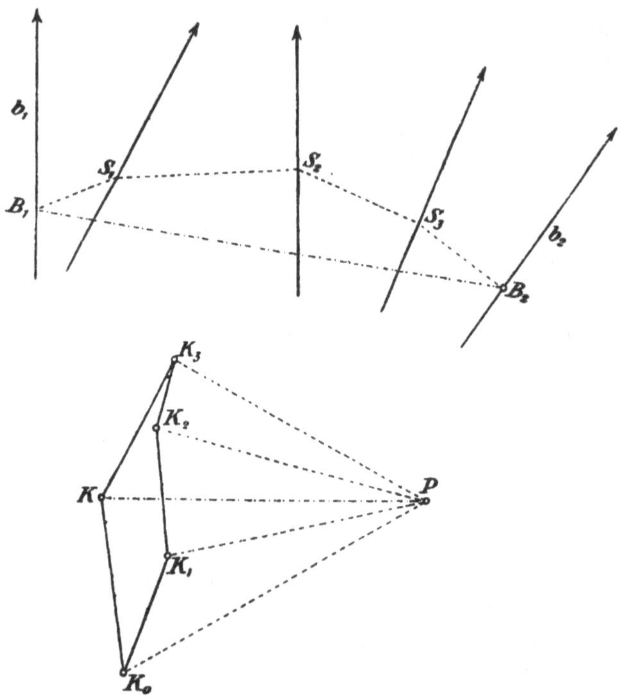

Fig. 21.

Auf dieselbe Aufgabe läßt sich nach Culmann die folgende zurückführen:

5. Aufgabe. **Eine gegebene Kraft a in drei Komponenten zu zerlegen, deren Angriffslinien a_1, a_2, a_3 gegeben sind.**

Schneiden sich nämlich a_1 und a_2 in einem Punkte Q, a_3 und a in R, so kann man zunächst die gegebene Kraft K_0K_3, deren Angriffslinien QR und a_3, indem man K_2 als Schnittpunkt der Parallelen durch K_0 zu QR und durch K_3 zu a_3 bestimmt (Fig. 22). Zerlegt man ebenso K_0K_2 durch die Parallelen durch K_0 zu a_1 und durch K_2 zu a_2 in die Komponenten K_0K_1 und K_1K_2, so ist die Aufgabe gelöst. Ist der Punkt R unzugänglich, so kann man die zweite Lösungsmethode der 3. Aufgabe benutzen, also die gegebene Kraft zuerst nach zwei Komponenten zerlegen, von denen Q ein Angriffspunkt und a_3 eine Angriffslinie ist, und dann die erste Komponente wieder nach den Angriffslinien a_1 und a_2 zerlegen. Ist zwar der Punkt R vorhanden, hingegen Q unzugänglich, so kann man nach einem der bekannten Verfahren die Verbindungslinie von R mit dem unzugänglichen Schnittpunkte von a_1 und a_2 konstruieren, wonach wieder die Zerlegung in zwei Schritten vorgenommen werden kann. Wir wollen aber hierauf nicht eingehen, vielmehr sogleich eine Lösung der Aufgabe geben, die keinen der Schnittpunkte der vier gegebenen Angriffslinien benutzt, bemerken aber, daß sie nur eine theoretische Bedeutung besitzt.

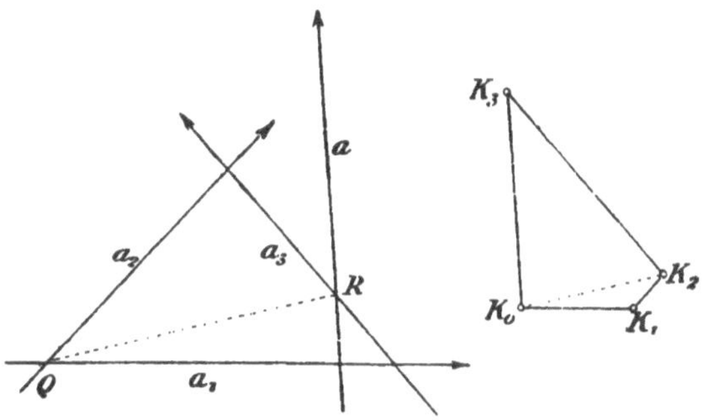

Fig. 22.

Nehmen wir auf a, a_1, a_2, a_3 die Punkte $\mathfrak{S}$, S_1, S_2, S_3 resp. sonst beliebig (Fig. 23), aber so an, daß S_1, S_2, S_3 nicht in gerader Linie liegen, bestimmen $\mathfrak{P}$ als Schnittpunkt der Parallelen durch K_0 und K_3 zu $\mathfrak{S}S_1$ und $\mathfrak{S}S_3$ resp., ebenso $\mathfrak{K}_1$ als Schnittpunkt der Parallelen durch K_0 und $\mathfrak{P}$ zu a_1 und S_1S_2 resp. und endlich $\mathfrak{K}_2$ als Schnittpunkt der Parallelen durch K_3 und $\mathfrak{P}$ zu a_3 und S_2S_3 resp., so gehört zu dem Kräftesystem mit den Angriffslinien a_1, a, a_3, dem Kräftepolygone $\mathfrak{K}_1K_0K_3\mathfrak{K}_2$ und zu dem Pole $\mathfrak{P}$ das Seilpolygon $S_2S_1\mathfrak{S}S_3S_2$. Halten wir nun S_1, S_2, S_3 fest, lassen aber $\mathfrak{S}$ auf a wandern, so beschreibt $\mathfrak{P}$ eine zu S_1S_3 parallele Gerade p. Denn gehören zur Lage S von $\mathfrak{S}$ die Punkte P, K_1, K_2, so stehen die Vierecke $SS_1\mathfrak{S}S_3$ und $PK_0\mathfrak{P}K_3$ in der Beziehung des zweiten Hilfssatzes auf S. 11, weil SS_1, $S_1\mathfrak{S}$, $\mathfrak{S}S_3$, S_3S und $S\mathfrak{S}$ der Reihe nach $\parallel PK_0$, $K_0\mathfrak{P}$, $\mathfrak{P}K_3$, K_3P und K_0K_3 sind; demnach ist auch $S_1S_3 \parallel P\mathfrak{P}$. Wählen wir weiter auf a_1, a_2, a_3 die Punkte S_1', S_2', S_3' so, daß $S_1'S_2' \parallel S_1S_2$ und $S_2'S_3' \parallel S_2S_3$ ist, und lassen wiederum den Punkt $\mathfrak{S}'$ auf a wandern, so erhalten wir als Ort der entsprechend konstruierten Pole $\mathfrak{P}'$ eine zweite Gerade $p' \parallel S_1'S_3'$. Ist dann P der Schnittpunkt von p und p', und werden dann K_1 und K_2 wie

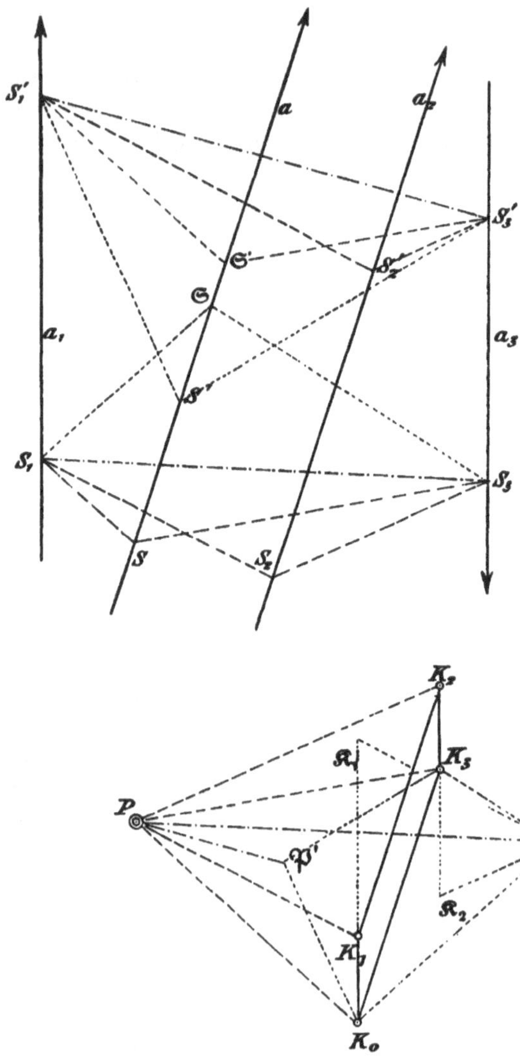

Fig. 23.

eben konstruiert, so also, daß K_0K_1 und $K_1K_3 \parallel a_1$ und a_3 sowie $PK_1 \parallel S_1S_2 \parallel S_1'S_2'$ und $PK_2 \parallel S_2S_3 \parallel S_2'S_3'$, so gehören zu dem Kräftesysteme mit dem Kräftepolygone $K_1K_0K_3K_2$ und den Angriffslinien a_1, a, a_3 und zu dem Pole P die beiden Seilpolygone $S_2S_1SS_3S_2$ und $S_2'S_1'S'S_3'S_2'$, so daß die zugehörige Resultante durch S_2 und S_2' gehen, also a_2 der Schlußlinie K_1K_2 dieses Kräftepolygons parallel sein muß. Folglich ist $K_0K_1K_2K_3$ das Polygon der gesuchten Zerlegung.

Um diese Lösung unserer Aufgabe verständlicher zu machen, bemerken wir, daß bei beliebiger Annahme von $\mathfrak{S}$ bzw. $\mathfrak{S}'$ auf a die Gerade $\mathfrak{K}_1\mathfrak{K}_2$ bzw. $\mathfrak{K}_1'\mathfrak{K}_2'$ nicht parallel zu a_2 sein wird, dies ist eben nur dann der Fall, wenn man denjenigen Punkt S bzw. S' wählt, welcher dem Pole $P=(p, p')$ entspricht. Man hat eben zuerst bei beliebiger Annahme von $\mathfrak{S}$ bzw. $\mathfrak{S}'$ auf a die Punkte $\mathfrak{P}$ bzw. $\mathfrak{P}'$nach Vorschrift zu konstruieren und dann P als Schnittpunkt der Parallelen durch $\mathfrak{P}$ und $\mathfrak{P}'$ zu S_1S_3 und $S_1'S_3'$ zu finden. Unsere Aufgabe besitzt, wie wir sehen, eine und nur eine Lösung, es müßte denn $S_1'S_3' \parallel S_1S_3$ sein. Dann wären die beiden Dreiecke $S_1S_2S_3$ und $S_1'S_2'S_3'$ ähnlich und ähnlich gelegen, so daß S_1S_1', S_2S_2' und S_3S_3' oder a_1, a_2, a_3 sich in einem Punkte schneiden oder parallel sein müssen. In diesem Falle werden p und p' entweder zusammenfallen oder nur parallel sein. Das erstere wird offenbar dann und nur dann eintreten, wenn auch a den gemeinsamen Punkt der Angriffslinien a_1, a_2, a_3 enthält; denn dann muß für jede Annahme von $\mathfrak{P} \equiv \mathfrak{P}'$ auf $p \equiv p'$ auch $S_1\mathfrak{S} \parallel \mathfrak{P}K_0 \parallel S_1'\mathfrak{S}'$ und $S_3\mathfrak{S} \parallel \mathfrak{P}K_3 \parallel S_3'\mathfrak{S}'$ sein. In diesem Sonderfalle besitzt daher unsere Aufgabe unendlich viele Lösungen, während sie, wenn p nur $\parallel p'$ ist, nur unendlich große, also keine Lösungen besitzt. In der Tat muß die Resultante drei endlicher Kräfte, deren Angriffslinien denselben endlichen oder unendlich fernen Punkt enthalten, ebenfalls durch diesen Punkt laufen.

Unsere Methode läßt auch dann nicht im Stiche, wenn die zu zerlegende Kraft als Resultante eines Kräftesystems gegeben ist. Die beiden Geraden p und p' treten dann auf als Orte der Pole von Seilpolygonen, deren erste Seite durch S_1 bzw. S_1' und deren letzte Seite durch S_3 und S_3' geht. Die Bestimmung je eines solchen Poles geschieht nach Maßgabe der 1. Aufgabe auf S. 15, indem man noch die erste oder letzte Seilseite nach Bequemlichkeit willkürlich annimmt. Die zu zerlegende Kraft kann also auch ein Kräftepaar sein.

Wir merken hier das folgende Resultat an:

Satz 14. *Soll eine Kraft in drei Komponenten, deren Angriffslinien gegeben sind, zerlegt werden, so hat diese Aufgabe nur eine uneigentliche Lösung (mit unendlich großen Komponenten), wenn diese drei Angriffslinien durch denselben endlichen oder unendlich fernen*

Punkt laufen, ohne daß die gegebene Kraft es tut, sie hat eine Lösung, wenn die drei gegebenen Angriffslinien ein Dreieck bilden, und unendlich viele, wenn alle vier gegebenen Angriffslinien durch denselben endlichen oder unendlich fernen Punkt gehen.

Soll eine Kraft in vier Komponenten mit gegebenen Angriffslinien zerlegt werden, so zerlegt man sie zuerst nach zwei derselben und nach irgend einer dritten, die durch den Schnittpunkt der beiden anderen geht, und diese Komponente dann nach den beiden anderen. Entsprechend verfährt man bei fünf und mehr Angriffslinien, indem man die Aufgabe immer auf die vorhergehende zurückführt und dadurch immer neue willkürliche Elemente erhält. Jedenfalls handelt es sich bei mehr als drei Komponenten um keine bestimmte Aufgabe mehr.

§ 2.

Lagerung und Belastung ebener Scheiben.

8. Festes und bewegliches Auflagergelenk.

Wir haben bisher immer angenommen, daß der starre Körper, dessen Gleichgewicht wir untersuchen, ganz frei beweglich sei. Das ist aber ein Fall, der besonders in der Technik nie vorkommt. Dort ist der Körper stets entweder um feste Punkte, sogenannte feste Auflagergelenke, drehbar, oder er liegt auf Stützen auf, besitzt sogenannte bewegliche Auflagergelenke, d. h. er ist um Gelenke drehbar, die sich ihrerseits nur auf einer festen Bahn, der sogeannten Stützlinie, bewegen können. Das Vorhandensein solcher Auflagergelenke wird die Bedingungen des Gleichgewichts eines auf die gelagerte Scheibe wirkenden Kräftesystems wesentlich beeinflussen, und lediglich dieser Einfluß ist es, der für unsere Untersuchungen in Betracht kommt. Ein festes Auflagergelenk wird offenbar jede Kraft aufheben, deren Angriffslinie es enthält. Diese Aufhebung können wir uns dadurch bewerkstelligt denken, daß wir zu dem gegebenen Kräftesysteme eine jener Kraft entgegengesetzt gleiche hinzufügen, die sogenannte **Auflagerreaktion.** Ebenso lehrt die Statik, daß ein bewegliches Auflagergelenk jede senkrecht gegen die Stützlinie wirkende Kraft aufhebt, und auch dies kann durch Einfügung einer ihr entgegengesetzt gleichen Auflagerreaktion erreicht werden. Diese Auflagerreaktionen können daher als gedachte Kräfte aufgefaßt werden, die denselben Erfolg haben wie die Auflager, nämlich den gegebenen Kräften, die ohne die Auflager die Scheibe in Bewegung setzen würden, das Gleichgewicht zu halten.

Wir können daher die folgenden Definitionen aufstellen:

5. Definition. Ein festes Auflagergelenk ist dadurch gekennzeichnet, daß es jede in ihm angreifende Kraft aufhebt und eine dieser entgegengesetzt gleiche Auflagerreaktion hervorruft, ein bewegliches Auflagergelenk dadurch, daß es nur die in der Richtung der Auflagernormale, d. h. der Senkrechten zur Stützlinie angreifen-

den und gegen die Stützlinie gerichteten Kräfte aufhebt und ihnen entgegengesetzt gleiche Auflagerreaktionen hervorruft.

Was die Bestimmung der Auflagerreaktionen betrifft, so behandeln wir zuerst einige mehr theoretisch, als praktisch wichtige Fälle. Ist nur ein festes Auflagergelenk vorhanden, so reicht es für das Gleichgewicht der auf die Scheibe wirkenden Kräfte offenbar aus, daß die Resultante durch dies Gelenk gehe. Dann ist die Auflagerreaktion die dieser entgegengesetzt gleiche Kraft mit derselben Angriffslinie, und nach deren Hinzufügung zu den gegebenen Kräften befindet sich die Scheibe im freien Gleichgewicht. Wir können diese Gleichgewichtsbedingung offenbar auch so ausdrücken, daß das Drehungsmoment der gegebenen Kräfte in Beziehung auf das Auflagergelenk verschwinde. Denn in diesem Falle sind die Kräfte entweder selbst im Gleichgewichte, oder ihre Resultante geht durch das Auflagergelenk. Diese Bedingung rechtfertigt den Namen Drehungsmoment. Denn zwei Kräfte können einander in ihrer Wirkung auf eine um ein festes Gelenk drehbare Scheibe ersetzen, wenn sie in Beziehung auf das Gelenk dasselbe Drehungsmoment besitzen. Denn sie sind miteinander im Gleichgewichte, wenn ihre beiden Drehungsmomente entgegengesetzt gleich sind, oder deren algebraische Summe verschwindet (Satz 11 auf S. 24). Hierauf beruht das bekannte Archimedische Hebelgesetz. Wir fassen dies in den Satz zusammen:

Satz 15. *Damit eine mit einem festen Auflagergelenk versehene Scheibe sich unter der Einwirkung eines Kräftesystems im Gleichgewichte befinde, ist notwendig und hinreichend, daß das Drehmoment des Kräftesystems in bezug auf den Gelenkpunkt verschwinde.*

Besitzt die Scheibe ein bewegliches Auflagergelenk, so genügt obige Bedingung nicht. Die zur Tangente der Stützlinie parallele Komponente der Resultante des Kräftesystems würde nämlich in der Auflagerbedingung keinen Widerstand finden, sondern nur eine normale und auch diese nur dann, wenn sie dem Lager entgegengesetzt gerichtet ist. Ein bewegliches Auflagergelenk vermag eine Auflagerreaktion nur in der Richtung der Auflagernormalen, und zwar vom Lager weg, hervorzurufen. Wir können dies so formulieren:

Satz 16. *Damit eine mit einem beweglichen Auflagergelenke versehene Scheibe unter dem Einflusse eines Kräftesystems im Gleichgewichte sei, muß erstens dessen Drehungsmoment in bezug auf den Gelenkpunkt verschwinden und überdies die Schlußlinie des Kräftepolygons die Pfeilrichtung der Auflagernormalen gegen die Stütze haben.*

Hier ist aber zu bemerken, daß ein bewegliches Auflagergelenk praktisch auch dadurch konstruiert werden könnte, daß der Gelenkpunkt vermittelst einer Stange, die um einen festen Punkt drehbar ist, mit einer festen Unterlage verbunden wird (Fig. 24). In diesem Falle ist die vorgeschriebene Bahn des Gelenks ein Kreis, die Auflagernormale die Stabrichtung. Hinreichende Druck- und Zugfestigkeit des Stabes vorausgesetzt, kann die Resultante, wofern ihre Angriffslinie nur in die Stablinie fällt, hier beide Pfeilrichtungen annehmen. Je nachdem sie das Gelenk aus dem Stabe herauszuziehen oder in ihn hineinzudrücken sucht, wird der Stab auf Zug oder auf Druck beansprucht werden.

Fig. 24.

9. Zweifach gelagerte Scheiben.

Die bisher behandelten Fälle haben ein mehr theoretisches Interesse, in der Technik ist die Lagerung einer Scheibe so einzurichten, daß sie bei jeder praktisch möglichen Belastung in Ruhe bleibt. Dazu sind aber mindestens zwei Auflagergelenke erforderlich, da die Resultante des Belastungssystems das eine Gelenk im allgemeinen nicht enthalten wird. Stellen wir hier weiter die Forderung, daß die beiden Auflagerreaktionen nach den Regeln der reinen Statik bestimmbar seien, so zeigt sich, daß die beiden Auflagergelenke nicht zugleich fest sein dürfen.

Besitzt nämlich eine Scheibe zwei feste Auflagergelenke, so wird sie bei jeder Annahme der wirkenden Kräfte im Gleichgewichte sein, da wir diese stets durch zwei Kräfte ersetzen können, die durch je eins der beiden Gelenke gehen, wobei wir die Richtung der einen Komponente noch beliebig annehmen können; denn es handelt sich dann nur um die Lösung der 4. Aufgabe auf S. 27, nämlich das Kräftesystem so in zwei Komponenten zu zerlegen, daß die eine durch den einen Gelenkpunkt geht und die andere in einer beliebigen Geraden durch den zweiten Gelenkpunkt angreift. Wie aber diese beliebige Richtung zu wählen ist, damit die beiden Komponenten die wirklichen (nicht nur möglichen) Einwirkungen der Belastung oder der äußeren Kräfte auf die Gelenke bedeuten, kann aus der Voraussetzung, daß der Körper absolut starr sei, nicht ermittelt werden, es muß hier vielmehr eine Berücksichtigung der elastischen Kräfte stattfinden, oder es handelt sich um eine sogenannte statisch unbestimmte Aufgabe. Da wir solche Aufgaben ausschließen wollen, aber gerade die Bestimmung der Auflagerreaktionen ganz wesentlich ist, so kommt der Fall zweier fester Auflagergelenke für uns nicht in Betracht.

Besitzt also eine Scheibe zwei Auflagergelenke, so muß mindestens eines derselben A beweglich sein, während wir dies von dem anderen B noch dahingestellt sein lassen wollen. Um in diesem Falle die Auflagerreaktionen zu bestimmen, zerlegen wir das gegebene Kräftesystem nach zwei Komponenten, von denen die eine die Auflagernormale a von A zur Angriffslinie hat, während die andere durch B geht. Diese Zerlegung geschieht nach der 4. Aufgabe auf S. 27 mit Hilfe der Schlußlinie eines Seilpolygons, dessen letzte Seite durch B geht. Damit nun Gleichgewicht stattfinde, muß nicht nur die in A angreifende Komponente durch die Stütze aufgehoben werden, was ja der Fall sein wird, wenn sie nur die Scheibe nicht von der Stütze zu entfernen sucht, sondern es muß auch die in B angreifende Komponente durch das dort befindliche Gelenk aufgehoben werden. Ist daher B ein festes Auflagergelenk, so haben wir bei jeder Annahme der äußeren Kräfte, die der ersten Bedingung genügen, Gleichgewicht, und die beiden Auflagerreaktionen sind als die den beiden Komponenten entgegengesetzt gleichen Kräfte vollkommen bestimmt und halten die Scheibe im Vereine mit den gegebenen Kräften im freien Gleichgewichte. Soll dagegen auch B ein bewegliches Auflagergelenk sein, so müssen entweder seine Auflagernormale b oder die einwirkenden Kräfte noch besonderen Bedingungen genügen, die zwar in jedem Falle leicht ermittelt werden können, deren Einhaltung aber in den Anwendungen im allgemeinen unbequem wäre. Man nimmt deshalb hier nur dann zwei bewegliche Auflagergelenke an, wenn die beiden Auflagernormalen und die äußeren Kräfte einander parallel, nämlich vertikale Lasten sind. Es ist dies der Fall eines auf zwei Stützen aufliegenden Balkens, den wir sofort ausführlicher behandeln werden. Wir wollen hier das folgende Resultat hervorheben:

Satz 17. *Besitzt eine Scheibe zwei Auflagergelenke, so ist im allgemeinen eins derselben beweglich, während das andere nur dann als beweglich angenommen wird, wenn die äußeren Kräfte und die beiden Auflagernormalen einander parallel sind. Zerlegt man die äußeren Kräfte in zwei Komponenten, von denen eine die eine Auflagernormale und die andere das andere Auflagergelenk enthält, so sind die diesen entgegengesetzten Kräfte die Auflagerreaktionen, und es findet Gleichgewicht nur dann statt, wenn diese in jedem beweglichen Auflagergelenke von den Stützen abgewendet sind.*

Wenn wir nunmehr von einem Balken reden, so kommt für uns nur sein Längsschnitt in Betracht, weil wir annehmen können, daß der Balken sowohl wie die äußeren Kräfte, die Lasten, symmetrisch zu einer vertikalen Ebene verteilt sind, die wir als die Ebene des Balkens ansehen. Wir werden daher, wenn es sich um einen

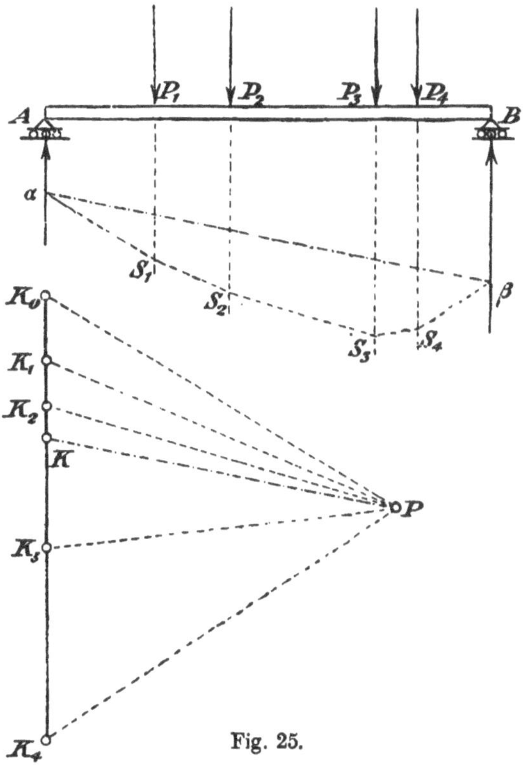

Fig. 25.

prismatischen Balken handelt, als solchen eine ebene Scheibe definieren, die zunächst als ein schmales horizontales Rechteck angenommen werde und zwei bewegliche Auflagergelenke mit horizontaler Stützlinie besitze (Fig. 25). Die äußeren Kräfte seien vertikale Lasten, von denen wir annehmen, daß sie in den Punkten P_1, P_2, P_3 usw. der oberen Balkenlinie AB angreifen und durch die Seiten K_0K_1, K_1K_2, K_2K_3 usw. des Kräftezuges in irgend einem Maßstabe dargestellt sind. Diese Einzellasten, die im Gegensatz zu den später zu behandelnden kontinuierlichen Lasten in einzelnen Punkten angreifen, werden entweder, falls es sich um eine Brücke handelt, von Raddrücken oder, falls wir etwa einen Dachbalken vor uns haben, von Pfosten oder Zwischenträgern herrühren. In der Figur wurde bei einem Längenmaßstabe von 1 : 200 (2 m = 1 cm) und einem Kräftemaßstabe 1 : 100 (100 kg = 1 mm) folgende Annahme gemacht: Länge des Balkens 12 m, Einzellasten 850 kg, 600 kg, 1900 kg, 2500 kg, deren Angriffspunkte den Balken in 3 m, 2 m, 4 m, 1 m, 2 m teilen, Polabstand 5 m. Diese Maße werden in die Zeichnung am besten mit Hilfe käuflicher Papiermaßstäbe mit Proportionalteilung eingetragen (Fig. 26).

1:100

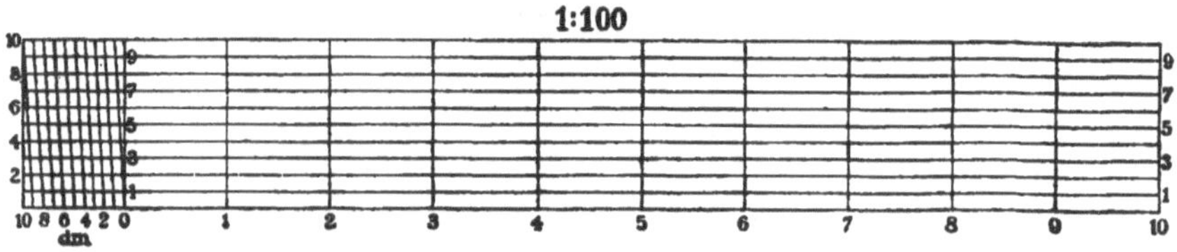

Fig. 26.

Konstruieren wir nun für irgend einen Pol das Seilpolygon $aS_1S_2S_3 \ldots \beta$, wo a und β auf den beiden Auflagernormalen liegen, so teilt die Parallele PK durch P zur Schlußlinie $a\beta$ den Kräftezug K_0K_n in die beiden Komponenten der Lasten nach den Auflagernormalen, so daß KK_0 und K_nK die beiden Auflagerreaktionen in A und B darstellen. Daß hier die Gleichgewichtsbedingungen erfüllt sind, ergibt sich aus Satz 4 auf S. 9; denn hiernach liegt die Resultante der Lasten zwischen den beiden Auflagernormalen, so daß die Auflagerreaktionen nach oben gerichtet sein müssen. Reicht indessen der Balken über ein Auflager hinaus, so ist zu beachten, daß eine der Komponenten der Lasten leicht von dem Lager fort gerichtet sein kann, den Balken also von dem Lager abheben kann.

Theoretisch ist es gut möglich, eine Scheibe mit drei beweglichen Auflagergelenken zu versehen. Die Auflagerreaktionen sind dann leicht zu bestimmen, da wir nach der 5. Aufgabe auf S. 28 nur das einwirkende Kräftesystem nach den drei Auflagernormalen zu zerlegen haben, wobei aber noch zu untersuchen ist, ob diese Komponenten gegen die Lager gerichtet sind. Doch kommt dieser Lagerung überhaupt keine praktische Bedeutung zu.

10. Belastung und Lagerung des vollwandigen Dachstuhlträgers.

Man darf sich in der Technik nicht auf vertikale Lasten beschränken, bei Brücken und Dachkonstruktionen ist auch der Einfluß des schief einfallenden Winddrucks zu berücksichtigen, so daß man hier nur eins von den beiden Auflagergelenken als beweglich annehmen wird. Das Dach eines Hauses pflegt auf einer Anzahl in konstantem Abstande errichteter Träger zu ruhen, die meist Stabkonstruktionen sind. Für diese vorbereitende Aufgabe nehmen wir an, daß die Dachstuhlträger vollwandige Scheiben von Dreiecksform seien. Die Last des Daches verteilt sich auf die einzelnen Träger in der Weise, daß jeder innen befindliche Träger einen Dachstreifen von der Breite des Dachbinderabstandes zu tragen hat (Fig. 27). Als Belastung ist erstens stets die Eigenlast des Daches vorhanden, überdies wollen wir auf der rechten Seite des Daches eine Schneelast gelegen denken, während auf die linke Seite der Wind drücken

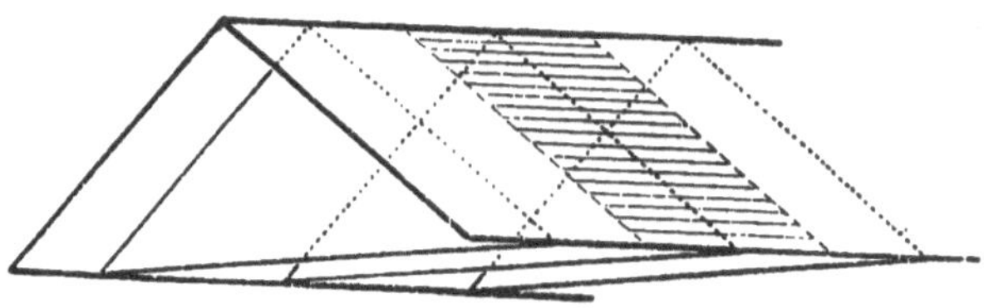

Fig. 27.

möge. Alle diese Lasten haben wir uns kontinuierlich und über die belastete Fläche oder vielmehr Strecke gleichmäßig verteilt zu denken, so daß ihre Angriffspunkte jeweils die Spitze des Daches und die Mittelpunkte der beiden Dachlinien sein werden (vgl. Satz 5 auf S. 10). Die Eigenlast gibt man in Kilogrammen pro Quadratmeter der Dachfläche, die Schneelast pro Quadratmeter der Grundfläche. Der Winddruck wird gemessen durch die Anzahl w von kg, die er auf die senkrecht zu seiner Richtung gestellte Fläche von der Größe eines Quadratmeters ausübt, eine Zahl, die wir den Erfahrungen gemäß bei mittlerer Windstärke als 160 annehmen werden.

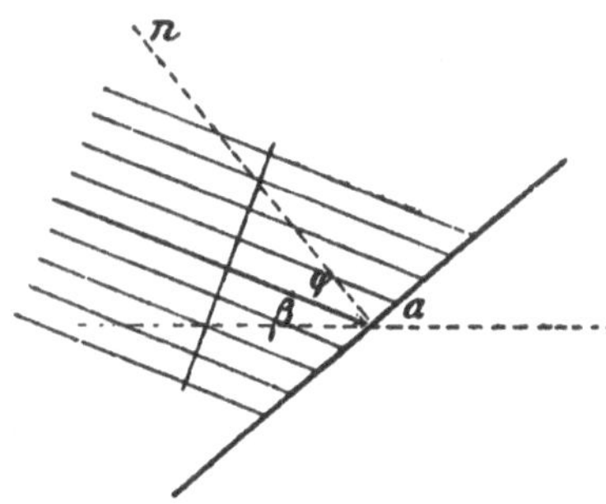

Fig. 28.

Ist α der Neigungswinkel der Dachfläche, β der Winkel der Windrichtung gegen die Horizontale, so ist $\varphi = 90^0 - (\alpha + \beta)$ der Winkel der Windrichtung gegen die Dachnormale, und darum der auf den Quadratmeter der Dachfläche ausgeübte Winddruck $w_1 = w \cos \varphi = w \sin(\alpha + \beta)$. Denkt man sich nämlich den einen senkrecht zur Windrichtung gestellten Quadratmeter (Fig. 28) treffenden Luftstrom durch eine Röhre abgegrenzt, so trifft derselbe Strom

$\frac{1}{\cos\varphi}$ Quadratmeter der Dachfläche, so daß $w \cos\varphi$ der auf einen Quadratmeter der Dachfläche kommende Winddruck ist. Da er aber schief auf die Dachfläche auftrifft, so ist er noch in eine Komponente $w_1 \sin\varphi$ zu zerlegen, die parallel zur Dachlinie läuft und darum nicht zur Wirkung kommt, und in eine Komponente $w_2 = w_1 \cos\varphi = w \cos^2\varphi = w \sin^2(\alpha+\beta)$, die normal zur Dachfläche wirkt und daher die tatsächliche Wirkung des Windes pro Quadratmeter der Dachfläche angibt. Aus der Windstärke im üblichen Maße ergibt sich also der Winddruck pro Quadratmeter der Dachfläche durch zweimalige Multiplikation mit $\sin(\alpha+\beta)$. Nehmen wir daher an, der Druck auf eine zur Windrichtung senkrechte Fläche sei durch eine gewisse Strecke dargestellt, so wird der wirkliche Winddruck durch zweimalige Projektion dieser Strecke auf die Normale der wirklichen Dachfläche gefunden. Diese Annahme über die Wirkungsweise des Windes sind natürlich nur angenähert erfüllt.

Nunmehr wird die folgende Aufgabe verständlich sein:

6. Aufgabe. Es sind die Auflagerreaktionen eines vollwandigen Dachstuhlträgers zu bestimmen, auf dessen rechte Seite eine Schneelast und auf dessen linke Seite Winddruck wirken möge. Die Spannweite des Daches sei 12 m, die Breite des Daches (d. h. der Abstand der Dachbinder) sei 3 m, der Neigungswinkel α der Dachflächen sei 45°, derjenige β der Windrichtung gegen die Horizontale 10°, die Windstärke w sei 160 kg; die Eigenlast betrage 125 kg pro Quadratmeter der Dachfläche und die Schneelast 75 kg pro Quadratmeter der Grundfläche.

Wir nehmen hier das rechte Auflagergelenk B als fest und das linke A als auf horizontaler Stützlinie beweglich an (Fig. 29); die Maßstäbe mögen wie in Fig. 25 auf S. 37 gewählt werden. Berechnen bzw. konstruieren wir nun die einzelnen äußeren Kräfte nach den Zahlen der Aufgabe, so erhalten wir die in der Mitte von CB angreifende Schneelast K_2K_3 unmittelbar als Produkt aus 75 in die Dachbreite und halbe Spannweite, also $3 \cdot 6 \cdot 75 = 1350$ kg. Bei den pro qm Dachfläche gegebenen Kräften können wir so verfahren, daß wir zuerst pro qm Grundfläche berechnen, d. h. mit der Dachbreite und der ganzen bzw. halben Spannweite multiplizieren und dann erst mit $\cos\alpha$ dividieren, was unmittelbar am Dachprofile ausgeführt werden kann. Bei der Konstruktion des Winddrucks haben wir also zuerst $3 \cdot 6 \cdot 160 = 2880$ kg von A aus auf AB aufzutragen und dies Stück auf die Dachlinie AC nach AD hinaufzuloten. Tragen wir diese

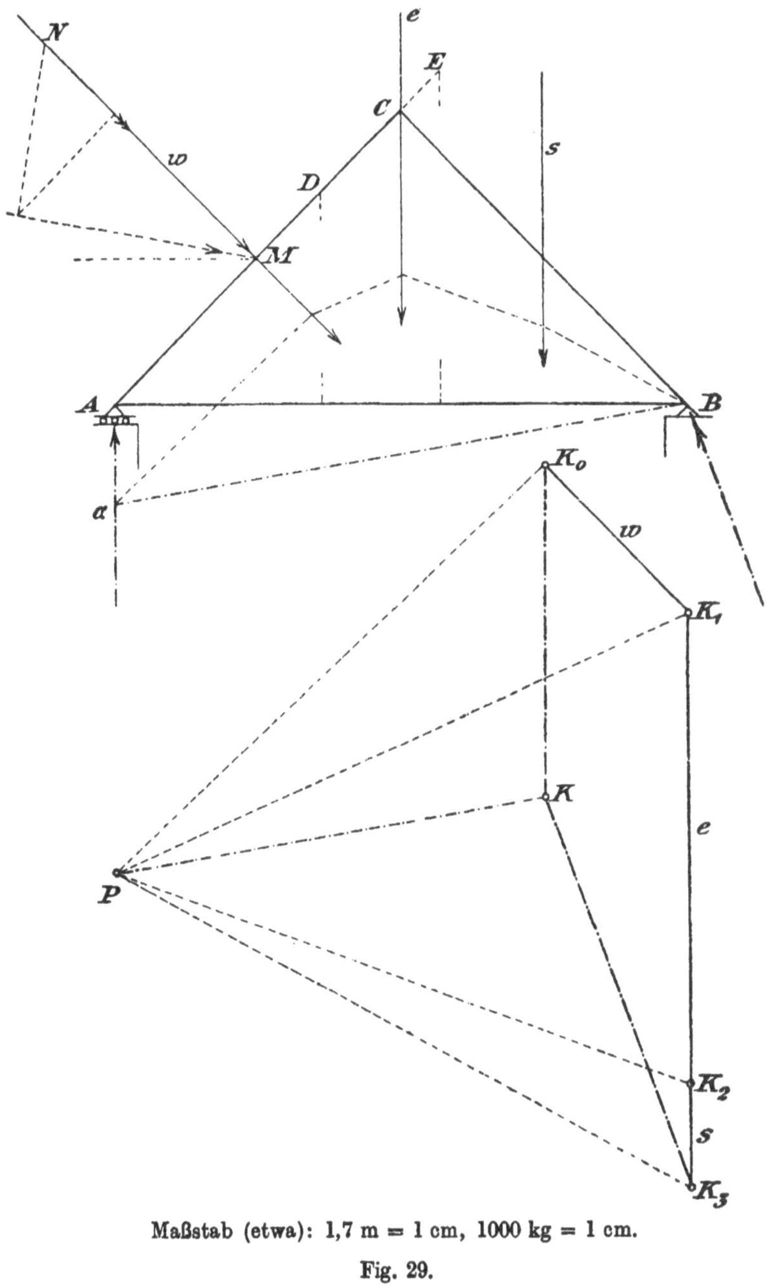

Maßstab (etwa): 1,7 m = 1 cm, 1000 kg = 1 cm.

Fig. 29.

Strecke auf die Mittelsenkrechte MN von AC auf, projizieren sie orthogonal auf die Windrichtung und von dort wieder auf die Mittelsenkrechte zurück, so haben wir den Winddruck K_0K_1 seiner Größe, Richtung (und Lage) nach konstruiert. Die Bestimmung der Windrichtung kann wie in der Figur dadurch geschehen, daß man von MN einen Winkel von 30^0 abträgt, so daß dessen zweiter Schenkel mit der Horizontalen einen Winkel von 15^0 bildet, und diesen durch Probieren in drei gleiche Teile teilt. In entsprechender Weise wurde

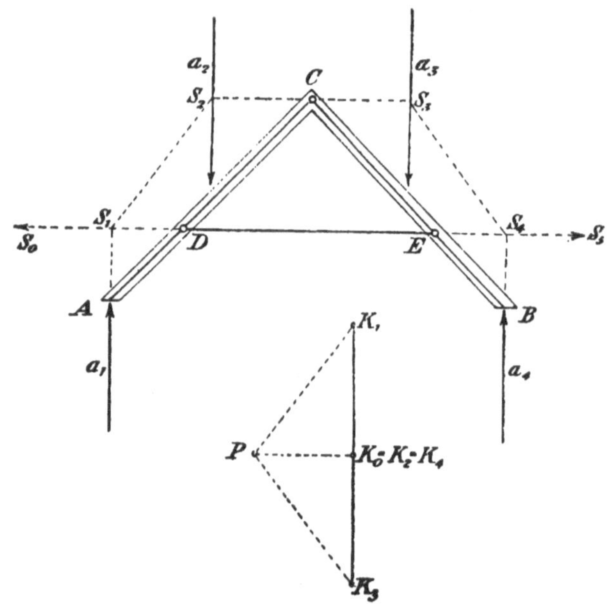

Fig. 30.

die in C angreifende Eigenlast $K_1K_2 = 3 \cdot 12 \cdot 125 \cdot \sqrt{2}$ kg $= 4500\,\sqrt{2}$ kg konstruiert.

Die Konstruktion der Auflagerreaktionen geschieht nunmehr nach Satz 17 auf S. 36, indem man für irgend einen Pol ein Seilpolygon konstruiert, dessen letzte Seite durch B geht. Die Parallele durch den Pol zur Schlußlinie aB schneidet dann auf der Vertikalen durch K_0 die eine Auflagerreaktion KK_0 aus, so daß K_3K die andere ist; sie ist schief.

Wir möchten hier schon eine Gliederung des Dachstuhlträgers erwähnen, die, wenn wir nur die Eigenlast eines symmetrischen Daches im Auge haben, eine interessante Anwendung der Verwandlung von Kräftepaaren liefert. Der Träger bestehe aus zwei Sparren AC und BC (Fig. 30), die durch das freie Gelenk C und die horizontale Stange DE zu einer starren Scheibe mit den beiden beweglichen Auflagergelenken in A und B verbunden sind. Jeder Sparren, z. B. der linke, steht dann unter der Einwirkung eines Kräftepaares, das aus der in a_2 angreifenden Belastung K_1K_2 der linken Dachseite und der in a_1 angreifenden Auflagerreaktion K_0K_1 besteht. Dies Kräftepaar ist, wenn wir die Beanspruchung des Gelenkes und der Stange bestimmen wollen, in ein anderes zu verwandeln, dessen Angriffslinie die Horizontale durch C und die Stange sind. Die Bestimmung dieser Kräfte geschieht nun dadurch, daß man die Stange S_0S_1 und die Parallele S_2S_3 durch C als erste und dritte Seite eines Seilpolygons für das Kräftepolygon $K_0K_1K_2$ betrachtet, womit ja die zweite Seite S_1S_2 und daher auch der Pol P ($PK_1 \parallel S_1S_2$) bekannt ist. Danach stellt K_0P den Zug dar, den die Stange erleidet, und $PK_2 = PK_0$ den Druck des Gelenkes C; denn die Stange wird von den in den Seilseiten S_0S_1 und S_4S_5 wirkenden Kräften K_0P und PK_4 nach beiden Seiten hin gezogen.

11. Mehrere Scheiben mit freien Gelenken.

Handelt es sich nur um eine Scheibe, so haben wir in dem Früheren alle möglichen Fälle von Auflagerungen erschöpft. Sind aber zwei und mehr Scheiben durch freie Gelenke miteinander verbunden, so ist die Zahl derjenigen Auflagerungen, für welche die Auflagerreaktionen statisch bestimmt sind, unbegrenzt. Wir wollen aber nur zwei typische Fälle behandeln.

Der sogenannte **vollwandige Bogen mit drei Gelenken** besteht aus zwei starren Scheiben $\mathfrak{A}$ und $\mathfrak{B}$, die durch ein freies Gelenk G zusammenhängen, und deren jede ein festes Auflagergelenk A bzw. B besitzt (Fig. 31). Auf $\mathfrak{A}$ mögen die äußeren Kräfte $k_1, k_2, \ldots, k_{i-1}$ und auf $\mathfrak{B}$ die Kräfte $k_i, k_{i+1}, \ldots, k_n$ wirken. Diese Kräfte werden in den festen Gelenken A und B Auflagerreaktionen, in dem freien Gelenke aber, in dem allein die beiden Scheiben zusammenhängen, von jeder Seite her einen Gelenkdruck hervorrufen, und diese beiden Gelenkdrücke müssen sich aufheben. Es wird daher darauf ankommen, die auf $\mathfrak{A}$ wirkenden Kräfte in zwei durch A und G und die auf $\mathfrak{B}$ wirkenden Kräfte in zwei durch G und B laufende Komponenten so zu zerlegen, daß die im freien Gelenke G angreifenden Komponenten sich gegenseitig aufheben. Sind also die ersten beiden Komponenten ihrer Größe und Pfeilrichtung nach durch K_0P und PK_{i-1} dargestellt, so stellen $K_{i-1}P$ und PK_n die beiden anderen dar. Das bedeutet aber, daß P der Pol eines Seilpolygons für alle

Kräfte ist, dessen erste Seite durch A, dessen $i$te Seite durch G und dessen letzte Seite durch B geht. Wir haben es also mit der 2. Aufgabe auf S. 16 zu tun, ein Seilpolygon durch drei Punkte zu legen. Wie diese Aufgabe, so hat auch die unserige stets eine eindeutig

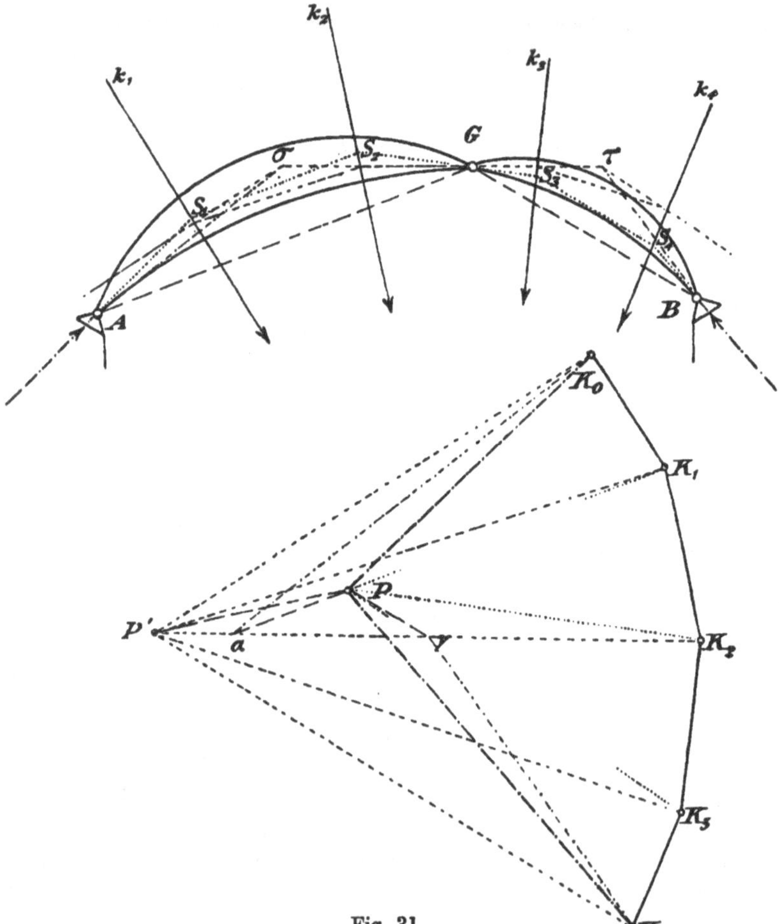

Fig. 31.

bestimmte Lösung, falls nicht das Gelenk G mit den beiden Auflagerpunkten A und B in einer Geraden liegt.

Die dort auseinandergesetzte Methode ist auch dann anwendbar, wenn etwa die Kraft k_i im Gelenke G angreift. Dann gehen durch $G = S_i$ zwei Seilseiten und die in ihnen wirkenden Komponenten PK_{i-1} und K_iP halten der Kraft $K_{i-1}K_i$ das Gleichgewicht. Für spätere Anwendungen müssen wir aber im Auge behalten, daß 𝔄 unter dem Einflusse von $k_1, k_2, \ldots, k_{i-1}$ und der in A bzw. G angreifenden Kräfte PK_0 und $K_{i-1}P$ und 𝔅 unter dem Einflusse von $k_{i+1}, k_{i+2}, \ldots, k_n$ und den in G bzw. B angreifenden Kräften PK_i und K_nP sich je im freien Gleichgewichte befinden. In jedem Falle sind PK_0 und K_nP die beiden Auflagerreaktionen in A und B.

In der Praxis vereinfacht sich die Aufgabe oft dadurch wesentlich, daß 𝔄 und 𝔅 sowohl als die äußeren Kräfte symmetrisch gegen

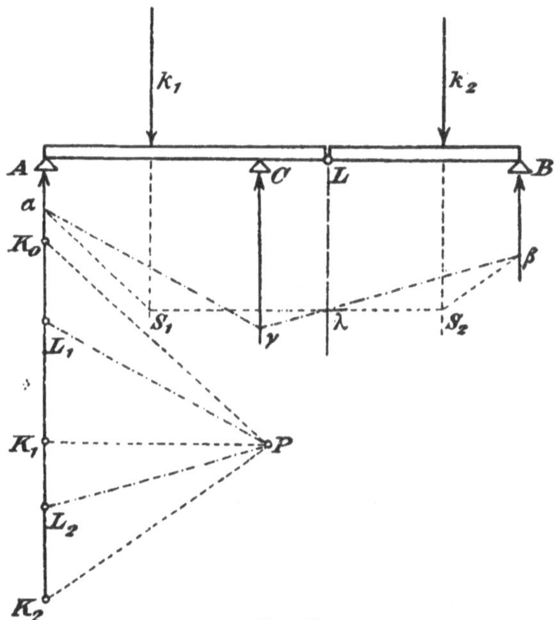

Fig. 32.

die Vertikale durch G liegen, so daß P auf der Mittelsenkrechten des Kräftezuges zu suchen ist.

Wir beschäftigen uns zweitens mit dem sogenannten **Gerberschen Balken.** Wie wir sahen, kann ein vertikal belasteter einfacher Balken nicht mehr als zwei bewegliche Auflagergelenke A und B mit vertikalen Auflagernormalen oder Stützen besitzen, sollen anders die Stützwiderstände auf rein statischem Wege gefunden werden können, oder soll er statisch bestimmt sein. Zerschneiden wir aber den Balken in zwei durch ein freies Gelenk L verbundene Teile, so darf noch eine Stütze C etwa unter dem linken Balkenteil angebracht werden (Fig. 32). Zerlegt man nämlich die Resultante k_2 der auf den Balkenteil LB wirkenden Lasten in ihre

Komponenten K_1L_2 und L_2K_2 nach L und B, so ist K_2L_2 der Stützwiderstand in B und K_1L_2 stellt die Wirkung des rechten Balkenteiles auf den linken oder den Gelenkdruck dar. Er ist den Lasten des linken Teils hinzuzufügen und mit ihnen zu einer Resultante K_0L_2 zusammenzusetzen, deren Komponenten K_0L_1 und L_1L_2 nach A und C die noch fehlenden Stützwiderstände ergeben. Die drei Stützwiderstände können also eindeutig bestimmt werden, und zwar, wie die Figur lehrt, mit Hilfe eines Seilpolygons. Die Parallele durch den Pol zur Schlußlinie $\lambda\beta$ liefert auf dem Kräftezuge den Punkt L_2, und die Parallele zu $\alpha\gamma$, wo γ auf $\lambda\beta$ liegt, den Punkt L_1. Die Figur zeigt nun auch, daß einerseits die in C, A und k_1 angreifenden Kräfte L_2L_1, L_1K_0 und K_0K_1 die Resultante L_2K_1 durch λ und andererseits die in k_2 und B angreifenden Kräfte K_1K_2 und K_2L_2 die Resultante K_1L_2 durch λ haben; es findet daher in der Tat unter dem Einflusse der gegebenen Lasten und der eindeutig bestimmten Stützwiderstände in dem freien Gelenke L Gleichgewicht statt. Wir haben hier einen Gerberschen Balken, der aus zwei Teilen besteht, ein Gelenk und drei Stützen besitzt.

Wieviel Stützen muß nun ein Gerberscher Balken besitzen, der aus $m+1$ Teilen besteht, also m Gelenke besitzt, soll er anders statisch bestimmt sein, sollen also die Stützwiderstände und Gelenkdrücke nach den bloßen Regeln der Statik gefunden werden können? Nun liefert doch jeder Balkenteil zwei lineare Gleichungen zur Bestimmung dieser Unbekannten, von denen die eine dadurch entsteht, daß man die algebraische Summe der Lasten des Teiles, der Stützwiderstände und der von den benachbarten Teilen herrührenden Gelenkdrücke gleich Null setzt, und die andere durch Nullsetzen des Drehungsmoments derselben Kräfte für irgend einen Momentenpunkt (vgl. Satz 12 auf S. 25). Da hiernach die m Gelenkdrücke und s Stützwiderstände $2m+2$ lineare Gleichungen zu befriedigen haben, so muß $s=m+2$ sein. Wäre nämlich $s>m+2$, so müßten die $2m+2$ linearen Gleichungen, falls sie, wie wir annehmen, überhaupt ein endliches Lösungssystem besitzen, deren unendlich viele haben, d. h. die Stützwiderstände wären statisch unbestimmt. Wäre aber $s<m+2$, so fände nicht bei jeder Annahme der Lasten Gleichgewicht statt. Das lehrt uns ja schon die Entfernung der Stütze C in dem obigen Beispiel; zerlegt man dann nämlich k_1 bzw. k_2 nach A und L bzw. L und B, so erhält man in L im allgemeinen keine entgegengesetzt gleichen Gelenkdrücke. Solche Beispiele kann man in beliebiger Anzahl konstruieren. Die alleinige Kenntnis der Anzahl $m+2$ der Stützwiderstände genügt aber nicht, wir müssen auch ihre Verteilung auf die einzelnen Balkenteile oder die Bildungs-

gesetze der Gerberschen Balken zu bestimmen suchen. Nun kann man leicht einsehen, daß von den $m+1$ Teilen des Balkens mindestens einer nur zwei jener unbekannten Größen, der Stützwiderstände und der Gelenkdrücke, enthalten wird. Enthielte nämlich jeder Balkenteil mindestens drei Unbekannte, so wäre deren Anzahl mindestens $2m+3$, da in der Zahl $3(m+1)$ nur die Gelenkdrücke doppelt auftreten. Stößt ein solcher Balkenteil, der nur zwei Unbekannte liefert, an den Rand, so enthält er ein Gelenk und eine Stütze. Lassen wir daher diesen Balkenteil fort und fügen den hier eindeutig bestimmten Gelenkdruck dem übrigen Teile als Last hinzu, so bildet dieser einen Gerberschen Balken aus m Teilen, mit $(m-1)$ Gelenken und mit $m+1$ Stützen, auf den wir dieselbe Überlegung anwenden können; denn er muß unserer Forderung gemäß unter dem Einflusse dieses Gelenkdruckes, der übrigen Lasten und der Stützwiderstände im freien Gleichgewichte stehen. Stößt hingegen der Balkenteil mit zwei Unbekannten nicht an den Rand, so enthält er zwei Gelenke und keine Stützen. Auch ein solcher Balkenteil kann ohne Störung des Gleichgewichts fortgelassen werden, wenn nur die auf ihn wirkenden Lasten durch die durch sie hervorgerufenen Gelenkdrücke ersetzt werden; es bleiben dann zwei Gerbersche (oder einfache) Balken übrig, die ebenso behandelt werden können.

Setzen wir dies Verfahren fort, so müssen wir schließlich auf einen oder mehrere einfache Balken mit je zwei Stützen kommen, und man sieht zugleich, wie die m Gelenkdrücke und die $m+2$ Stützwiderstände wirklich bestimmt werden können; die wirkliche Konstruktion geschieht mit Hilfe eines für alle gegebenen Lasten gezeichneten Seilpolygons und der Benutzung der jedesmaligen Schlußlinie eines Balkenteils mit nur zwei Unbekannten, wobei diese Schlußlinie dem übrigen Balken als erste bzw. letzte Seilseite hinzuzufügen ist.

Unser Verfahren lehrt uns aber auch die Bildungsgesetze eines Gerberschen Balkens kennen, die wir so formulieren können:

Satz 18. *Ein Gerberscher Balken besteht aus* $m+1$ *einfachen Balken, die durch m Gelenke verbunden sind und auf* $m+2$ *Stützen so ruhen, daß bei jeder vertikalen Belastung die Stützwiderstände und Gelenkdrücke (mit Hilfe eines Seilpolygons) eindeutig gefunden werden können. Die einfachste Art solcher Gerberscher Balken erhält man dadurch, daß man an einen einfachen zweifach gestützten Balken ein oder mehrere einfache Balken mit je einem Gelenke und je einer Stütze ansetzt. Hieraus erhält man die allgemeinste Art, indem man mehrere solche Gerbersche Balken durch einfache ungestützte Balken mit je zwei Gelenken miteinander verbindet.*

Bezüglich des Gleichgewichts ist aber zu bemerken, daß die

Lasten nicht ganz willkürlich gewählt werden dürfen. Weil nämlich die zweifach gestützten Balkenteile durch die Gelenkdrücke außerhalb der beiden Stützen belastet werden, so dürfen diese nicht so

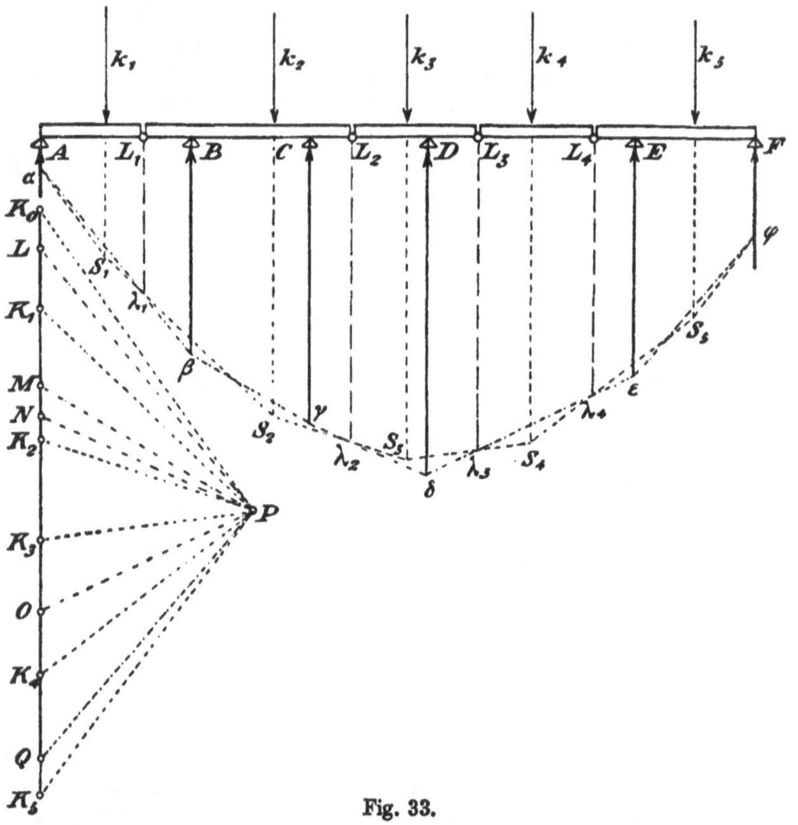

Fig. 33.

beschaffen sein, daß der Balken von einer der beiden Stützen abgehoben wird. Hierüber lassen sich allgemeine Regeln nicht aufstellen.

In der Figur ist ein fünfteiliger Gerberscher Balken mit den 4 Gelenken L_1, L_2, L_3, L_4 und den 6 Stützen A, B, C, D, E, F behandelt. Man sucht zuerst die Schnittpunkte λ_3 und λ_4 des Seilpolygons mit den Vertikalen durch die Gelenke des ungestützten Teils. Schneidet $\lambda_3 \lambda_4$ die Vertikalen durch D und E in δ und ε, so liefern die Parallelen durch den Pol zu $\lambda_3 \lambda_4$ und $\varepsilon \varphi$ die beiden Stützwiderstände QO in E und $K_5 Q$ in F, die Parallele zu $\delta \lambda_2$ den Stützwiderstand ON in D usf.

§ 3.

Theorie des Balkens.

12. Biegungsmoment und Scherkraft bei ständigen Einzellasten.

Ist ein horizontaler Balken mit den Stützen A und B durch n vertikale Einzellasten belastet, die durch den Kräftezug $K_0 K_1 \ldots K_n$ dargestellt sind (Fig. 34), so haben wir bereits gelernt, die

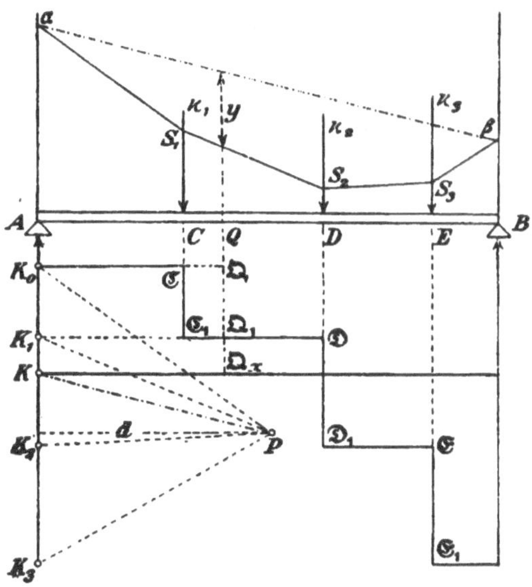

Fig. 34.

Stützwiderstände KK_0 und K_nK in A und B vermittelst des zur Schlußlinie $\alpha\beta$ eines Seilpolygons parallelen Polstrahles zu finden. Die Figur des Seilpolygons gibt aber zugleich eine klare Übersicht über die Beanspruchung des Balkens durch die Lasten in jedem seiner vertikalen Querschnitte. Um nämlich die Anforderungen der gegebenen Belastung an die Festigkeit des Materials in jeder Stelle des Balkens zu ermitteln, denkt man sich den Balken an der Stelle Q durchschnitten und etwa die linke Seite abgetrennt. Damit dann an dem verbleibenden Teile des Balkens das alte Gleichgewicht herrsche, muß man die Einwirkung der mit der linken Seite abgetrennten Kräfte an dem Querschnitte Q bestehen lassen. Die Resultante aller links von Q wirkenden Kräfte (einschließlich des Stützwiderstands in A) kann man aber ersetzen durch eine in Q selbst angreifende Kraft von gleicher Größe und Pfeilrichtung und durch ein Kräftepaar, dessen Moment nach der 4. Definition auf S. 23 das Drehmoment jener Resultante in bezug auf den Querschnitt Q darstellt. Der erste Bestandteil gibt die Kraft an, mit der das linke Kräftesystem den linken Balkenteil gegen den rechten im Querschnitt Q abzuscheren sucht und heißt **Scherkraft**, der zweite Bestandteil, das Kräftepaar, sucht den linken Teil in Q abzubiegen und heißt **Biegungsmoment**. Genauer definieren wir diese Begriffe folgendermaßen:

6. Definition. Unter der Scherkraft eines belasteten Balkens für einen Querschnitt Q versteht man die Summe der links von Q angreifenden Kräfte einschließlich des linken Stützwiderstandes und unter dem Biegungsmomente des Balkens für den Querschnitt das Drehungsmoment dieser Kräfte für den Momentenpunkt Q.

Kann die eigentliche Bedeutung dieser Begriffe auch, ohne auf die Festigkeitslehre[1] einzugehen, hier nicht auseinandergesetzt werden, so gibt doch die graphische Statik die geeignetsten Methoden zur Ermittelung ihrer Größe und Verteilung über den Balken. Beide Größen sind nämlich unserer Figur für jeden Querschnitt unmittelbar zu entnehmen. Liegt der Querschnitt Q in der Angriffslinie der i-ten Kraft oder zwischen der i-ten und $(i+1)$-ten, so setzt sich die Scherkraft zusammen aus der Auflagerreaktion und den i ersten Kräften, ist daher gleich KK_i. Das Biegungsmoment wird aber als Drehungsmoment des linken Kräftesystems nach Satz 13 auf S. 25 dargestellt durch das Produkt des Polabstands in diejenige Strecke, welche auf der Querschnittsvertikalen von der ersten und letzten Seite des zugehörigen Seilpolygons begrenzt wird. Erste und letzte Seite eines solchen sind in unserer Figur die Schlußlinie $\alpha\beta$ und die

[1] Die sogenannte spezifische Spannung jedes Querschnittes ist nämlich $\frac{M}{T}e$, wo M das Biegungsmoment, T das Trägheitsmoment des Querschnitts für seine Nullinie und e ihr Abstand von der äußersten Faser ist.

Seilseite $S_i S_{i+1}$ des für die gegebene Belastung gezeichneten Seilpolygons. Wir können daher sagen:

Satz 19. *Sind die Auflagerreaktionen KK_0 und $K_n K$ eines unter n Einzellasten stehenden Balkens mit Hilfe des der Schlußlinie $\alpha\beta$ eines Seilpolygons parallelen Polstrahles PK gefunden, so ist für einen beliebigen Querschnitt Q, der in der i-ten oder zwischen der i-ten und $(i+1)$-ten Kraft liegt, die Scherkraft gleich der Strecke KK_i des Kräftezuges, das auf die Poldistanz reduzierte Biegungsmoment aber gleich der auf der Vertikalen durch Q zwischen der Schlußlinie $\alpha\beta$ und der Seilseite $S_i S_{i+1}$ gelegenen Strecke.*

Dieser Satz bringt zugleich zur Evidenz, daß man für Scherkraft und Biegungsmoment in Q dieselben Größen, nur mit entgegengesetztem Vorzeichen, erhält, wenn man statt des links wirkenden Kräftesystems das rechte betrachtet; in der Tat ist dies eine Erfordernis des Gleichgewichts im Balken.

Die von dem Seilpolygon und seiner Schlußlinie begrenzte Fläche, die durch die in ihr gelegenen vertikalen Strecken die Biegungsmomente angibt, heißt nach Culmann die **Momentenfläche.** Sie führt zur Kenntnis derjenigen Stelle des Balkens, für welche das Biegungsmoment den größten Wert annimmt; man nennt sie den gefährlichen Querschnitt des Balkens. Es ist zunächst klar, daß sie in die Angriffslinie einer der Lasten fallen muß. Um sie zu finden, braucht man daher nur durch die Ecken des Seilpolygons die Parallelen zur Schlußlinie $\alpha\beta$ zu ziehen. Diejenige Ecke, deren Parallele das Seilpolygon nicht mehr schneidet, gibt den gefährlichen Querschnitt an.

Der Zusammenhang zwischen Scherkraft und Biegungsmoment wird besonders deutlich durch die sogenannte **Scherkraftlinie,** die man erhält, wenn man die Scherkraft jedes Querschnitts von einer horizontalen Abszissenachse aus, am besten der horizontalen Geraden durch K, als Ordinate aufträgt. Die Endpunkte bilden einen Linienzug, der von der linken Auflagervertikalen aus in der Höhe von K_0 horizontal bis zur ersten Angriffslinie verläuft, dann senkrecht herunterfällt bis zur Höhe von K_1, nun wieder horizontal läuft bis zur nächsten Angriffslinie usf. Nunmehr ist es leicht, den folgenden Satz einzusehen:

Satz 20. *Trägt man die Scherkraft jedes Querschnittes in seiner Vertikalen von einer horizontalen Abszissenachse aus als Ordinate auf, so erfüllen diese Ordinaten bis zu jedem Querschnitte eine Fläche, deren Inhalt gleich dem Biegungsmoment des Querschnitts ist; durch den Schnittpunkt des Ortes der Endpunkte dieser Ordinaten, der sogenannten*

Scherkraftlinie, mit der Abszissenachse geht der gefährliche Querschnitt des Balkens, für den das Biegungsmoment ein Maximum ist.

Dieser Satz ist evident für alle Querschnitte vor der ersten Last und folgt für die übrigen Querschnitte aus Satz 11 auf S. 24. Die Drehmomente der einzelnen Kräfte, als deren algebraische Summe sich das Biegungsmoment ergibt, erscheinen nämlich als Rechtecke, welche die Kraft und den Abstand ihrer Angriffslinie von dem Querschnitte zu Seiten haben, und, da die Einzellasten der Auflagerreaktion entgegengesetzt gerichtet sind, so sind die Rechtecke, die die Drehmomente der Einzellasten darstellen, von dem Rechteck des Drehmoments der linken Auflagerreaktion abzuziehen. Für den Querschnitt Q der Figur auf S. 49 ist z. B. das Drehmoment der Auflagerreaktion gleich dem Rechtecke $KK_0\mathfrak{Q}\mathfrak{Q}_x$ und das Drehmoment der ersten Last $\mathfrak{C}\mathfrak{C}_1\mathfrak{Q}_1\mathfrak{Q}$, so daß als Differenz die Fläche $KK_0\mathfrak{C}\mathfrak{C}_1\mathfrak{Q}_1\mathfrak{Q}_xK$ bleibt. Zugleich ist klar, daß die Fläche und mit ihr das Biegungsmoment bis zu demjenigen Querschnitte wächst, in welchem die Scherkraftlinie die Abszissenachse schneidet. Denn von hier ab sind die hinzukommenden Flächen unter der Abszissenachse gelegen und negativ, so daß das Biegungsmoment wieder abnimmt, bis es in B schließlich verschwindet; in der Tat handelt es sich dann um ein Drehmoment von Kräften, die im Gleichgewichte stehen. Unser Satz ist somit vollständig bewiesen.

Hat diese Methode den Vorzug der direkteren Bestimmung des gefährlichen Querschnitts, so liefert uns die erste Methode das zugehörige Biegungsmoment unmittelbar als Rechteck, von dem eine Seite in der Poldistanz gegeben ist.

Überragt der Balken, wie im folgenden Zahlenbeispiel, ein Auflager B, so ist die Belastung durch den Umstand, daß die Stützwiderstände nach oben gerichtet sein müssen, gewissen Beschränkungen unterworfen. Die Scherkraft wird in der Nähe des Auflagers A auch hier positiv sein, dann unter dem Einflusse der zwischen A und B liegenden Lasten negativ werden, in B aber nicht am Endpunkte des Lastenpolygons anlangen und deshalb beim Überschreiten von B durch den Hinzutritt der Auflagerreaktion K_nK wieder positiv werden. Die Scherkraftlinie schneidet daher die Abszissenachse zweimal in $\mathfrak{Q}$ und $\mathfrak{B}$. In den entsprechenden Querschnitten Q und $\mathfrak{B}$ hat das Biegungsmoment im Vergleich mit den Punkten der Umgebung extreme Werte. Man bestimmt sie als das Produkt des Polabstandes in die auf den Querschnittsvertikalen innerhalb der Momentenfläche gelegenen Strecken. Treten aber wie hier mehrere extreme Werte auf, so muß man den größten unter ihnen

ihnen und damit den wirklichen gefährlichen Querschnitt durch deren Vergleichung ermitteln.

Wir erläutern dies durch die folgende Aufgabe (Fig. 35):

7. Aufgabe. Ein Balken von 10 m Länge ist an seinem linken Ende A und in dem 7 m davon entfernten Punkte B gestützt. Er trägt drei Lasten von 1250 kg, 1000 kg und 500 kg in den Abständen 2 m, 5 m und 10 m von A; es sind die Auflagerreaktionen, der gefährliche Querschnitt und das maximale Biegungsmoment zu finden.

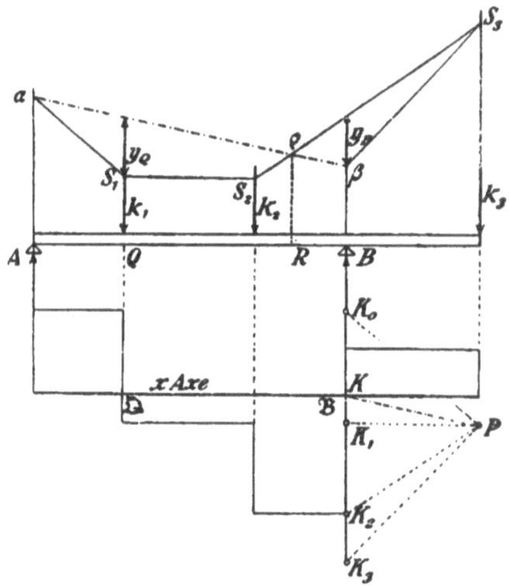

Fig. 35.

Als Maßstab ist 1 cm = 2 m, 1 cm = 1000 kg und als Polabstand $d = 1{,}5$ cm gewählt. Das Seilpolygon $aS_1S_2S_3\beta$ bestimmt die Schlußlinie $a\beta$ und begrenzt mit ihr zusammen die Momentenfläche. Der zu $a\beta$ parallele Polstrahl PK teilt die Lastenstrecke K_0K_3 in die beiden Auflagerreaktionen KK_0 und K_3K in A und B, so daß sich als Auflagerreaktionen in kg ergeben in A 0,9·1000 = 900 kg und in B 1,85·1000 = 1850 kg. Die Scherkraftlinie schneidet die Abszissenachse in $\mathfrak{Q}$ und $\mathfrak{B}$ und die Biegungsmomente dieser Querschnitte sind:

$$M_Q = y_Q \cdot d \cdot 2 \cdot 1000 = 0{,}65 \cdot 1{,}5 \cdot 2 \cdot 1000 = 1950 \text{ mkg},$$
$$M_B = y_B \cdot d \cdot 2 \cdot 1000 = 0{,}55 \cdot 1{,}5 \cdot 2 \cdot 1000 = 1650 \text{ mkg},$$

der gefährliche Querschnitt mit dem größten Biegungsmoment ist also bei Q.

Die von der Scherkraftlinie und der Abszissenachse begrenzte Fläche, die bis zu einer Querschnittsvertikalen gerechnet das Biegungsmoment angibt, ist in der Nähe von A, also auch noch bei Q positiv, sinkt dann ins Negative, so daß das Biegungsmoment bei B negativ ist, um schließlich durch positiven Zuwachs am Balkenende zu verschwinden. Zwischen den Querschnitten mit positivem und negativem Biegungsmoment muß es einen solchen R geben, in welchem sich die oberhalb und unterhalb der Abszissenachse liegenden Flächen der Scherkraftlinie gerade aufheben, das Biegungsmoment also verschwindet. Tatsächlich überschneidet das Seilpolygon die Schlußlinie in ϱ, und in dessen Querschnitt R wird die in der Momentenfläche gelegene vertikale Strecke und mit ihr das Biegungsmoment verschwinden. Hier greifen also die einander entgegengesetzt gleichen Resultierenden sowohl der links als der rechts von dem Querschnitte befindlichen Kräfte in ihm selbst an. Bei der gegebenen Belastung, aber nur bei dieser könnte man also, ohne das Gleichgewicht zu stören, den Balken in R durchschneiden und die beiden Teile durch ein Gelenk verbinden.

13. Kontinuierliche Belastung des Balkens.

Der Nutzen der Scherkraftlinie springt besonders dann ins Auge, wenn wir nicht nur isolierte, sondern auch kontinuierliche Lasten eines Balkens berücksichtigen, d. h. solche Lasten, die kontinuierlich

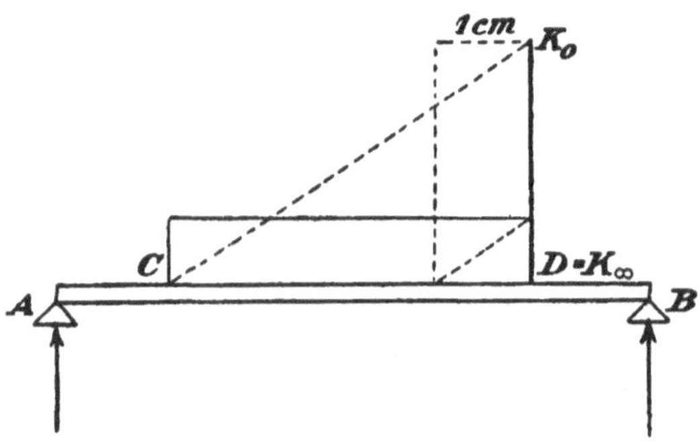

Fig. 36.

über den ganzen Balken oder einen Teil CD (Fig. 36) verteilt sind, wie sie etwa durch das Eigengewicht oder die übergelagerte Fahrbahn geliefert wird. Diesen Anwendungen entsprechend wollen wir uns auf gleichmäßige kontinuierliche Belastung beschränken. Wir können uns diese dann durch ein Rechteck über CD dargestellt denken, dessen Inhalt gleich demjenigen eines andern Rechtecks ist, dessen eine Seite die Längeneinheit und dessen andere Seite der Kräftezug $K_0 K_\infty$ ist, d. h. die in unserem Kräftemaßstabe dargestellte Gesamtlast über CD; die Höhe des Rechtecks über CD stellt demnach die über der Längeneinheit des Balkens befindliche kontinuierliche Last dar (s. Fig.).

Eine solche gleichmäßige kontinuierliche Belastung können wir uns denken als die Grenze von beliebig vielen gleichen und gleich weit abstehenden isolierten Lasten, deren Summe gleich $K_0 K_\infty$ ist.

Die Resultante einer solchen Belastung geht daher nach Satz 5 auf S. 10 durch die Mitte der belasteten Strecke CD. Das Seilpolygon für diese unendlich vielen und unendlich kleinen Lasten geht offenbar in eine Seilkurve über, wobei die Ecken des Seilpolygons in die Punkte der Seilkurve und die Seiten in die Tangenten übergehen. Den über dem Anfangspunkte C der belasteten Strecke des Balkens liegenden Anfangspunkt γ der Seilkurve (Fig. 37) können wir offenbar willkürlich annehmen und kennen damit sofort auch die Tangente

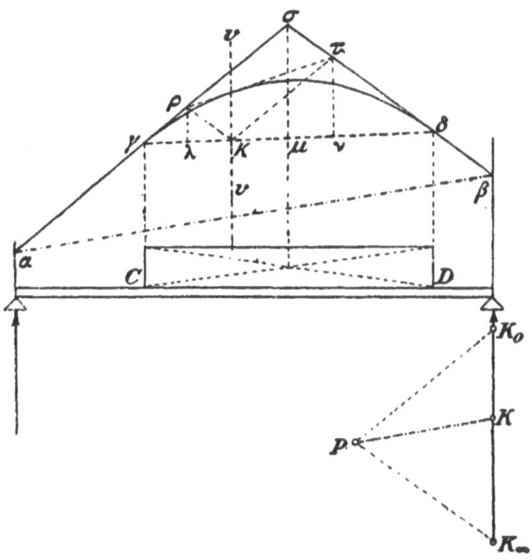

Fig. 37.

dieses Punktes, die zu dem ersten Seilstrahle parallel sein muß. Sie schneidet nach dem Obigen die vertikale Mittellinie des Belastungsrechtecks in einem Punkte σ, durch den auch die zu PK_∞ parallele Tangente in demjenigen Punkte δ der Seilkurve gehen muß, welcher über dem Endpunkte D der belasteten Strecke liegt. Hieraus kann zuerst der Punkt δ konstruiert werden. Da ferner CD sowohl die ganze belastete Strecke als auch irgend ein Teil derselben sein kann, so können wir erstens vom Anfangspunkte γ aus beliebig viele andere Punkte der Seilkurve konstruieren und finden zweitens, daß diese die folgende Eigenschaft besitzt: Die Tangenten in den Endpunkten irgend eines Bogens der Seilkurve schneiden sich auf der vertikalen Mittellinie der zugehörigen Sehne. Da nun eine Parabel mit vertikaler Achse bekanntlich dieselbe Eigenschaft besitzt, so muß die Seilkurve eine solche Parabel sein. In der Tat genügt diese Eigenschaft, um die Kurve zu zeichnen, wenn nur zwei Punkte γ und δ und die Tangente $\gamma\sigma$ in γ gegeben sind, woraus sich ja die Tangente $\delta\sigma$ in δ sofort ergibt. Um nämlich den auf einer beliebigen Vertikalen v gelegenen Kurvenpunkt und seine Tangente zu finden, braucht man nur zu beachten, daß die Schnittpunkte ϱ und τ dieser Tangente mit $\gamma\sigma$ und $\delta\sigma$ auf den Mittelvertikalen zwischen v und $C\gamma$ bzw. v und $D\delta$ liegen müssen. Bezeichnen nun λ, $\varkappa$, μ, ν die Schnittpunkte von $\gamma\delta$ mit den Vertikalen (von links nach rechts), so bestehen die Proportionen:

$$\gamma\varrho:\gamma\sigma=\gamma\lambda:\gamma\mu=\gamma\varkappa:\gamma\delta \quad \text{und} \quad \delta\tau:\delta\sigma=\delta\nu:\delta\mu=\delta\varkappa:\delta\gamma,$$

so daß $\varkappa\varrho \parallel \delta\sigma$ und $\varkappa\tau \parallel \gamma\sigma$ ist. Den auf einer beliebigen Vertikalen v gelegenen Punkt der Seilkurve und seine Tangente findet man also, indem man durch den Schnittpunkt $\varkappa$ von v mit der Sehne $\gamma\delta$ die Parallelen zur Anfangs- und Endtangente legt und sie mit der jedesmaligen andern zum Schnitt bringt; deren Verbindungslinie ist dann die gesuchte Tangente und ihr Schnittpunkt mit v der Berührungspunkt. Das ist aber genau die bekannte Konstruktion der Parabel, von der zwei Punkte und deren Tangenten gegeben sind. Dann ist a die Verbindungslinie von deren Schnittpunkt mit der Mitte der Sehne ein Durchmesser der Parabel. Ist diese also wie in unserem Falle von vornherein vertikal angenommen, so erhalten wir wirklich als Seilkurve eine Parabel mit vertikaler Achse und daher den Satz:

Satz 21. *Die zu einer gleichmäßigen kontinuierlichen Belastung eines horizontalen Balkens gehörige Seilkurve ist eine Parabel mit vertikaler Achse, deren Tangenten im Anfangs- und Endpunkte dem ersten und letzten Polstrahle parallel sind und sich auf der Mittelvertikalen der Belastungsstrecke schneiden.*

Um die Scherkraftlinie der kontinuierlichen Belastung zu ermitteln, haben wir zuerst die Auflagerreaktionen KK_0 und $K_\infty K$ in A und B zu bestimmen. Hierzu brauchen wir nur den zur Schlußlinie $\alpha\beta$ der Seilparabel parallelen Polstrahl PK zu ziehen, wo α und β die Schnittpunkte der Auflagervertikalen mit den Tangenten $\gamma\sigma$ und $\delta\sigma$ sind. Um diese Konstruktion einfacher zu gestalten, legen wir den Kräftezug K_0K_∞ unter B (Fig. 38) und nehmen den Pol P als Schnittpunkt der Mittellinie von CD und der Geraden aK_0 an, wo a vertikal unter A und horizontal gegen K_∞ liegt. Dann können aP und $P\,K_\infty$ zugleich als erste und letzte Tangente der Seilparabel betrachtet werden, so daß deren Schlußlinie $aK_\infty=\alpha\beta$ horizontal ist. Die Horizontale durch P teilt folglich K_0K_∞ in die beiden Auflagerreaktionen, die sich hiernach umgekehrt wie die Stücke verhalten, in die die Mittelvertikale PM den Balken AB teilt. Machen wir dann PK zu der Abszissenachse, von der aus die Scherkräfte als Ordinaten aufzutragen sind, so besteht die Scherkraftlinie vor C und hinter D offenbar aus den Horizontalen durch K_0 und K_∞. Diese Horizontalen bestimmen mit den Vertikalen durch C und D ein Rechteck, dessen absteigende Diagonale $\mathfrak{C}\,\mathfrak{D}$ der noch fehlende Teil der Scherkraftlinie sein muß. Denn die Scherkraft jedes Querschnitts Q zwischen C und D ist das Stück $K\mathfrak{K}$, wo $K_0\mathfrak{K} : \mathfrak{K}K_\infty =$

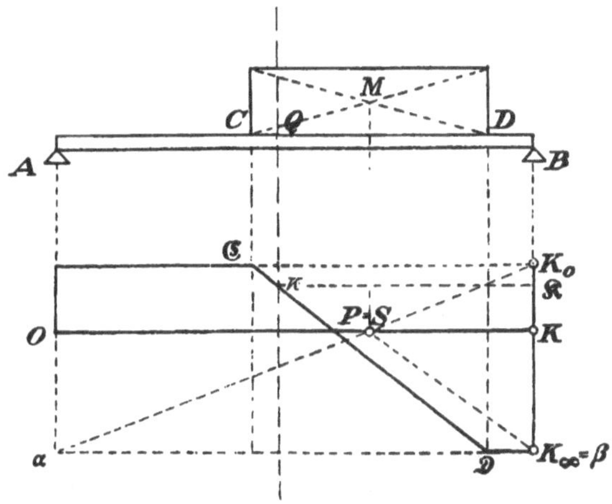

Fig. 38.

$\mathfrak{C}\varkappa : \varkappa\mathfrak{D} = CQ : QD$ und $\varkappa$ der Punkt der Scherkraftlinie vertikal unter Q ist. Wir können dies Resultat so formulieren:

Satz 22. *Die Scherkraftlinie einer gleichmäßigen kontinuierlichen Belastung ist über dieser eine Gerade, die die Anfangs- und Endvertikale der Belastung in Punkten schneidet, deren Höhenunterschied gleich dem Kräftezuge ist, und von der Abszissenachse im Verhältnisse der Auflagerreaktionen geteilt wird.*

Hiernach kann also der gefährliche Querschnitt einer solchen Belastung leichter als mit Hilfe desjenigen Punktes der Seilparabel gefunden werden, dessen Tangente der Schlußlinie $\alpha\beta$ parallel ist, nämlich durch den Schnittpunkt der geraden Scherkraftlinie mit der Abszissenachse. Im Grunde genommen kommen freilich beide Bestimmungen auf dasselbe hinaus, insofern CD auch hierbei im Verhältnisse von $K_0K : KK_\infty$ zu teilen ist. Die Konstruktion des zu diesem Querschnitte gehörigen Parabelpunktes nach der oben entwickelten Methode liefert nun allerdings zugleich die Größe des zugehörigen Biegungsmomentes reduziert auf eine gegebene Poldistanz. Wir wollen dies an einigen zusammengesetzten Beispielen ausführen.

14. Momentenfläche für einzelne und kontinuierliche Lasten zugleich; mittelbare Belastung.

Steht ein Balken unter der Einwirkung einer Reihe von Einzellasten und einer über ihn gleichmäßig verteilten, kontinuierlichen Belastung, so kann man zwar die beiden Belastungsarten nach dem Verfahren der letzten Nummern unabhängig voneinander behandeln, es ist aber vorteilhafter, für beide Seilpolygone dieselbe Poldistanz und dieselbe Schlußlinie zu erhalten, so zwar, daß die beiden Momentenflächen sich aneinander fügen. Man konstruiert dann zuerst für die Einzellasten und einen beliebigen Pol P das Seilpolygon und die Schlußlinie $\alpha\beta$ und bestimmt durch $PK \parallel \alpha\beta$ deren Auflagerreaktionen. Zieht man dann durch die Mitte $\mathfrak{K}$ der die kontinuierliche Belastung $\mathfrak{K}_0\mathfrak{K}_\infty$ darstellenden Strecke $\mathfrak{K}\mathfrak{P} =$ und $\parallel PK$, so wird die zum Pole $\mathfrak{P}$ gehörige in α anfangende Seilparabel in β endigen, und das Biegungsmoment für jeden Querschnitt ist durch das Produkt des Stückes der Querschnittsvertikalen zwischen dem Seilpolygon und der Seilparabel in die gemeinsame Poldistanz gegeben; denn das Seilpolygon und die Seilparabel liegen auf verschiedenen Seiten der Schlußlinie $\alpha\beta$.

Die Scherkraftlinie ist hier eine Treppenlinie mit schiefen Stufen, deren Neigung nach Satz 21 auf S. 56 durch die Hypotenuse eines rechtwinkeligen Dreiecks bestimmt wird, dessen Katheten der Balken AB und die kontinuierliche Belastung $\mathfrak{K}_0\mathfrak{K}_\infty$ sind; sie springt in der Angriffslinie jeder Einzellast um diese. Auch sie schneidet die Abszissenachse in dem gefährlichen Querschnitt.

Wir wollen dies an der folgenden Angabe durchführen:

8. Aufgabe. Ein an seinen Endpunkten A und B gestützter Balken von der Länge 12 m ist durch vier Kräfte $k_1 = 850$ kg, $k_2 = 600$ kg, $k_3 = 1900$ kg, $k_4 = 2500$ kg, die in den Abständen 3 m, 5 m, 9 m, 10 m vom linken Auflager A angreifen, belastet, außerdem durch eine über den ganzen Balken verteilte kontinuierliche Last, die mit der Eigenlast des Balkens zusammen 250 kg pro Meter ausmacht. Es sind die Auflagerreaktionen, der gefährliche Querschnitt und das zugehörige größte Biegungsmoment in mkg zu bestimmen.

Als Maßstab wurde in Fig. 39 1 cm = 2 m und 1 cm = 1000 kg gewählt, als Polabstand $d = 5$ m = 2,5 cm. Das Kräftepolygon der

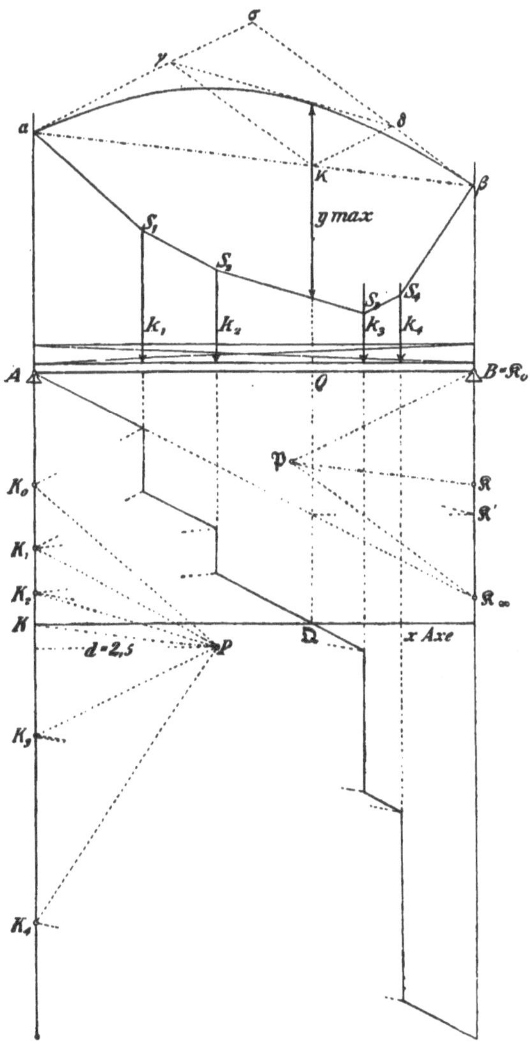

Fig. 39.

Einzellasten wurde um die linke Auflagerreaktion der kontinuierlichen Last, d. h. um $\frac{250 \cdot 12}{2}$ kg = 1,5 cm unterhalb A mit K_0 begonnen, damit sich beide Auflagerreaktionen zu KA zusammenfügen.

Lassen wir dann die kontinuierliche Last $\mathfrak{K}_0\mathfrak{K}_\infty = 3$ cm in $B = \mathfrak{K}_0$ anfangen, so gibt $A\mathfrak{K}_\infty$ die Neigung der Stufen der Scherkraftlinie an, so daß diese in bezug auf die Abszissenachse durch K leicht konstruiert werden kann; hiernach kann der gefährliche Querschnitt $\mathfrak{Q}Q$ ermittelt werden. Nunmehr können wir auch die Seilparabel aus den beiden Tangenten $\alpha\sigma \parallel \mathfrak{P}\mathfrak{K}_0$ und $\beta\sigma \parallel \mathfrak{P}\mathfrak{K}_\infty$ in α und β zeichnen; sie schließt mit dem Seilpolygon die Momentenfläche ein. Soll nur das größte Biegungsmoment gefunden werden, so braucht man den Parabelbogen nicht ganz zu zeichnen, sondern nur den über Q gelegenen Punkt. Ist $\varkappa$ der Schnittpunkt des Querschnitts mit $\alpha\beta$ und γ bzw. δ derjenige der Parallelen durch $\varkappa$ zu $\beta\sigma$ bzw. $\alpha\sigma$ mit $\alpha\sigma$ bzw. $\beta\sigma$, so ist $\gamma\delta$ die Tangente des gesuchten Parabelpunktes, ihr Schnittpunkt mit $\mathfrak{Q}Q$ also der Punkt selbst. Ergibt er wirklich das Maximum des Biegungsmoments, so muß offenbar $\gamma\delta \parallel S_2S_3 \parallel PK_2$ sein. Weiß man daher, daß der gefährliche Querschnitt zwischen S_2 und S_3 liegt, so kann man ihn auch dadurch finden, daß man den zu PK_2 parallelen Polstrahl $\mathfrak{P}\mathfrak{K}'$ zieht und durch $\mathfrak{K}'$ die Horizontale bis $A\mathfrak{K}_\infty$. Bei diesem Verfahren zur Bestimmung des gefährlichen Querschnitts vermeidet man zwar die Konstruktion der Scherkraftlinie, hat aber vorher vielleicht vergebliche Versuche gemacht, die zu einer anderen Seite des Seilpolygons parallelen Parabeltangenten als solche zu finden, deren Berührungspunkt über dieser Seite liegt; denn dann und nur dann ergibt sich ein Maximum des zugehörigen vertikalen Durchschnitts der Momentenfläche. Aus der Figur finden wir als das größte Biegungsmoment:

$$M = y \cdot d \cdot 2 \cdot 1000 = 2{,}6 \cdot 2{,}5 \cdot 2 \cdot 1000 = 13000 \text{ mkg},$$

die Auflagerreaktionen in A und B sind 3400 kg und 4700 kg.

Dies Verfahren ist nur anwendbar, wenn nur eine kontinuierliche Belastung über den ganzen Balken gleichmäßig verteilt ist. Sind aber verschiedene Balkenstrecken mit kontinuierlichen Lasten verschiedener Stärke belegt, z. B. AC mit $\mathfrak{K}\,\mathfrak{K}_\infty$ und BD mit $\mathfrak{K}_0'\mathfrak{K}_\infty'$, so führt die folgende Methode zum Ziele. Wir teilen die über AC bzw. DB befindlichen kontinuierlichen Lasten in demselben Verhältnisse, in dem diese Strecken durch die Angriffspunkte der über ihnen befindlichen Einzellasten geteilt werden, und reihen dann die sämtlichen Lasten zu einem Kräftezuge derart zusammen, daß K_0K_1 gleich der über AP_1 befindlichen kontinuierlichen Last, K_1K_2 gleich der in P_1 angreifenden Einzellast, K_2K_3 gleich der über P_1P_2 bzw. P_1C befindlichen kontinuierlichen Last wird usf. Hierzu konstruieren wir ein Seilpolygon, indem wir als Angriffslinien der einzelnen kontinuierlichen Belastungen die Mittelvertikalen der belasteten Strecken AP_1 usw. nehmen. Hierdurch finden wir die Auflagerreaktionen der gesamten Belastung und können nun die Scherkraftlinie, die sowohl geneigte als horizontale Stufen besitzen wird, nach Satz 22 auf S. 57 zeichnen, indem wir wieder die Horizontale durch K als Abszissenachse wählen. Das Biegungsmoment des gefährlichen Querschnitts wird nun wieder gemessen durch das Stück seiner Vertikalen zwischen der Schlußlinie und dem Seilpolygon, wobei dieses durch die betreffende Seilparabel zu ersetzen ist, falls die Vertikale eine belastete Strecke nicht in dem Angriffspunkte einer Einzellast trifft. Die zu jeder solchen Strecke gehörige Seilparabel wird hierbei bestimmt durch die auf ihrer Mittelvertikale sich treffenden Seilseiten als Tangenten, deren Berührungspunkte auf der Anfangs- und Endvertikalen der Strecke liegen.

Wir wollen dies Verfahren an dem folgenden Zahlenbeispiel durchführen:

9. Aufgabe. Ein in seinen Endpunkten A, B gestützter Balken von 16 m Länge ist durch drei Einzellasten $k_1 =$ 800 kg, $k_2 = 500$ kg, $k_3 = 150$ kg, welche vom linken Auflager A die Abstände 3 m, 6 m und 13 m haben, belastet; außerdem liegt über der 4 m langen Strecke AC eine gleichmäßige kontinuierliche Last von 300 kg pro Meter und über der 8 m langen Strecke BD eine solche von 500 kg pro Meter. Es sind die Auflagerreaktionen, der gefährliche Querschnitt und das zugehörige größte Biegungsmoment zu finden.

Wir bemerken, daß hierbei das Freibleiben der Strecke CD von kontinuierlicher Belastung in der Praxis die Bedeutung einer Tür haben kann. In der Fig. 40 wurde derselbe Maßstab gewählt wie in der vorhergehenden, die Poldistanz $d = 2{,}5$ cm gesetzt. Die kontinuierliche Last über AC beträgt $4 \cdot 300 = 1200$ kg und ist durch die Strecke $\mathfrak{K}_0 \mathfrak{K}_\infty = 1{,}25$ cm dargestellt, diejenige über DB beträgt $8 \cdot 500 = 4000$ kg und ist durch die Strecke $\mathfrak{K}_0' \mathfrak{K}_\infty' = 4$ cm dargestellt. Nunmehr wurden diese Strecken durch die Parallelen zu $A\mathfrak{K}_\infty$ bzw. $D\mathfrak{K}_\infty'$ durch P_1 bzw. P_3 in $\mathfrak{K}_0\mathfrak{K}_1$ und $\mathfrak{K}_1\mathfrak{K}_\infty$ bzw. $\mathfrak{K}_0'\mathfrak{K}_1'$ und $\mathfrak{K}_1'\mathfrak{K}_\infty'$ eingeteilt, dann nach obiger Vorschrift die 7 Lasten in einem Kräftezuge aneinander gereiht, das Seilpolygon gezeichnet und dadurch die beiden Auflagerreaktionen $KK_0 = 3300$ kg und $K_7K = 4700$ kg gefunden. Die Stufen der Scherkraftlinie sind erst $\parallel A\mathfrak{K}_\infty$, dann horizontal und endlich $\parallel D\mathfrak{K}_\infty'$. Endlich wurde das über dem gefährlichen Querschnitt liegende Stück der Seilparabel aus den Punkten δ und S_6 und deren Tangenten δS_5 und $S_6 S_5$ gezeichnet. Man findet so das größte Biegungsmoment $M = y \cdot d \cdot 2 \cdot 1000 = 2{,}9 \cdot 2{,}5 \cdot 2 \cdot 1000 = 14500$ mkg.

Wollen wir den verschiedenen Belastungsarten eines Balkens vollkommen gerecht werden, so müssen wir schließlich noch den Unter-

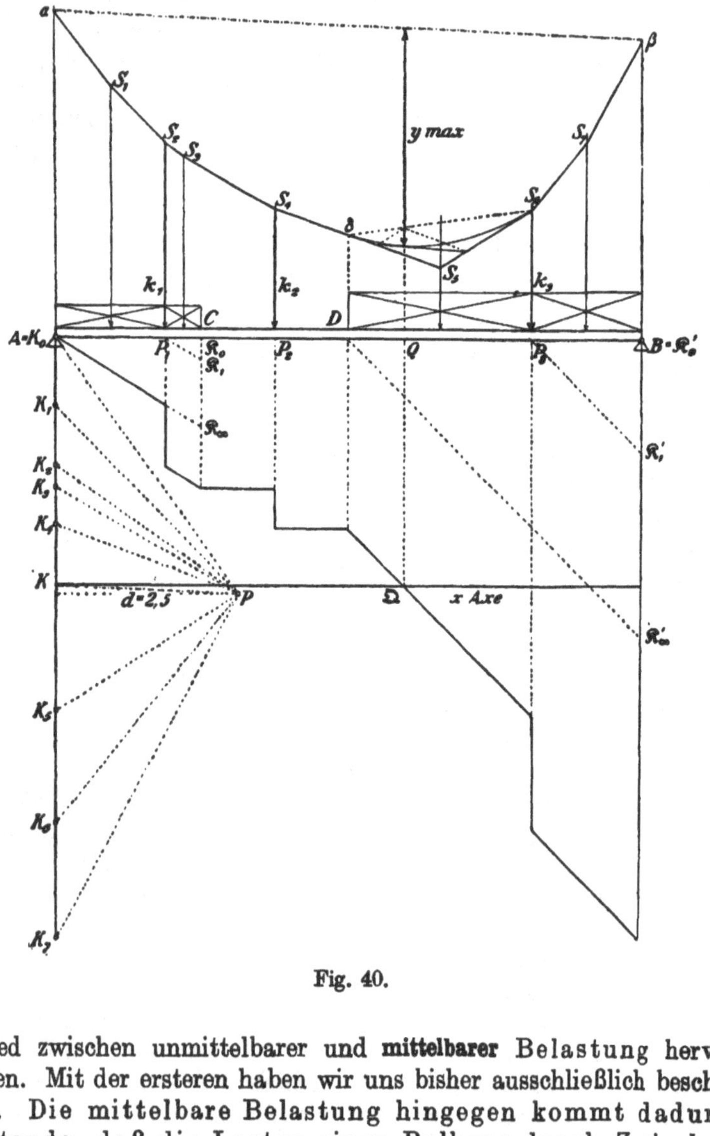

Fig. 40.

schied zwischen unmittelbarer und **mittelbarer** Belastung hervorheben. Mit der ersteren haben wir uns bisher ausschließlich beschäftigt. Die mittelbare Belastung hingegen kommt dadurch zustande, daß die Lasten eines Balkens durch Zwischenträger auf einen zweiten übertragen werden, der nun, von seiner Eigenlast abgesehen, nur in den Berührungspunkten mit den Zwischenträgern belastet ist. Hierbei muß man sich den oberen Balken, welcher die unmittelbare Last trägt, in die durch die Zwischenträger begrenzten Teile oder Felder zerlegt denken, weil wir sonst wieder eine statisch unbestimmte Aufgabe hätten. An sich würde also diese Belastungsart nichts Neues bieten, wenn es nicht darauf ankäme, Regeln zu finden, um von der unmittelbaren Belastung leicht auf die mittelbare übergehen zu können. Zeichnen wir nun zuerst das Seilpolygon der gesamten unmittelbaren Belastung nach den eben angegebenen Regeln, so haben wir damit zugleich die Seilpolygone für die einzelnen Felder zwischen den Zwischenträgern, mit deren Hilfe man die von jedem solchen Felde herrührenden Belastungen der Zwischenträger finden kann. Wirken auf die beiden aneinander grenzenden Felder CD und DE die Gesamtlasten $K_h K_i$ und $K_i K_l$, und sind $\gamma, \delta, \varepsilon$ die Schnittpunkte der Vertikalen durch C, D, E mit dem Seilpolygon sowie L, L' die Schnittpunkte der zu $\gamma\delta$, $\delta\varepsilon$ parallelen Polstrahlen mit dem Kräftezuge, so erhält man offenbar in D die unmittelbare Last $LK_i + K_i L' = LL'$. Demnach sind $\gamma\delta$ und $\delta\varepsilon$ zugleich die Seiten des zu der mittelbaren Belastung gehörigen Seilpolygons. Wir können dies Resultat so aussprechen:

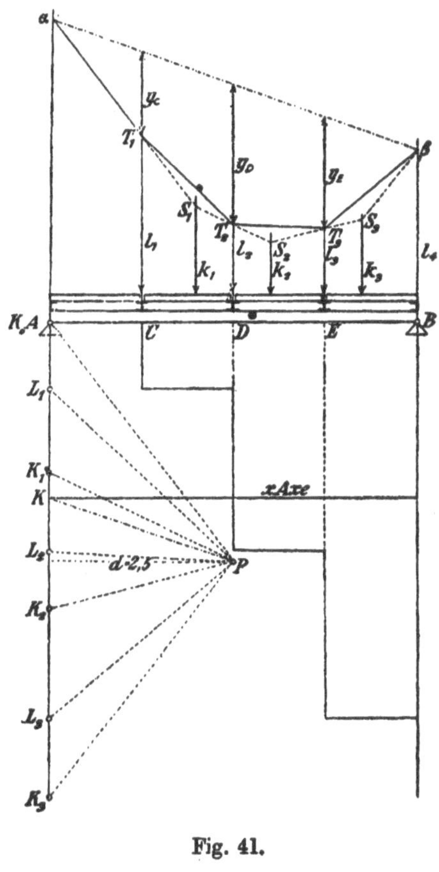

Fig. 41.

Satz 23. *Die Seiten des Seilpolygons der mittelbaren Belastung sind die Verbindungslinien der Punkte, in denen das Seilpolygon der unmittelbaren Belastung die Vertikalen durch die Zwischenträger schneidet.*

Mit Hilfe dieses zweiten Seilpolygons können nun wieder alle in Betracht kommenden Fragen beantwortet werden. Im besonderen sieht man z. B., daß die Biegungsmomente der unmittelbar belasteten Felder (der sogenannten sekundären Längsträger) durch die Stücke der Querschnitte zwischen dem ersten und zweiten Seilpolygone gemessen werden. Weiter ist klar, daß für jeden durch einen Zwischenträger gehenden Querschnitt das Biegungsmoment der mittelbaren und der unmittelbaren Belastung dasselbe ist; diese Bemerkung ist für die sogenannten Fachwerksbalken von Wichtigkeit.

Das angegebene Verfahren mag an dem folgenden Beispiele geübt werden:

10. Aufgabe. Ein Balken AB von 10 m Länge steht unter der mittelbaren Belastung von drei Kräften $k_1 = 2000$ kg, $k_2 = 1800$ kg, $k_3 = 2500$ kg, die in den Abständen 4 m, 6 m und 8,5 m vom linken Auflager wirken; die Belastung wird vermittelt von fünf Zwischenträgern mit den Abständen 2,5 m. Es sind gesucht die Auflagerreaktionen und die Biegungsmomente unter den Zwischenträgern.

Bei denselben Annahmen über Maßstab und Poldistanz wie in der vorigen Aufgabe wurde zuerst das Seilpolygon (Fig. 41) $\alpha S_1 S_2 S_3 \beta$ der unmittelbaren und hieraus nach dem Satze dasjenige $\alpha T_1 T_2 T_3 \beta$ der mittelbaren Belastung gezeichnet. Hieraus findet man die Auflagerreaktionen $KK_0 = 2350$ kg und $K_3K = 3950$ kg, und die Momente unter den Zwischenträgern C, D, E sind $M_c = 5500$ mkg, $M_d = 9250$ mkg, $M_e = 7250$ mkg.

15. Einflußlinien bewegter Lasten.

Wir haben bisher immer angenommen, daß die auf den Balken wirkenden Lasten eine feste Lage gegen diesen haben. In den Anwendungen wird es aber oft gerade darauf ankommen, den Einfluß beweglicher Lasten auf eine der zu bestimmenden Größen, also die Auflagerreaktionen, die Scherkraft oder das Biegungsmoment in einem Querschnitte (auch die Stabspannung) darzustellen. Hierfür bedient man sich einmal der sogenannten Einflußlinien, die man folgendermaßen definieren kann:

7. Definition. Unter der Einflußlinie der Auflagerreaktion, der Scherkraft oder des Biegungsmoments in einem bestimmten Querschnitte eines Balkens, der unter der Einwirkung eines oder mehrerer, aber dann fest verbundener beweglicher Lasten besteht, versteht

man den Ort der Punkte, deren Ordinate eine jener Größen für je eine die Stellung der Last oder des Lastenzuges bestimmende Abszisse angibt.

Um diese Definition zur Anschauung zu bringen, zeichnen wir zuerst die Einflußlinien für eine bewegte Last k. Fangen wir mit der Auflagerreaktion in A an, so ist, wenn die Abszisse $x = AP$

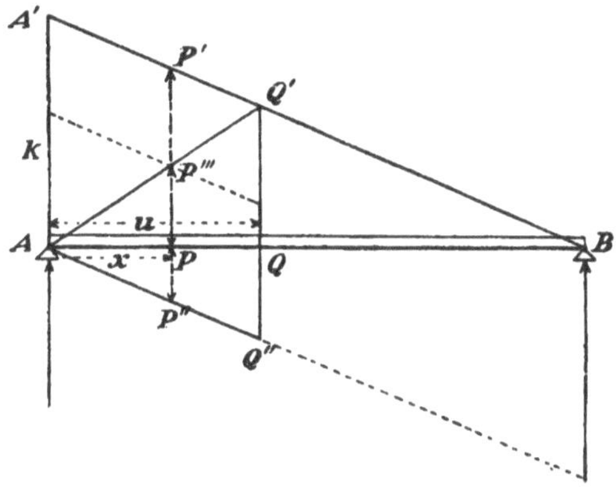

Fig. 42.

der Abstand der Last von dem Anfangspunkte $A = O$ ist, die zugehörige Ordinate $y = k\frac{l-x}{l}$, wo die Länge des Balkens $AB = l$ gesetzt wurde; das geht ja aus Satz 4 auf S. 9 hervor (Fig. 42). Ist daher $A'A = k$, so ist die Gerade $A'B$ die gesuchte Einflußlinie. Ebenso ist AB' die Einflußlinie der rechten Auflagerreaktion, wenn auch $BB' = k$ gemacht wird.

Hieraus kann leicht die Einflußlinie der Scherkraft eines beliebigen Querschnitts Q gefunden werden. Liegt P links von Q, so besteht die Scherkraft aus der algebraischen Summe von PP' und der Last $A'A = P'P''$, ist also durch die Strecke PP'' dargestellt. Da aber $AP'' \parallel A'P'$ ist, so ist die Einflußlinie bis Q die Parallele AQ'' zu $A'B$, von da ab fällt sie in $A'B$ hinein, da dann die Scherkraft gleich der linken Auflagerreaktion ist. Die Einflußlinie der Scherkraft springt also in dem Querschnitt, zu dem sie gehört, um den Betrag der Last.

Soll endlich die Einflußlinie des Biegungsmoments für den Querschnitt Q gefunden werden, so wollen wir dies auf den Hebelarm $u = AQ$ reduzieren. Befindet sich dann die Last zuerst wieder links von Q in P, so ist das Biegungsmoment gleich dem Rechteck aus AQ und der Auflagerreaktion PP' weniger dem Parallelogramme $P'P''Q''Q'$. Dieses ist aber nach dem Satze vom Ergänzungsparallelogramme inhaltsgleich demjenigen Parallelogramme, welches durch die Parallele zu $A'P'$ durch den Schnittpunkt P''' von AQ' mit PP' vom Parallelogramme $A'AQ''Q'$ abgetrennt wird, also gleich dem Rechtecke aus AQ und $P'''P'$. Demnach ist das gesuchte Biegungsmoment durch PP''' dargestellt und die Einflußlinie besteht bis Q aus der Geraden AQ'. Liegt die Last rechts von Q, so kommt für das Biegungsmoment wieder nur die Auflagerreaktion in Betracht, so daß dieser Teil der Einflußlinie durch die Gerade $Q'B$ dargestellt ist. Die Einflußlinie des Biegungsmoments einer beweglichen Last ist also die gebrochene Linie $AQ'B$, wo Q' der Schnittpunkt der Querschnittvertikalen mit der Einflußlinie der linken Auflagerreaktion ist. Dasselbe erkennen wir, wenn wir die Gleichungen dieser Einflußlinie aufstellen. Wir erhalten so für $x \leqq u$ die Gleichung $u \cdot y = k\frac{l-x}{l}u - k(u-x)$ $= \frac{k}{l}x(l-u)$ und für $x \geqq u$ die Gleichung $u \cdot y = \frac{k}{l}(l-x)u$, also die Gleichungen zweier Geraden, die für $x = u$ den gemeinsamen Wert $y = \frac{k}{l}(l-u)$ ergeben, d. i. die linke Auflagerreaktion; ferner für $x = 0$ und $x = l$ das $y = 0$. Wählen wir als Abszisse nicht den Abstand AP der beweglichen Last selbst vom linken Auflager, sondern den Abstand AR eines Punktes R, der sich stets um das feste Stück a rechts von P befindet, so haben wir in diesen Formeln x durch $x - a$ zu ersetzen, erhalten also die beiden Gleichungen $u \cdot y = \frac{k}{l}(x-a)(l-u)$ und $u \cdot y = \frac{k}{l}(l-x+a)u$, die für $x = u + a$ jenen gemeinsamen Wert ergeben.

Diese Bemerkung ist wichtig, wenn wir die Einflußlinie des Biegungsmoments in einem bestimmten Querschnitte für einen Zug von mehreren Lasten $k_1, k_2, k_3, \ldots$ bestimmen wollen, die von rechts nach links die Abstände $a_2, a_3, \ldots$ von der ersten Last haben mögen, so also, daß $P_2P_1 = a_2$, $P_3P_1 = a_3, \ldots$ ist. Betrachten wir dann irgend eine Stellung des Zuges, der durch die Abszisse x der ersten Last, also $x - a_2$ der zweiten, $x - a_3$ der dritten usw. bestimmt ist, so wird die zu x gehörige Ordinate der Einflußlinie durch eine Summe von linearen Funktionen der beiden folgenden Arten gegeben sein, nämlich entweder $\frac{k_i(l-u)}{l \cdot u}(x - a_i)$ oder $\frac{k_i}{l}(l - x + a_i)$, wo $a_1 = 0$ ist und die Summe über alle diejenigen Lasten zu erstrecken ist, welche sich überhaupt auf dem Balken befinden. Ob ein Summand der ersten oder zweiten Art einzusetzen ist, wird offenbar davon abhängen, ob die Last k_i sich links oder rechts von dem Querschnitt befindet, ob also $x <$ oder $> u + a_i$ ist. Die Ordinate unserer Einflußlinie wird demnach eine ganze lineare Funktion der Abszisse sein, deren Koeffizienten sich aber ändern werden, sobald eine neue Last auf den Balken tritt oder eine auf ihm befindliche ihn verläßt oder eine Last den Querschnitt Q überschreitet. Diese Änderung geschieht aber an jeder solchen Stelle so, daß sich

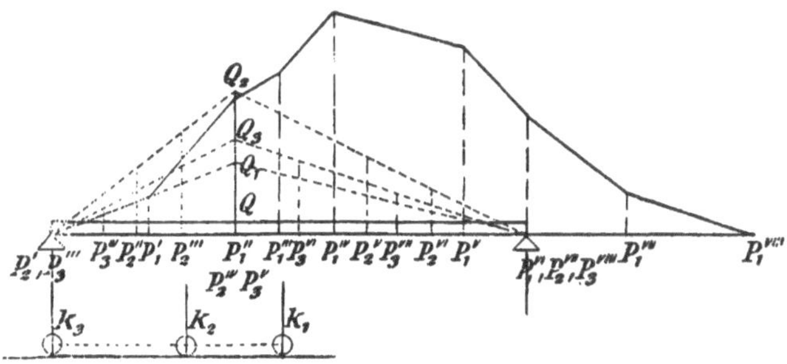

Fig. 43.

aus den beiden verschiedenen linearen Funktionen dieselbe Ordinate ergibt; denn an den Stellen der ersten beiden Arten verschwindet der Summand, der von der auf den Balken tretenden oder ihn verlassenden Last herrührt. Deshalb ist die Einflußlinie ein geradliniges Polygon, dessen Ecken über den genannten Stellen des Balkens liegen. Die Konstruktion eines solchen Polygons werden wir am besten an der folgenden Aufgabe erläutern:

11. Aufgabe. Es soll die Einflußlinie eines aus drei Lasten bestehenden Zuges für das Biegungsmoment an einem Querschnitte Q des Balkens gezeichnet werden.

Wir zeichnen hier zuerst die Einflußlinien AQ_1B, AQ_2B, AQ_3B für die einzelnen Lasten k_1, k_2, k_3 und markieren auf einem Papierstreifen die drei Lasten in ihren gegebenen Abständen (Fig. 43). Dann schiebt man den Streifen von links her an dem Balken entlang, hält ihn jedesmal dann an, wenn eine neue Last auf den Balken tritt oder eine auf ihm befindliche ihn verläßt oder eine Last den Querschnitt Q überschreitet, trägt auf der Vertikalen durch die jedesmalige Stelle der ersten Last die Summe der zu P_1, P_2, P_3 gehörigen Ordinaten der Einflußlinien AQ_1B, AQ_2B, AQ_3B resp. auf und verbindet die Endpunkte der so erhaltenen Ordinaten durch gerade

Linien. Man erhält so das in der Figur dargestellte Polygon. Ist diese Einflußlinie gezeichnet, so hat man jedenfalls ein klares Bild von der Veränderung des Moments und kann auch diejenige Stellung des Zuges durch Probieren finden, für welche an dem betrachteten Querschnitte das größte Biegungsmoment eintritt.

Diese Ausführungen über Einflußlinien werden genügen, um ein Bild von dieser mehr der Praxis angehörenden Untersuchungsmethode zu geben.

16. Maximalmomentenkurve.

Eine befriedigende Kenntnis von der Beanspruchung des Balkens durch einen über ihn wandernden Lastenzug gewinnen wir aber erst, wenn wir das an jedem Querschnitte auftretende Biegungsmoment

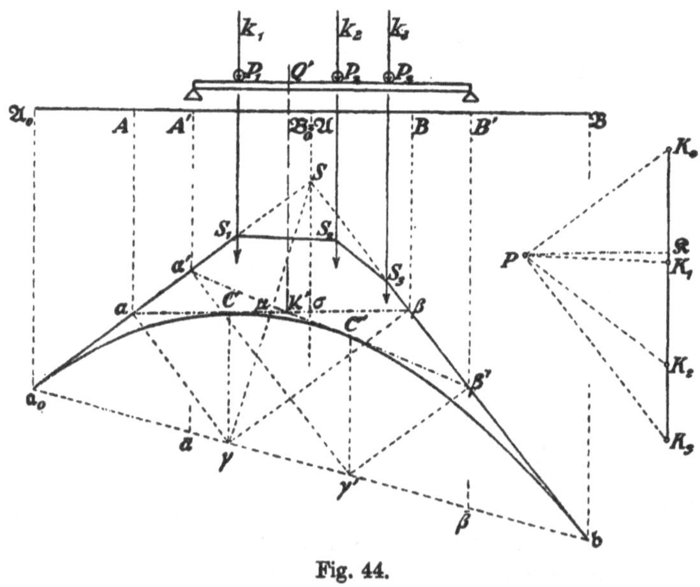

Fig. 44.

durch ein Verfahren finden können, das eine leichte Vergleichung dieser größten Momente für die verschiedenen Querschnitte gestattet.

Hierzu führen zwei Wege. Den ersten verdankt man Culmann, demzufolge man nicht den Lastenzug über den Balken, sondern den Balken unter dem Lastenzuge sich bewegen läßt. Dann bleibt mit den Angriffslinien P_1S_1, P_2S_2, ..., P_nS_n und deren Lasten (Fig. 44) auch deren Seilpolygon $SS_1S_2...S_nS$ fest, und es ändert sich nur die Schlußlinie $\alpha\beta$. Es ist leicht zu sehen, daß sie bei der Bewegung des Balkens eine Parabel mit vertikaler Achse umhüllt. Sind nämlich $\mathfrak{A}_0$ und $\mathfrak{B}$ der Anfangs- bzw. Endpunkt derjenigen Lagen des Balkens, für welche der End- bzw. Anfangspunkt mit dem vertikal über S (Schnittpunkt der ersten und letzten Seite des Seilpolygons) gelegenen Punkte $\mathfrak{B}_0 = \mathfrak{A}$ zusammenfällt, sind ferner $\mathfrak{a}_0$ auf S_1S und $\mathfrak{b}$ auf S_nS vertikal unter $\mathfrak{A}_0$ und $\mathfrak{B}$ gelegen, ist endlich AB irgend eine Lage des Balkens und $\alpha\beta$ die zugehörige Schlußlinie, so schneiden die Parallelen durch α zu $\mathfrak{b}S$ und durch β zu $\mathfrak{a}_0S$ die $\mathfrak{a}_0\mathfrak{b}$ in demselben Punkte γ. Denn aus $\mathfrak{A}_0A = \mathfrak{B}_0B$ folgt, daß $\mathfrak{a}_0\alpha : \alpha S = S\beta : \beta\mathfrak{b}$, also auch, wenn wir jene Schnittpunkte mit γ_0 bzw. γ bezeichnen, daß $\mathfrak{a}_0\gamma_0 : \gamma_0\mathfrak{b} = \mathfrak{a}_0\gamma : \gamma\mathfrak{b}$ ist, d. h. daß γ_0 mit γ zusammenfällt. Die Schlußlinien $\alpha\beta$ umhüllen also eine Parabel mit vertikaler Achse (s. S. 55), und der Berührungspunkt C liegt jedesmal auf der Vertikalen durch γ, während $\mathfrak{a}_0$ und $\mathfrak{b}$ die Berührungspunkte von $\mathfrak{a}_0S$ und $\mathfrak{b}S$ sind. Ist nun $\alpha'\beta'$ eine zweite Schlußlinie und $\varkappa'$ ihr Schnittpunkt mit $\alpha\beta$, so ist, wenn wir $\mathfrak{a}_0\alpha'$ und $C'\alpha'$ als Anfangs- und Endtangente der Parabel betrachten, der Proportion $S\beta : S\mathfrak{b} = \mathfrak{a}_0\alpha : \mathfrak{a}_0S$ entsprechend auch $\alpha'\varkappa' : \alpha'C' = \mathfrak{a}_0\alpha : \mathfrak{a}_0\alpha' = \mathfrak{a}_0\gamma : \mathfrak{a}_0\gamma'$ und ebenso $\beta'\varkappa' : \beta'C' = \mathfrak{b}\beta : \mathfrak{b}\beta' = \mathfrak{b}\gamma : \mathfrak{b}\gamma'$. Nun ist aber, wenn $\bar{\alpha}$ und $\bar{\beta}$ die Projektionen von α' und β' auf $\mathfrak{a}_0\mathfrak{b}$ sind, $\alpha'C' : \beta'C' = \bar{\alpha}\gamma' : \bar{\beta}\gamma' = 2\bar{\alpha}\gamma' : 2\bar{\beta}\gamma' = \mathfrak{a}_0\gamma' : \mathfrak{b}\gamma'$, also auch $\alpha'\varkappa' : \beta'\varkappa' = \mathfrak{a}_0\gamma : \mathfrak{b}\gamma$. Die bewegliche Schlußlinie $\alpha'\beta'$ trifft also die feste $\alpha\beta$ stets in einem Punkte $\varkappa'$, der unter demjenigen Punkte Q' des Balkens $A'B'$ liegt, für den $A'Q' : Q'B' = \mathfrak{a}_0\gamma : \gamma\mathfrak{b}$ ist. Es wird daher umgekehrt die Vertikale durch den mit dem beweglichen Balken verbundenen Querschnitt Q' die zugehörige Schlußlinie $\alpha'\beta'$ stets in einem Punkte $\varkappa'$ derjenigen Tangente $\alpha\beta$ der Parabel schneiden, für welche $\mathfrak{a}_0\alpha : \alpha S = S\beta : \beta\mathfrak{b} = A'Q' : Q'B'$ ist. Nennt man diese Tangente dem Querschnitte Q' zugeordnet, so ist leicht zu sehen, daß die ihr parallele Gerade durch den Pol P des Seilpolygons die Kräftelinie in demselben Verhältnisse teilt, wie der Querschnitt den Balken. Es ist nämlich, wenn $\mathfrak{K}$ dieser Teilpunkt ist, $\Delta K_x\mathfrak{K}P \sim \gamma C\beta$ und $\Delta \mathfrak{K}K_nP \sim C\gamma\alpha$, also $K_0\mathfrak{K} : \mathfrak{K}P = \gamma C : C\beta$ und $\mathfrak{K}K_n : \mathfrak{K}P = C\gamma : C\alpha$, folglich auch $K_0\mathfrak{K} : \mathfrak{K}K_n = \alpha C : C\beta = \mathfrak{a}_0\gamma : \gamma\mathfrak{b} = A'Q' : Q'B'$.

Nunmehr können wir die in jedem Querschnitte Q' des Balkens $A'B'$ infolge seiner Bewegung entstehende Veränderung des Biegungsmoments leicht übersehen. Dies Moment ist ja immer durch das Stück der Vertikalen durch Q' von ihrem Schnittpunkte mit dem Seilpolygon bis zur zugehörigen Schlußlinie dargestellt. Die dem Querschnitte Q' zugehörige **Momentenfläche** wird durch das Seilpolygon und die ihm zugeordnete Parabeltangente begrenzt. Es kann daher unter dem Querschnitte nur dann ein Maximum des Biegungsmoments eintreten, wenn er sich in der Angriffslinie einer Last befindet. Ob dann wirklich ein Maximum eintritt, wird offenbar davon abhängen, ob die Parallele zu $\alpha\beta$ durch den zugehörigen Eckpunkt des Seilpolygons dieses berührt oder durchdringt, und dies wird davon abhängen, ob der oben mit $\mathfrak{K}$ bezeichnete Teilpunkt auf der entsprechenden Seite des Kräftepolygons liegt oder nicht. Fällt er in eine Ecke K_i, so tritt für Q' das Maximalmoment ein, sobald sich Q' nur über der Seite $S_i S_{i+1}$ des Seilpolygons befindet. Wir erhalten daher den folgenden Satz:

Satz 24. *Teilt man den Balken im Verhältnisse der Lasten eines über ihn beweglichen Lastenzuges, so tritt für einen Punkt jedes Teiles das Maximum des Biegungsmoments ein, wenn die dem Teile entsprechende Last sich über dem Punkte befindet, für den Teilpunkt selbst, wenn die Strecke zwischen den beiden Lasten ihn enthält* (*Asimont*).

Ebenso leicht ist die Frage zu beantworten, wann unter einer bestimmten Stelle des Zuges das größte Biegungsmoment eintritt; offenbar dann, wenn die Vertikale durch diese Stelle die Schlußlinie $\alpha\beta$ in ihrem Berührungspunkte C mit der Parabel trifft. Denn alle andern Schlußlinien werden diese Vertikale oberhalb von C schneiden. Nun schneiden sich doch die Strecken $\alpha\beta$ und $S\gamma$ in ihrem gemeinsamen Mittelpunkte μ, der hiernach auch Mittelpunkt der Strecke $C\sigma$ ist, wo σ, der Schnittpunkt von $\alpha\beta$ mit der Vertikalen durch S, unterhalb des Schwerpunktes der Lasten liegt. Wir erhalten hiernach das Resultat:

Satz 25. *Unter jeder Stelle des Zuges tritt dann das größte Biegungsmoment auf, wenn die Mitte des Balkens in der Mitte zwischen dieser Stelle und dem Schwerpunkte der Lasten liegt.*

Da endlich die Vertikalstrecken zwischen dem Seilpolygone und der Parabel ein Maximum nur erreichen können, wenn sie einen Eckpunkt des Seilpolygons enthalten, so kann auch die unter einer Last befindliche Stelle des Zuges, für welche das Maximalmoment den größten Wert annimmt, und damit die ungünstigste Stellung des Zuges leicht gefunden werden. Die Aufgabe ist dieselbe wie die in der 8. Aufgabe auf S. 58 gelöste.

Wir haben bisher immer angenommen, daß der Balken, von den beweglichen Lasten abgesehen, unbelastet sei. Trägt er aber auch eine ruhende Last, die aus Einzellasten oder einer kontinuierlichen Belastung oder aus beiden bestehen kann, so läßt sich zwar die Frage nach dem Maximalmoment unter einer bestimmten Stelle des Balkens ebenso behandeln. Denn zu dem Biegungsmoment der beweglichen Lasten unter einer Stelle des Balkens haben wir nur das feste Moment der ruhenden Last hinzuzufügen. Es kann aber auf diesem Wege nicht das allergrößte Moment und die ungünstigste Stellung des Zuges gefunden werden. Wir entwickeln deshalb noch ein zweites Verfahren zur Behandlung des Problems. Bei diesem Verfahren[1] denkt man sich mit der horizontalen Verschiebung des Lastenzuges das Kräftepolygon in seiner Vertikalen so verschoben, daß bei Festhaltung des Poles zugleich die Schlußlinie des Seilpolygons fest bleibt. Um die Abhängigkeit der beiden Bewegungen voneinander in diesem Sinne regeln zu können, schicken wir den folgenden Hilfssatz voraus:

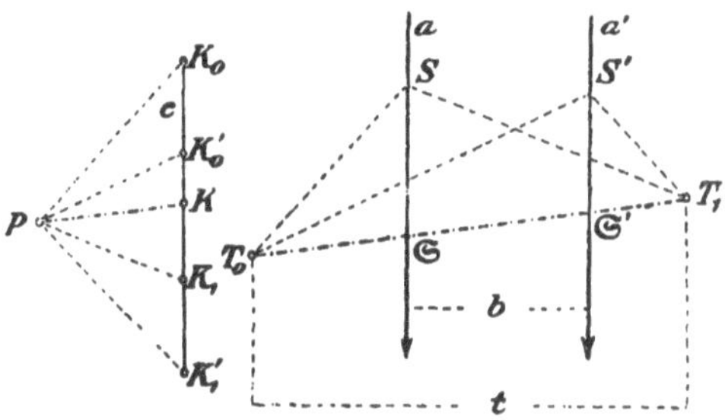

Fig. 45.

Hilfssatz. Wird die Angriffslinie a einer Kraft $k = K_0K_1$ parallel zu sich selbst um die wagerechte Strecke b nach a' und gleichzeitig die Kraftstrecke K_0K_1 in ihrer Geraden um die Strecke c nach $K_0'K_1'$ verschoben, und zeichnet man für jede Lage ein zu demselben Pole P gehöriges Seilpolygon, so schneiden sich die beiden ersten und die beiden zweiten Seiten in Punkten T_0 und T_1 mit dem wagerechten Abstande $t = k\frac{b}{c}$ (Fig. 45).

Zieht man nämlich den zu T_0T_1 parallelen Polstrahl, und sind $\mathfrak{S}$ und $\mathfrak{S}'$ die Schnittpunkte von T_0T_1 mit a und a', so folgt aus ähnlichen Dreiecken, daß $KK_1 : K_0K_1 = T_0\mathfrak{S} : T_0T_1$ und $KK_1' : K_0'K_1' = T_0\mathfrak{S}' : T_0T_1$, also auch $T_0T_1 : k = T_0\mathfrak{S} : KK_1 = T_0\mathfrak{S}' : KK_1'$ und hieraus $T_0T_1 : k = \mathfrak{S}\mathfrak{S}' : K_1K_1' = \mathfrak{b} : \mathfrak{c}$, folglich in der Tat $t = k\frac{b}{c}$.

Werden daher die beiden Verschiebungen kontinuierlich und so vorgenommen, daß $\mathfrak{b} : \mathfrak{c} = \beta$ konstant bleibt, so wird, sobald sich die erste Seite des veränderlichen Seilpolygons um den festen Punkt T_0 dreht, sich auch die zweite Seite um den festen Punkt T_1 drehen. Denn der Schnittpunkt irgend einer zweiten Seite mit irgend einer andern muß auf derjenigen Parallelen zu der jetzt wieder vertikal anzunehmenden Kräftelinie liegen, welche von T_0 den im Sinne der

[1] Vgl. hierzu W. Stahl, Zeitschr. d. Ver. d. Ing. 1877, S. 7; H. Zeuthen, Tekn. Foren. Tidskr. 1877; R. v. Mises, Dinglers Polyt. Journ. 1906, S. 595; W. Vogt, Zeitschr. d. Ver. d. Ing. 1913, S. 620.

Verschiebung zu rechnenden horizontalen Abstand $t = \beta \cdot k$ besitzt. Deshalb beschreibt, wie wir zeigen werden, die S des Seilpolygons $T_0 S T_1$ bei der Verschiebung der Last eine Parabel mit vertikaler Achse. Schneiden nämlich (Fig. 46) die Seiten $T_0 S$ und $T_1 S$ die Vertikalen durch T_1 und T_0 in $\mathfrak{a}_1$ und $\mathfrak{a}_0$, so treffen die Geraden $\mathfrak{a}_0 \mathfrak{a}_1$ die Vertikale durch die Mitte τ von $T_0 T_1$ in demselben festen Punkte T. Aus ähnlichen Dreiecken folgt nämlich $T_0 \mathfrak{a}_0 : T_0 T_1 = K_1 K : PK$ und

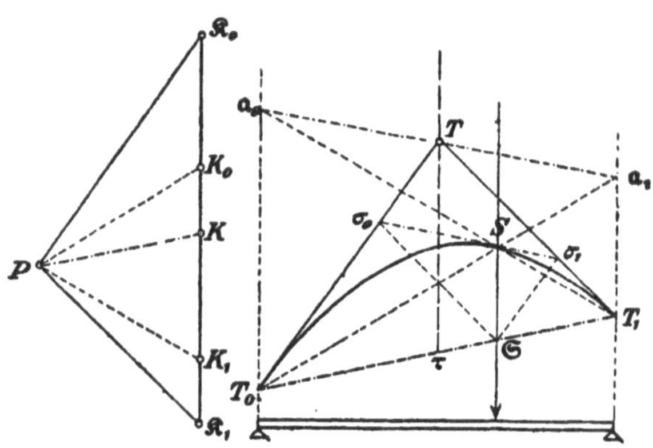

Fig. 46.

$T_1 \mathfrak{a}_1 : T_0 T_1 = K K_0 : PK$, also $T_0 \mathfrak{a}_0 + T_1 \mathfrak{a}_1 : T_0 T_1 = K_1 K_0 : PK$, es ist daher wirklich $\tau T = \frac{1}{2} (T_0 \mathfrak{a}_0 + T_1 \mathfrak{a}_1) = \frac{T_0 \tau}{PK} \cdot K_1 K_0$ konstant. Durch T gehen offenbar auch die Parallelen durch T_0 und T_1 zu $P \mathfrak{K}_0$ und $P \mathfrak{K}_1$, wo $\mathfrak{K}_0 K = K \mathfrak{K}_1 = K_0 K_1$ ist; sie entsprechen den Lagen der Last über T_0 und T_1. Schneidet daher die Parallele durch S zu $\mathfrak{a}_0 \mathfrak{a}_1$ die Geraden $T_0 T$ und $T_1 T$ in σ_0 und σ_1, so folgt aus den Proportionen $T_0 \sigma_0 : \sigma_0 T = T_0 S : S \mathfrak{a}_1 = T_0 \mathfrak{S} : \mathfrak{S} T_1$, daß $\sigma_0 \mathfrak{S} \parallel T T_1$, und ebenso aus $T_1 \sigma_1 : \sigma_1 T = T_1 S : S \mathfrak{a}_0 = T_1 \mathfrak{S} : \mathfrak{S} T_0$, daß $\sigma_1 \mathfrak{S} \parallel T T_0$. Wir sehen also, daß der Ort der Ecken S des Seilpolygons der wandernden Last nichts anderes ist als die zum Pole P und der über den zwischen $T_0 \mathfrak{a}_0$ und $T_1 \mathfrak{a}_1$ gelegenen horizontalen Balken gleichmäßig verteilten kontinuierlichen Last $\mathfrak{K}_0 \mathfrak{K}_1$ gehörige Seilparabel (vgl. S. 56).

Verschieben wir nun einen Zug von Lasten $k_1, k_2, \ldots, k_n$ über den horizontalen Balken AB und gleichzeitig das zugehörige Kräftepolygon $K_0 K_1 \ldots K_n$ in seiner Vertikalen so, daß das Verhältnis β der horizontalen Strecke b, um die sich der Zug verschiebt, zu der vertikalen Strecke c, um die sich das Kräftepolygon verschiebt, konstant bleibt, so werden die zweiten, dritten, ..., $(n+1)$ten Seiten der zu einem festen Pole P gezeichneten Seilpolygone durch feste Punkte $T_1, T_2, \ldots, T_n$ laufen, wenn die erste Seite durch einen festen Punkt T_0 geht. Diese Punkte werden von den Vertikalen durch T_0 die horizontalen Abstände βk_1, $\beta(k_1+k_2), \ldots, \beta(k_1+k_2+\ldots+k_n)=\beta\cdot K_0K_n$ haben. Liegt daher T_0 über A und wird $\beta = AB:K_0K_n$ angenommen, so wird auch T_n über B liegen, so daß wir für alle Seilpolygone dieselbe Schlußlinie T_0T_n haben werden. Zugleich sieht man, daß die Vertikalen durch die Punkte T_i den Balken AB im Verhältnisse der Lasten teilen (Fig. 47). Die Ecken S_i

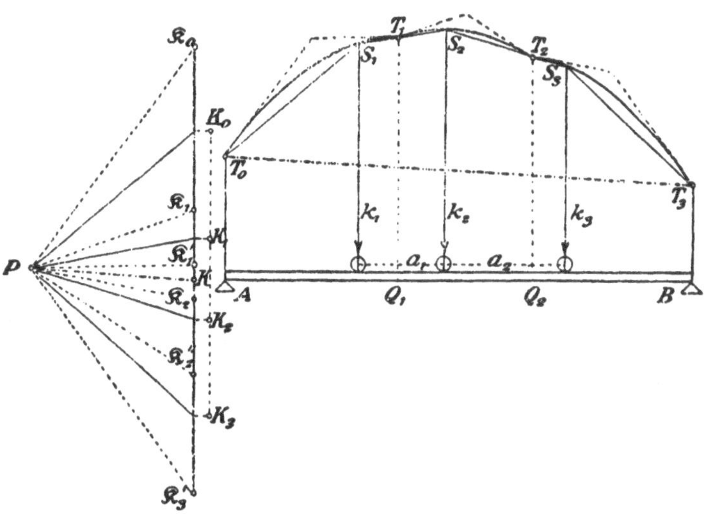

Fig. 47.

der Seilpolygone beschreiben hierbei Parabeln mit vertikalen Achsen zwischen je zwei Drehpunkten T_{i-1} und T_i. Hieraus findet man leicht einen neuen Beweis des 24. Satzes von Asimont.

Nun sind wir durch unseren Beweis für die Parabeln auf eine andere Deutung der Figur geführt. Jede Parabel $T_{i-1}S_iT_i$ ist nämlich eine Seilparabel für den Pol P und die über den unter ihm gelegenen Balkenteil $Q_{i-1}Q_i$ gleichmäßig verteilte kontinuierliche Last $\mathfrak{K}_{i-1}\mathfrak{K}_i'$, wo $\mathfrak{K}_{i-1}$ bzw. $\mathfrak{K}_i'$ diejenigen Lagen von K_{i-1} bzw. K_i sind, welche den Stellungen des Zuges mit der Last k_i über Q_{i-1} bzw. Q_i entsprechen. Da hierbei K_i bzw. K_{i-1} auf den zu $T_{i-1}T_i$ parallelen Polstrahl zu liegen kommt, so ist $\mathfrak{K}_{i-1}\mathfrak{K}_i'=2k_i=2\cdot Q_{i-1}Q_i\,\frac{K_0K_n}{A\,B}$.

Alle diese Seilparabeln gehören also zu derselben über den ganzen Balken gleichmäßig verteilten kontinuierlichen Last $2 \cdot K_0 K_n$. Wir dürfen aber den ganzen aus Parabeln bestehenden Linienzug $T_0 T_1 \ldots T_n$ nicht als Seilpolygon dieser kontinuierlichen Belastung ansehen, weil die Tangenten an die beiden in T_i zusammenstoßenden Parabeln zu $P\mathfrak{K}_i'$ bzw. $P\mathfrak{K}_i$ parallel sind. Jener Linienzug gehört daher als Seilpolygon zu den über die Balkenteile $Q_{i-1}Q_i$ gleichmäßig verteilten kontinuierlichen Lasten $\mathfrak{K}_{i-1}\mathfrak{K}_i'$ und den in den Punkten Q_i angreifenden Einzellasten $\mathfrak{K}_i'\mathfrak{K}_i$. Weil aber $\mathfrak{K}_i$ bzw. $\mathfrak{K}_i'$ diejenige Lage von K_i ist, bei welcher k_{i+1} bzw. k_i durch Q_i geht, so ist, wenn a_i der von links nach rechts gemessene Abstand dieser beiden Lasten ist, $\mathfrak{K}_i\mathfrak{K}_i' : a_i = K_0 K_n : AB$, die in Q_i angreifende Einzellast $\mathfrak{K}_i'\mathfrak{K}_i$ hat daher die nach oben gerichtete Größe $a_i \frac{K_0 K_n}{AB}$. Da nun jener Linienzug nach dem Satze von Asimont die Maximalmomentenkurve der Querschnitte des Balkens darstellt, so erhalten wir den Satz:

Satz 26. *Die Maximalmomentenkurve der Querschnitte eines Balkens $AB = l$ für einen über ihn wandernden Lastenzug $k_1, k_2, \ldots, k_3$ $(k_1 + k_2 + \ldots + k_n = k)$ mit den Achsenabständen $a_1, a_2, \ldots, a_{n-1}$ stimmt mit der Momentenkurve für eine gewisse ruhende Belastung unter Benutzung desselben Poles überein: diese ideelle Belastung besteht erstens aus einer über den ganzen Balken gleichmäßig verteilten kontinuierlichen Last von der Größe $2k$ und zweitens aus nach oben gerichteten Einzelkräften von den Größen $a_1 \frac{k}{l}, a_2 \frac{k}{l}, \ldots, a_{n-1} \frac{k}{l}$, deren Angriffspunkte $Q_1, Q_2, \ldots, Q_{n-1}$ den Balken AB im Verhältnisse der Lasten des Zuges teilen, so also, daß $AQ_1 : Q_1Q_2 : Q_2Q_3 : \ldots : Q_{n-1}B = k_1 : k_2 : k_3 : \ldots : k_n$ ist.*

Sollen außer den beweglichen Lasten noch ruhende Lasten berücksichtigt werden, so kommt an jedem Querschnitte zu dem maximalen Momente der laufenden Lasten einfach das konstante Biegungsmoment der ruhenden Lasten hinzu. Man hat darum einfach die gegebenen ruhenden Lasten zu der ideellen Ersatzbelastung hinzuzunehmen und erhält in der für diese ganze ruhende Belastung konstruierten Momentenkurve die tatsächliche Maximalmomentenkurve. Wir erhalten so:

Satz 27. *Ist außer den bewegten Lasten eine ruhende Balkenbelastung zu berücksichtigen, so liefert die für diese und die ideelle Ersatzbelastung konstruierte Momentenkurve die Maximalmomentenkurve.*

Hat man auf diesem Wege die Maximalmomentenkurve gewonnen, so ist es auch leicht, das allergrößte auftretende Moment und die ungünstigste Stellung des Lastenzuges zu ermitteln. Man braucht nur die Scherkraftlinie für die entsprechende ruhende Belastung zu zeichnen und erhält durch deren Schnittpunkt mit der Abszissenachse den Querschnitt allergrößten Biegungsmoments. Die zugehörige ungünstigste Stellung des Zuges ist dann diejenige, bei welcher die Last k_i den Querschnitt enthält, wenn der Querschnitt selbst der Strecke $Q_{i-1}Q_i$ angehört.

Die Bestimmung des größten Momentes unter einer Stelle des Zuges ist nach dem zweiten Verfahren nicht so einfach.

§ 4.

Theorie der Fachwerke (einfachere Fälle).

17. Begriff des Fachwerks, Spannungsproblem.

Unsere bisherigen Betrachtungen haben wesentlich dem Gleichgewichte von Kräften gegolten, die auf eine starre, freie oder gestützte Scheibe wirken, sich aber nicht auf die dadurch in der Scheibe hervorgerufenen inneren Kräfte bezogen. Eine solche Untersuchung ist in der Tat auf rein statischem Wege nur möglich, wenn diese inneren Kräfte oder Spannungen nicht jede beliebige Richtung haben dürfen, sondern durch die eigentümliche Gliederung der Scheibe auf ganz bestimmte Richtungen beschränkt sind. Eine solche Gliederung haben die sogenannten Fachwerke, die wir folgendermaßen definieren:

8. Definition. Unter einem (ebenen) **Fachwerke** versteht man ein System von Stäben, die in ihren Endpunkten, den Knotenpunkten, derart durch Gelenke miteinander verbunden sind, daß das Ganze eine starre ebene Scheibe bildet.

Die Bildungsgesetze solcher Fachwerke werden wir erst allmählich kennen lernen und verweisen den Leser zur vorläufigen Orientierung auf die folgenden Figuren. Uns wird hier nicht hauptsächlich die Starrheit der Fachwerke, sondern ihre sogenannte statische Bestimmtheit interessieren. Wird nämlich vorausgesetzt, daß die auf das Fachwerk wirkenden äußeren Kräfte nur in den Knotenpunkten angreifen, so kann man jede solche äußere Kraft nach den Stäben zerlegen, die von ihren Angriffspunkten ausgehen. Da aber in jedem Knotenpunkte, wie wir sehen werden, im allgemeinen mehr als zwei Stäbe zusammenlaufen, so würde diese Zerlegung an und für sich auf mehr als eine Weise möglich sein.

Sollen nun die äußeren Kräfte im Gleichgewichte sein, so werden sie es durch Vermittelung der Stäbe des Fachwerks tun, d. h. die in jedem Stabe resultierenden Komponenten werden sich aufheben müssen. In der Tat können, da die Scheibe nur aus den Stäben besteht, die wir uns beliebig dünn zu denken haben, innere Kräfte nur in den Stabachsen wirken. Ist die Zerlegung mit dieser Beschränkung auf eindeutig bestimmte Weise möglich, so heißt das Fachwerk statisch bestimmt. Wir stellen hiernach die folgende Definition auf:

9. Definition. Lassen sich die miteinander im Gleichgewichte stehenden, in den Knotenpunkten eines Fachwerks angreifenden, sonst aber beliebigen Kräfte so in eindeutiger Weise nach den Stäben des Fachwerks zerlegen, daß jeder Stab für sich im Gleichgewichte steht, in ihm also zwei entgegengesetzt gleiche Spannungen wirken, so heißt das Fachwerk **statisch** bestimmt; die Bestimmung dieser Spannungen heißt das Spannungsproblem.

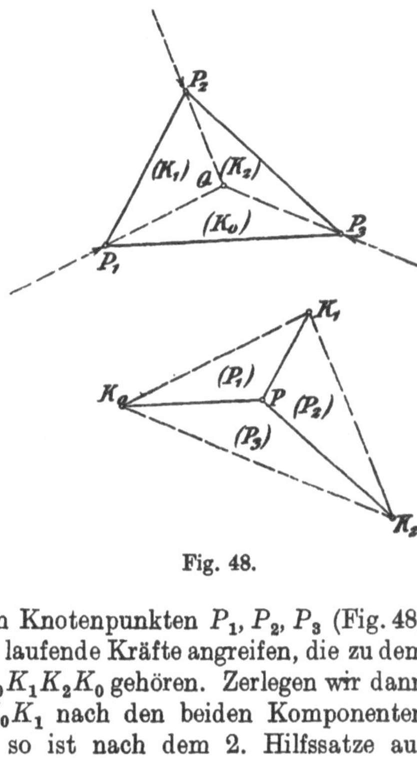

Fig. 48.

Die Methoden zur Lösung dieses Spannungsproblems knüpfen am besten an die Bildungsgesetze des Fachwerks an, von denen wir in diesem Paragraphen nur die einfacheren und in der Technik hauptsächlich verwendeten behandeln wollen. Als einfachsten Repräsentanten eines Fachwerks können wir offenbar ein Dreieck betrachten. In den Knotenpunkten P_1, P_2, P_3 (Fig. 48) werden drei durch einen Punkt Q laufende Kräfte angreifen, die zu dem geschlossenen Kräftepolygone $K_0K_1K_2K_0$ gehören. Zerlegen wir dann die in P_1 angreifende Kraft K_0K_1 nach den beiden Komponenten $K_0P \parallel P_1P_3$ und $PK_1 \parallel P_1P_2$, so ist nach dem 2. Hilfssatze auf S. 11 auch $PK_2 \parallel P_2P_3$, wie aus der Betrachtung der beiden Vierecke $P_1P_2QP_3$ und $PK_1K_2K_0$ hervorgeht. Es sind daher K_1P und PK_2 die Komponenten der in P_2 angreifenden Kraft K_1K_2 und ebenso K_2P und PK_0 die Komponenten der in P_3 angreifenden Kraft K_2K_0. In diesem einfachsten Falle besitzt also das Spannungsproblem eine eindeutig bestimmte Lösung, das Dreieck ist ein statisch bestimmtes Fachwerk.

Man wird bemerken, daß die beiden Teile unserer Figur einander in dem Sinne entsprechen, daß jeder Geraden des einen Teiles eine ihr parallele Gerade im andern Teile entspricht und drei Geraden durch einen Punkt drei Seiten eines Dreiecks; in der Figur sind zweimal drei dieser Dreiecke durch die eingeklammerten Buchstaben der ihnen entsprechenden Punkte bezeichnet, den Dreiecken $P_1P_2P_3$ und $K_0K_1K_2$ entsprechen die Punkte P und Q. Dieses Entsprechen wird sich in der Folge als sehr wichtig erweisen.

Die in den Endpunkten P_1 und P_2 des Stabes P_1P_2 angreifenden Komponenten PK_1 und K_1P werden, da sie in das Innere des Stabes gerichtet sind, einen Druck auf ihn ausüben. Wir werden daher den folgenden Satz anmerken können:

Satz 28. *In dem Stabe* P_1P_2 *wird* **Druck** *oder* **Zug** *herrschen, je nachdem die von* P_1 *ausgehende Komponente von* P_1 *nach* P_2 *gerichtet ist oder umgekehrt.*

18. Erstes Bildungsgesetz von Fachwerken, Kräfteplan, Dreiecksnetz.

Aus einem Dreiecke können wir offenbar immer neue Fachwerke dadurch herleiten, daß wir je einen neuen Knotenpunkt durch zwei neue Stäbe angliedern. Ist ein so entstandenes Fachwerk statisch bestimmt, so ist es auch das durch den nächsten Schritt entstehende, vorausgesetzt, daß der neue Knotenpunkt nicht mit den zwei alten, an die er angegliedert wird, in gerader Linie liegt. Von diesem Falle abgesehen können wir nämlich die in dem neuen Knotenpunkte angreifende Kraft nach den beiden neuen Stäben zerlegen und diese dann wieder fortlassen, wenn wir nur die beiden Komponenten zu den in den übrigen Knotenpunkten angreifenden Kräften als äußere Kräfte hinzufügen. Denn waren die äußeren Kräfte vorher im Gleichgewichte, so bleiben sie es auch nach Zerlegung einer derselben in zwei Komponenten. Diese beiden Komponenten stellen nun auch die Spannungen in den beiden fortgelassenen Stäben dar, und wir haben nun unser Spannungsproblem für das Fachwerk mit einem Knotenpunkte und zwei Stäben weniger zu lösen. Jene Komponenten sind dann mit den äußeren Kräften, mit denen sie den Angriffspunkt gemein haben, zusammenzusetzen, und es beginnt nunmehr derselbe Prozeß mit einem Knotenpunkte, in dem nur zwei Stäbe zusammenstoßen, bis wir auf das Anfangsdreieck kommen.

Was den ausgeschlossenen Fall betrifft, daß der neue Knotenpunkt A mit den beiden Knotenpunkten B und C, an die er angeschlossen werden soll, in einer Geraden liegt, so ist klar, daß die in A angreifende äußere Kraft nach BC fallen muß, sollen anders endliche Komponenten nach AB und AC resultieren. Aber auch dann kann die eine dieser Komponenten ihrer Größe nach noch beliebig angenommen werden, wonach die andere bestimmt ist, so daß ein solches Fachwerk statisch unbestimmt wäre. Wir werden später sehen, daß man BC auch als einen überzähligen Stab eines sogenannten statisch unbestimmten Fachwerks betrachten kann, in dem

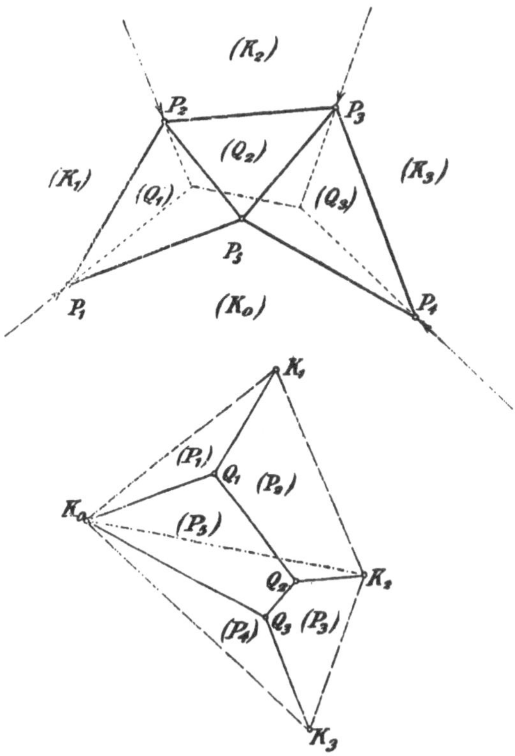

Fig. 49.

aber die Spannungen unter Berücksichtigung der elastischen Deformationen doch bestimmt werden können. Wir schließen aber solche Fachwerke im allgemeinen aus.

Wir wollen unser Verfahren an dem Beispiele eines Fachwerks erläutern, das aus den drei Dreiecken (Q_1), (Q_2), (Q_3), den fünf Knotenpunkten P_1, P_2, P_3, P_4, P_5 und den sieben in der Figur sichtbaren Stäben besteht. In den ersten vier Knotenpunkten mögen die miteinander im Gleichgewicht stehenden, zu dem Kräftepolygon $K_0K_1K_2K_3K_0$ gehörigen äußeren Kräfte angreifen, so daß K_0K_2 zur Verbindungslinie der Schnittpunkte der ersten beiden einerseits und letzten beiden anderseits sein muß; dann hebt in der Tat die Resultante der ersten beiden die der letzten beiden auf (Fig. 49, beim Entwerfen dieser Figur wird man am besten zuerst diese Kräfte und dann die Knotenpunkte des Fachwerks annehmen). Nun zerlegen wir zuerst die in P_1 angreifende Kraft K_0K_1 nach den beiden zu P_1P_5 und P_1P_2 parallelen Komponenten K_0Q_1 und Q_1K_1. Wir werden also P_1 mit seinen beiden Stäben fortlassen können, wenn in den vier Knotenpunkten des dadurch entstehenden Fachwerks die zu dem Kräftepolygone $Q_1K_2K_3K_0Q_1$ gehörigen äußeren Kräfte, die nun ihrer Entstehung gemäß von selbst im Gleichgewichte stehen müssen, angreifen lassen. Nunmehr zerlegen wir zweitens die in P_2 angreifende Kraft Q_1K_2 nach den beiden zu P_2P_5 und P_2P_3 parallelen Komponenten Q_1Q_2 und Q_2K_2, lassen P_2 mit seinen Stäben fort und behalten schließlich das Dreieck $P_3P_4P_5$ mit den zum Polygone $Q_2K_3K_0Q_2$ gehörigen äußeren Kräften übrig; die Spannungen in den Seiten P_5P_3, P_3P_4, P_4P_5 sind dann nach dem obigen durch die Strecken Q_2Q_3, Q_3K_3, Q_3K_0 dargestellt.

Damit ist das Spannungsproblem des vorliegenden Fachwerks gelöst, und zwar haben sich die Spannungen der Stäbe in äußerst übersichtlicher Weise in das Kräftepolygon eingefügt. Wir wollen diese Figur, die man einen Kräfteplan nennt, folgendermaßen definieren:

10. Definition. In einem **Kräfteplane** sind die äußeren und inneren Kräfte eines Fachwerks so geordnet, daß die in einem Knotenpunkte des Fachwerks zusammenlaufenden Kräfte ein geschlossenes Polygon bilden, umgekehrt aber auch jedem Polygone des durch die Angriffslinien der äußeren Kräfte erweiterten Fachwerks ein Punkt des Kräfteplans entspricht.

In der Tat bringt die Figur unmittelbar die den Knotenpunkten des Fachwerks entsprechenden Polygone (P_1), (P_2), ..., (P_5) zur Darstellung und ebenso die den Dreiecken des Fachwerks entsprechenden Punkte Q_1, Q_2, Q_3. Die den Eckpunkten des Kräftepolygons entsprechenden und je zwei Angriffslinien äußerer Kräfte als Seiten enthaltenden Polygone wird man aber besserer Übersicht wegen als offen betrachten, indem man die Angriffslinien der äußeren Kräfte beliebig verlängert denkt. Setzt man also in diese Felder die (eingeklammerten) Buchstaben der ihnen entsprechenden Eckpunkte des Kräftepolygons, so ist die in jedem Stabe herrschende Spannung unmittelbar durch die Verbindungsstrecke der denjenigen beiden Feldern des so erweiterten Fachwerks entsprechenden Punkte gegeben, an welche der Stab anstößt. Hierdurch ist nicht nur die Übersicht über die Spannungsverhältnisse des Fachwerks außerordentlich erleichtert, sondern es fließt auch überall da, wo ein solcher Kräfteplan existiert, hieraus eine einfache Regel zur Konstruktion desselben und damit zur Bestimmung der Spannungen. Man wird stets ein solches Feld des Fachwerks zu suchen haben, das an zwei Felder des erweiterten Fachwerks anstößt, deren entsprechende Punkte sei es als Eckpunkte des Kräftepolygons, sei es als schon konstruiert bekannt sind. Die Parallelen durch diese Punkte zu den Stäben, die die den Punkten entsprechenden Felder mit dem ersten Felde gemein haben, liefern dann als Schnittpunkt den diesem Felde entsprechenden Punkt des Kräfteplanes und damit die Spannungen in diesen beiden Stäben. So stößt das Feld (Q_1) an die beiden Felder (K_0) und (K_1), so daß die Parallelen durch K_0 zu P_1P_5 und durch K_1 zu P_1P_2 den Punkt Q_1 und damit die Spannungen K_0Q_1 und Q_1K_1 liefern, das Feld (Q_2) stößt dann an die beiden Felder (Q_1) und (K_2) usf. Es ist ja diese Regel ganz gleichbedeutend mit der oben vorgenommenen Zerlegung der in dem zuletzt angegliederten Knotenpunkte angreifenden Kraft, nur daß die Bestimmung der Spannungen nach dieser Regel fast mechanisch vorgenommen werden kann.

Auch die Entscheidung darüber, ob die einzelnen Stäbe gedrückt oder gezogen seien, kann an der Hand des Kräfteplanes leicht gefällt werden. Er gibt ja unmittelbar die Komponenten jeder äußeren Kraft nach den von ihrem Angriffsknotenpunkte ausgehenden Stäben durch das diesem entsprechende Polygon an. So erhalten wir in P_2 dem Polygone (P_2) gemäß die Komponenten K_1Q_1, Q_1Q_2, Q_2K_2 von K_1K_2, so daß die drei Stäbe P_2P_1, P_2P_5, P_2P_3 Druck erleiden. Dabei sorgt der Kräfteplan gewissermaßen von selbst dafür, daß die Komponenten der in den Endpunkten jedes Stabes angreifenden Kräfte nach diesem entgegengesetzt gleich werden. Denn durchläuft man die die Spannungen liefernden Seiten jedes Polygons von dem Anfangspunkte der zugehörigen Seite des Kräftepolygons aus, so wird der Endpunkt der letzten Spannungsseite von selbst Anfangspunkt der ersten, sich mit jener deckenden des nächsten Polygons, mit andern Worten, jede Seite eines der den Knotenpunkten des Fachwerks entsprechenden Polygone wird in verschiedenem Sinne durchlaufen, je nachdem sie dem einen oder dem anderen der beiden anstoßenden Polygone angehört. Durch diese Regel bestimmt sich zugleich die Umlaufungsrichtung eines Polygons, das keine Seite des Kräftepolygons enthält, wie z. B. von (P_5). Da die den Eckpunkten eines der Polygone des Kräfteplanes im erweiterten Fachwerke entsprechenden Polygone sich ihrer Entstehung nach lückenlos um je einen Knotenpunkt lagern, so entspricht der Umlaufsrichtung eines Polygons des Kräfteplanes ein Drehungssinn im Knotenpunkte. Man sieht nun leicht, daß allen Knotenpunkten derselbe Drehungssinn zukommt, wenn man die um jeden Knotenpunkt gelagerten Polygone so aufeinander folgen läßt, daß die ihnen im Kräfteplane entsprechenden Punkte die vom Knotenpunkte ausgehenden Stabkräfte angeben sollen. Denn der Drehungssinn, der etwa um P_2 von (Q_2) nach (K_2) führt, führt auch um P_3 von (K_2) nach (Q_2). Wir erhalten so das Resultat:

Satz 29. *Kann das Spannungsproblem eines Fachwerks durch einen Kräfteplan gelöst werden, so gehört allen Knotenpunkten des Fachwerks derselbe Drehungssinn zu, in welchem die um jeden Knotenpunkt gelagerten Polygone einander folgen müssen, damit die Verbindungsstrecken der ihnen im Kräfteplane entsprechenden Punkte auch der Pfeilrichtung nach die vom Knotenpunkte ausgehenden Stabkräfte angeben; sie bedeuten Druck oder Zug, je nachdem diese Kräfte vom Knotenpunkte aus in den Stab hinein wirken oder nicht.*

Zur Einübung des Lesers wurde noch ein zweites Fachwerk mit 6 Dreiecken, 8 Knotenpunkten und 13 Stäben nebst dem zugehörigen Kräfteplane konstruiert (Fig. 50). Hier konnten die Eckpunkte K_5, K_6, K_7, K_0, K_1, K_2, K_3 und die Richtung der Seite K_3K_4 des Kräftepolygons beliebig angenommen werden. Dann findet man nach unserer Regel der Reihe nach die Punkte Q_1, Q_2, Q_3, Q_4, Q_5, Q_6 im Kräfteplan als den Dreiecken des Fachwerks entsprechend. Nun ergibt sich K_4 als Schnittpunkt der zuletzt angenommenen Geraden mit der Parallelen durch Q_6 zu P_4P_5, und dadurch ist dann auch die in P_5 angreifende äußere Kraft K_4K_5 der Größe und Pfeilrichtung nach gegeben. Daß hier die äußeren Kräfte wirklich im Gleichgewichte stehen, ergibt sich aus der Existenz des Kräfteplanes ganz von selbst. Denken wir uns nämlich von jedem Knotenpunkte aus Stabkräfte nach der Regel des letzten Satzes angebracht — der Drehungssinn ist hier entgegengesetzt demjenigen des Uhrzeigers —, so erhalten wir 2×13 Kräfte, die jedenfalls im Gleichgewichte miteinander stehen. Setzen wir aber die von jedem Knotenpunkte ausgehenden Stabkräfte zu je einer Resultante zusammen, so erhalten wir der Figur gemäß gerade die Seiten des Kräftepolygons. Daß wir von den in den acht Knotenpunkten angreifenden äußeren Kräften sechs ganz beliebig und von der siebenten noch die Angriffslinie annehmen konnten, entspricht offenbar dem Umstande, daß wir, um ein Gleichgewichtssystem zu erhalten, nur die Resultante der sechs angenommenen Kräfte in zwei Komponenten zu zerlegen haben, von denen die eine die angenommene Angriffslinie und die andere den achten Knotenpunkt als Angriffspunkt besitzt (s. 4. Aufgabe auf

S. 27); die diesen beiden Komponenten entgegengesetzt gleichen Kräfte stehen also mit den sechs angenommenen im Gleichgewicht. In den Anwendungen wird die anzunehmende Angriffslinie die Auflagernormale des beweglichen Auflagergelenks sein und der letzte Knotenpunkt in das feste Auflagergelenk fallen.

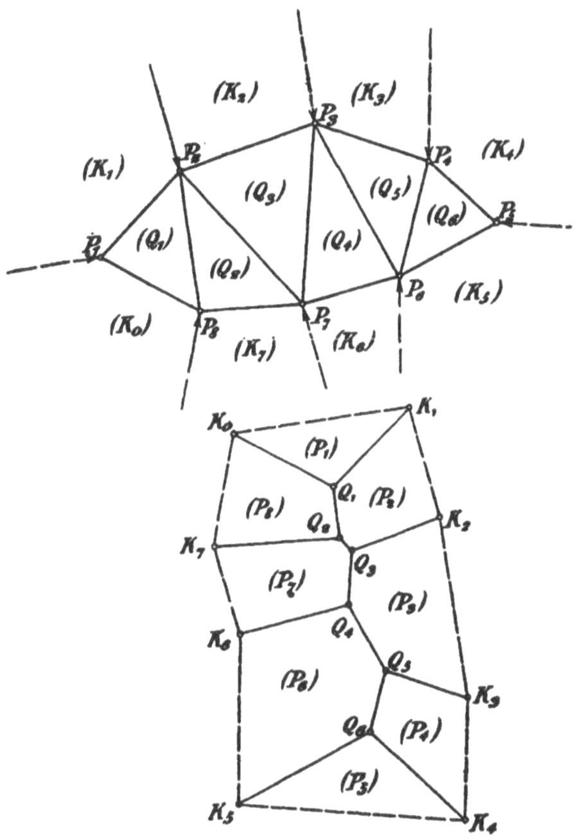

Fig. 50.

Die Lösbarkeit des Spannungsproblems mit Hilfe eines Kräfteplanes ist nun keinesfalls immer möglich. Indem wir uns ein Eingehen auf die hierfür erforderlichen Bedingungen für den nächsten Paragraphen vorbehalten, bemerken wir, daß die Möglichkeit, die äußeren und inneren Kräfte der behandelten Fachwerke in einen Kräfteplan anzuordnen, darin ihren Grund hat, daß diese Fachwerke sogenannte Dreiecksnetze bilden. Wir können diese folgendermaßen definieren:

11. Definition. Ein Fachwerk heißt ein **Dreiecksnetz** wenn es aus einem Dreieck durch Ansetzung immer neuer Dreiecke mit je zwei neuen Seiten entsteht, und die Dreiecke des Fachwerks niemals übereinander liegen.

Die letzte Bedingung ist sehr wesentlich, da wir ein neues Dreieck auch nach dem Inneren eines schon vorhandenen ansetzen könnten, eck auch nach dem Inneren eines schon vorhandenen ansetzen könnten, so daß auch eine Überschneidung der Stäbe eintreten könnte; all dies soll ausgeschlossen werden. Auch daß jedes neue Dreieck mit zwei neuen Stäben an einen schon vorhandenen anzusetzen ist, ist besonders zu beachten, da z. B. in Fig. 49 ein neues Dreieck auch durch Einfügung des Stabes $P_1 P_4$ angesetzt werden könnte. Dies ist schon dadurch ausgeschlossen, daß eine solche Ansetzung nicht unter unser Bildungsgesetz fallen würde. Dies Gesetz liefert natürlich allgemeinere Fachwerke als Dreiecksnetze; denn gliedern wir an das Fachwerk in Fig. 49 einen Knotenpunkt P_6 an P_1 und P_4 an, so enthält das dadurch entstehende Fachwerk auch ein Viereck. Bei einem solchen Fachwerke würde der Knotenpunkt P_5 nicht am Rande liegen, während die Knotenpunkte eines Dreiecksnetzes alle am Rande liegen. Denn dies gilt sicher für ein Dreieck, und da bei Ansetzung eines neuen Dreiecks sowohl die beiden schon vorhandenen Ecken am Rande bleiben als auch die neue Ecke an den Rand tritt, so ist unsere Behauptung bewiesen. Ordnet man nun die äußeren Kräfte im Kräftepolygon so aneinander, wie ihre Angriffspunkte am Rande des Fachwerks aufeinander folgen, so kann die Bestimmung der Spannungen nach der obigen Regel geschehen, es existiert also ein Kräfteplan; es ist aber zu bemerken, daß die den Knotenpunkten des Fachwerks entsprechenden Polygone eines solchen Kräfteplanes nicht notwendig so nebeneinander gelagert zu sein brauchen wie in den letzten beiden Figuren. Wir merken aber das Resultat an:

Satz 30. *Zu jedem Dreiecksnetze, das unter der Einwirkung von miteinander im Gleichgewichte stehenden Kräften steht, gehört ein Kräfteplan.*

Diese Kräftepläne werden meist nach Cremona benannt, der sie zuerst systematisch untersuchte, ihr Erfinder aber war Maxwell.

19. Zweites Bildungsgesetz von Fachwerken. Spannungsbestimmung nach Culmann und A. Ritter.

Durch das erste Bildungsgesetz kann offenbar niemals ein Fachwerk gefunden werden, von dem kein Knotenpunkt weniger als drei Stäbe enthält. Solche Fachwerke liefert z. B. das folgende Bildungsgesetz: Man bilde aus zwei statisch bestimmten Fachwerken 𝔄 und 𝔅 dadurch ein neues Fachwerk ℭ, daß man 𝔄 und 𝔅 durch drei neue Stäbe *a*, *b*, *c*, die nicht

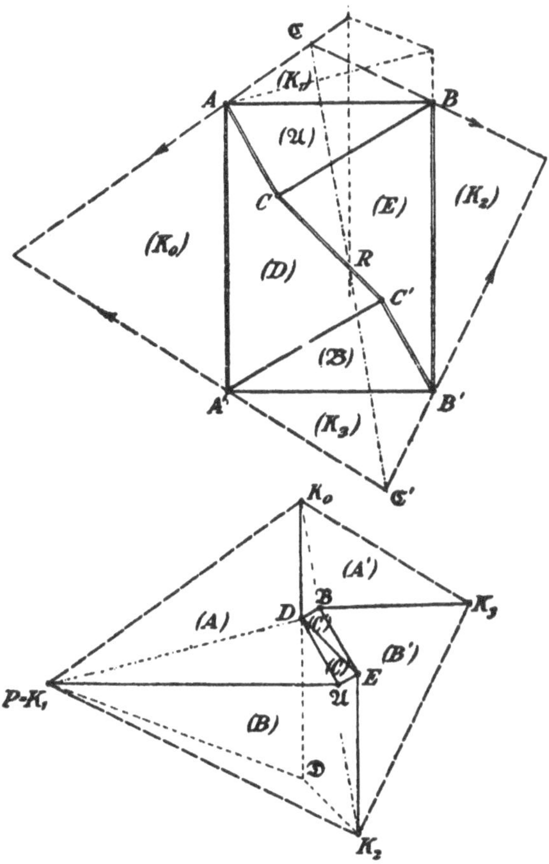

Fig. 51.

durch denselben endlichen oder unendlich fernen Punkt laufen, miteinander verbindet. Verbindet man z. B. zwei Dreiecke *ABC* und *A'B'C'* durch die Stäbe *AA'*, *BB'*, *CC'* (Fig. 51), so entsteht ein Fachwerk mit drei Stäben durch jeden Knotenpunkt. Daß ein so entstandenes Fachwerk statisch bestimmt sei, erkennt man folgendermaßen.

Zerlegt man das auf 𝔄 wirkende Kräftesystem nach der 5. Aufgabe auf S. 28 in drei Komponenten nach den drei neuen Stäben *a, b, c,* so müssen diese den auf 𝔅 wirkenden Kräften das Gleichgewicht halten, da der Voraussetzung gemäß die auf 𝔄 und 𝔅 wirkenden Kräfte miteinander im Gleichgewichte sein werden. Fügt man also diese Komponenten den in den Knotenpunkten von 𝔅 angreifenden Kräften hinzu, so kann man zuerst für 𝔅 das Spannungsproblem lösen. Fügt man ebenso die jenen Komponenten entgegengesetzt gleichen Kräfte den in den Knotenpunkten von 𝔄 angreifenden Kräften hinzu, so kann man weiter das Spannungsproblem für 𝔅 lösen. Die Komponenten nach *a, b, c* sind endlich die Spannungen in diesen Stäben, und zwar werden sie Druck oder Zug bedeuten, je nachdem die Komponenten der auf 𝔄 wirkenden Kräfte von den zu 𝔄 gehörigen Knotenpunkten aus in die Stäbe hinein wirken oder nicht.

Wir erhalten daher auch in Rücksicht auf das erste Bildungsgesetz den Satz:

Satz 31. *Aus einem statisch bestimmten Fachwerke erhält man stets wieder ein solches, wenn man an dieses entweder einen neuen Knotenpunkt mit zwei neuen Stäben so angliedert, daß der neue Knotenpunkt mit den anderen Endpunkten der neuen Stäbe nicht in gerader Linie liegt, oder ein zweites statisch bestimmtes Fachwerk durch drei neue Stäbe, die nicht durch denselben endlichen oder unendlich fernen Punkt laufen.*

Diese beiden Bildungsgesetze ergaben von selbst auch die Lösung des zugehörigen Spannungsproblems. Sie liefern zwar nicht alle möglichen statisch bestimmten Fachwerke, doch fast alle in den Anwendungen gebräuchlichen. Die an das zweite Bildungsgesetz anknüpfende Bestimmung von Spannungen geht auf Culmann zurück, der sie allerdings nur unter der Voraussetzung anwandte, daß durch das Fachwerk ein Schnitt, der nur drei Stäbe trifft, so geführt werden könne, daß das Fachwerk in zwei Teile zerfällt. Ist nämlich das ursprüngliche Fachwerk ℭ ein statisch bestimmtes, so müssen es auch die beiden Teile 𝔄 und 𝔅 sein, in die es nach Abtrennung der drei durchschnittenen Stäbe *a, b, c* zerfällt. Denn fügen wir die Komponenten der auf 𝔄 wirkenden Kräfte nach *a, b, c* den auf 𝔅 wirkenden Kräften hinzu, so hat das hiermit gegebene Spannungsproblem für 𝔅 nach Voraussetzung sicher eine Lösung, gäbe es also unendlich viele, so wäre auch ℭ statisch unbestimmt. Das von uns angegebene Bildungsgesetz ist zwar allgemeiner, weil zwei statisch bestimmte Fachwerke sehr wohl durch drei Stäbe so verbunden werden können, daß kein kontinuierlicher Schnitt durch diese drei Stäbe möglich ist, der nicht auch andere Stäbe trifft, für die Anwendungen reicht aber obiges Schnittverfahren im allgemeinen aus.

Dieser Gedanke, selbst das Fachwerk durch einen drei Stäbe treffenden Schnitt in zwei Teile zu zerlegen, stammt von A. Ritter, der aber die Bestimmung der Komponenten des auf den einen Teil wirkenden Kräftesystems nach den drei Stäben oder der Spannungen rechnerisch auf Grund des Satzes 11 auf S. 24 von den Drehungsmomenten vornimmt. Danach ist nämlich das bekannte Drehungsmoment der auf den abgetrennten Teil wirkenden Kräfte gleich der Summe der Drehungsmomente der drei gesuchten Spannungen in bezug auf irgendeinen Momentenpunkt. Verlegt man diesen in den Schnittpunkt von zweien der drei Stäbe, so erhält man die Spannung in dem dritten Stabe als Quotient des Drehungsmoments jener äußeren Kräfte durch den Abstand des Momentenpunktes vom Stabe. Dies kann auf Grund des Satzes 13 auf S. 25 mit Hilfe eines Seilpolygons auch graphisch ausgeführt werden. Macht man hierbei die Poldistanz gleich dem Abstande des Momentenpunktes von dem Stabe, so ist das Stück der Parallelen durch jenen zur Schlußlinie des Kräftepolygons zwischen der ersten und letzten Seite des Seilpolygons direkt gleich der gesuchten Spannung. Die Entscheidung über Druck oder Zug ist leicht aus dem Vorzeichen des Drehmomentes zu fällen. In dieser Form ist das Rittersche Verfahren besonders geeignet, die Spannung in einem solchen Stabe unabhängig von den übrigen zu finden. Denn durch die in der Praxis vorkommenden Fachwerke wird man im allgemeinen einen Schnitt so führen können, daß er höchstens drei Stäbe trifft und das Fachwerk in zwei Teile zerlegt.

Wir wollen dies an dem Beispiele des in Fig. 51 dargestellten Fachwerks ausführen. Wir nehmen an, daß nur in den Knotenpunkten A, B, B', A' die durch das Kräftepolygon $K_0K_1K_2K_3K_0$ dargestellten äußeren Kräfte angreifen; ihr Gleichgewicht ist dadurch verbürgt, daß die Verbindungslinie des Schnittpunktes $\mathfrak{C}$ der in A und B mit dem Schnittpunkte $\mathfrak{C}'$ der in A' und B' angreifenden Kräfte zu K_0K_2 parallel ist. Wir zerlegen dann zuerst K_0K_2 in die beiden Komponenten $K_0\mathfrak{D}$ und $\mathfrak{D}K_2$, die in der Parallelen durch $R=(CC', \mathfrak{C}\mathfrak{C}')$ zu $AA' \parallel BB'$ und in CC' angreifen. Alsdann wird $K_0\mathfrak{D}$ mit Hilfe eines Seilpolygons in die Komponenten K_0D und $D\mathfrak{D}$ nach AA' und BB' zerlegt. Nun zerlegt man in bekannter Weise K_3D, die Resultante von K_3K_0 und der in A' angreifenden Stabspannung K_0D, in die Komponenten $K_3\mathfrak{B}$ und $\mathfrak{B}D$ nach $A'B'$ und $A'C'$, dann $K_2\mathfrak{B}$ in die Komponenten K_2E und $E\mathfrak{B}$ nach

$B'B$ und $B'C'$, endlich K_1E in die Komponenten $K_1\mathfrak{A}$ und $\mathfrak{A}E$ nach BA und BC, so daß $D\mathfrak{A} \parallel AC$ die Spannung in diesem letzten Stabe darstellt. Nunmehr sind die Spannungen in unserem Fachwerke übersichtlich in einem Kräfteplane angeordnet. Wir konnten die Figur auch so gruppieren, daß den Knotenpunkten des Fachwerks schlicht nebeneinander liegende Polygone im Kräfteplane entsprechen, was in der Praxis im allgemeinen nicht der Fall ist. Die Entscheidung über Druck und Zug kann für die in den äußeren Knotenpunkten endigenden Stäbe in bekannter Weise nach Satz 29 auf S. 82 getroffen werden. Was aber den Stab CC' betrifft, so zeigt die Zerlegung der Resultante K_0K_2 der auf $\mathfrak{A}$ wirkenden Kräfte in die Komponenten K_0D, DE, EK_2, daß die mittlere Komponente von C nach C' gerichtet ist, daß also der Stab CC' gedrückt ist.

Die Anwendung der Ritterschen Methode ist hier weniger zu empfehlen, ihre Vorteile kommen erst bei den praktischen Beispielen zur Geltung, zu deren Behandlung wir jetzt übergehen.

20. Verschiedene Dachbinder; Krahn.

12. Aufgabe. Für den deutschen Dachbinder (Fig. 52) unter der Einwirkung von Eigenlast, Winddruck und Schneelast ist der Kräfteplan zu konstruieren.

Wählen wir hier dieselben Dimensionen wie beim vollwandigen Dachstuhlträger in der 6. Aufgabe auf S. 40, so können wir auch die Kräfte von jenem Beispiele übernehmen und müssen sie nur richtig auf die oberen Knotenpunkte (der oberen Gurtung) verteilen. Auf jeden oberen Gurtstab entfällt ein Viertel der gesamten Eigenlast, das sich je zur Hälfte auf die beiden Endpunkte des Stabes verteilt, so daß in P_1 und P_5 je ein Achtel, in P_2, P_3, P_4 je ein Viertel der Eigenlast angreifen. In derselben Weise verteilen sich auch Winddruck und Schneelast auf die betroffenen Dachhälften und es greifen an in P_1 und P_3 ein Viertel und in P_2 die Hälfte des Winddrucks, ferner in P_3 und P_5 ein Viertel und in P_4 die Hälfte der Schneelast. Das Eigengewicht der Konstruktion, das auch in P_6 eine Kraft hervorrufen würde, möge vernachlässigt werden. Als Zug der äußeren Kräfte ergibt sich demnach $\mathfrak{K}_0K_1$ wirkend in P_1, K_1K_2 in P_2, K_2K_3 in P_3, K_3K_4 in P_4 und $K_4\mathfrak{K}_5$ in P_5, wobei die Zusammensetzung dieser Kräfte nach der obigen Vorschrift in der Figur durch gestrichelte Linien angegeben ist. Die Bestimmung der Auflagerreaktionen $K\mathfrak{K}_0$ und $\mathfrak{K}_5K$ muß natürlich dieselben

Größen ergeben wie beim vollwandigen Dachstuhlträger. Setzen wir sie mit den in P_1 und P_5 angreifenden Kräften zu KK_1 und

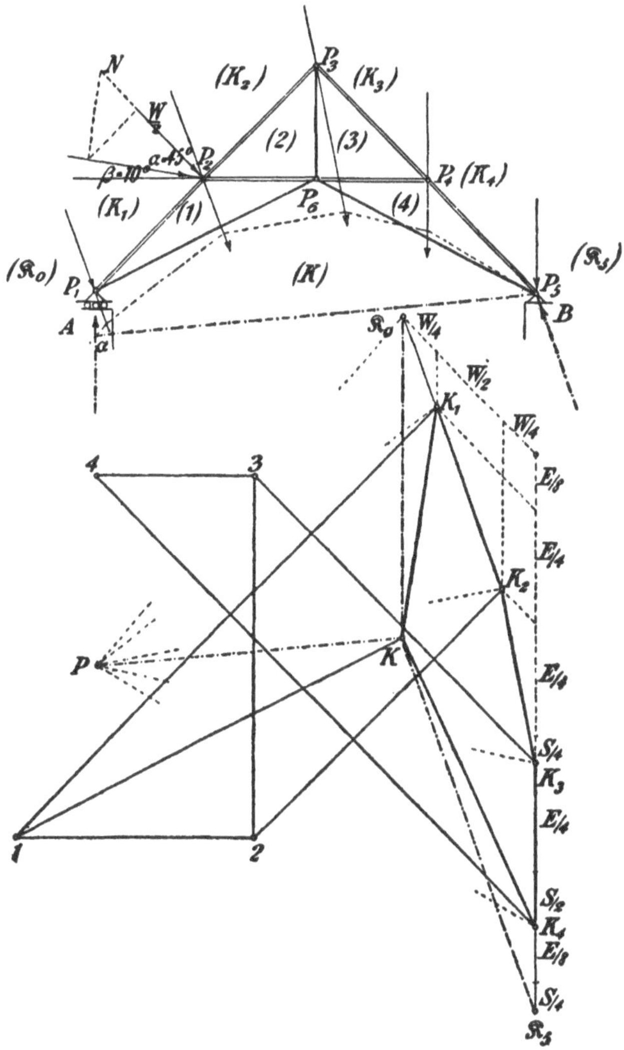

Maßstab: 2 m = 1 cm, 1000 kg = 1 cm.
Fig. 52.

K_4K zusammen, so erhalten wir $KK_1K_2K_3K_4K$ als das geschlossene Kräftepolygon der äußeren Kräfte, an das sich der Kräfteplan anzuschließen hat. Man kann ihn nach der allgemeinen Regel ohne weiteres konstruieren, indem man immer die Felderbezeichnung im Fachwerke beachtet. Man erhält Punkt 1 als Schnittpunkt der Parallelen durch K und K_1 zu P_1P_6 und P_1P_2, Punkt 2 als Schnittpunkt der Parallelen durch K_2 und 1 zu P_2P_3 und P_1P_6 usw. Zur Vermeidung größerer Zeichenfehler wird man gut tun, den Kräfteplan bei derartigen symmetrischen Fachwerken von den beiden Auflagerkräften her zu konstruieren; man erhält dann für den mittleren Stab eine wirksame Kontrolle. Aus dem Plane ergibt sich die Verteilung von Druck und Zug.

Zur Konstruktion der beiden folgenden Fachwerke ist außer dem ersten auch das zweite Bildungsgesetz heranzuziehen. Es sind keine reinen Dreiecksnetze mehr, sie sind aber aus zwei Dreiecksnetzen, die in einem Knotenpunkte und durch einen Stab zusammenhängen, zusammengesetzt, und wir werden sehen, daß wir bei der angenommenen Belastung auch für sie einen Kräfteplan konstruieren können.

13. Aufgabe. Für den nebenstehenden Dachbinder (Fig. 53) unter Einwirkung von Eigenlast und Winddruck (125 kg bzw. $160 \sin^2(\alpha+\beta)$ kg pro qm Dachfläche) ist das Spannungsproblem zu lösen.

Hier sind zunächst die Größen E_1, E_2 und W_1, W_2 von Eigenlast und Winddruck, die den verschieden geneigten Dachflächen zukommen, zu bestimmen. Der Maßstab sei wieder 1 cm = 2 m, 1 cm = 1000 kg und der Binderabstand sei · 3 m. Die Grundfläche jeder der vier Dachflächen ist dann $3 \cdot 3 = 9$ qm und es ist $E_1 = \frac{1}{1000} \frac{9 \cdot 125}{\cos \alpha_1} = \frac{1,13}{\cos \alpha_1}$ cm, $E_2 = \frac{1,13}{\cos \alpha_2}$ cm, $W_1 = \frac{9 \cdot 160}{1000} \cdot \frac{\sin^2(\alpha_1+\beta)}{\cos \alpha_1} = 1,44 \frac{\sin^2(\alpha_1+\beta)}{\cos \alpha_1}$ cm, $W_2 = 1,44 \frac{\sin^2(\alpha_2+\beta)}{\cos \alpha_2}$ cm. Die hiernach nötigen Konstruktionen sind in der Nebenfigur ausgeführt. Da sich nun Eigenlast und Winddruck der über jedem Stab liegenden Dachfläche wieder je zur Hälfte auf die beiden Endpunkte des Stabes verteilen, so wirken in P_1 $\mathfrak{K}_0 K_1 = \frac{W_1}{2} + \frac{E_1}{2}$, in P_2 $K_1K_2 = \frac{W_1+W_2}{2} + \frac{E_1+E_2}{2}$, in P_3 $K_2K_3 = \frac{W_2}{2} + E_2$, in P_4 $K_3K_4 = \frac{E_1+E_2}{2}$ und in P_5 $K_4\mathfrak{K}_5 = \frac{E_2}{2}$. Durch den zur Schlußlinie eines durch das feste Auflagergelenk P_5 gehenden Seilpolygons parallelen Seilstrahl erhält man dann die Auflagerreaktionen $A = K\mathfrak{K}_0$ und $B = \mathfrak{K}_5 K$. Setzt man sie mit den an den gleichen Gelenken angreifenden äußeren Kräften zusammen, so ergibt sich $KK_1K_2K_3K_4K$ als das zugehörige geschlossene Kräftepolygon. Da an jedem Knotenpunkte des Fachwerks mindestens drei Stäbe ansetzen, so kann hier mit dem gewöhnlichen Zerlegungsverfahren nicht begonnen werden. Wir können aber die Culmannsche Methode anwenden, indem wir einen Schnitt

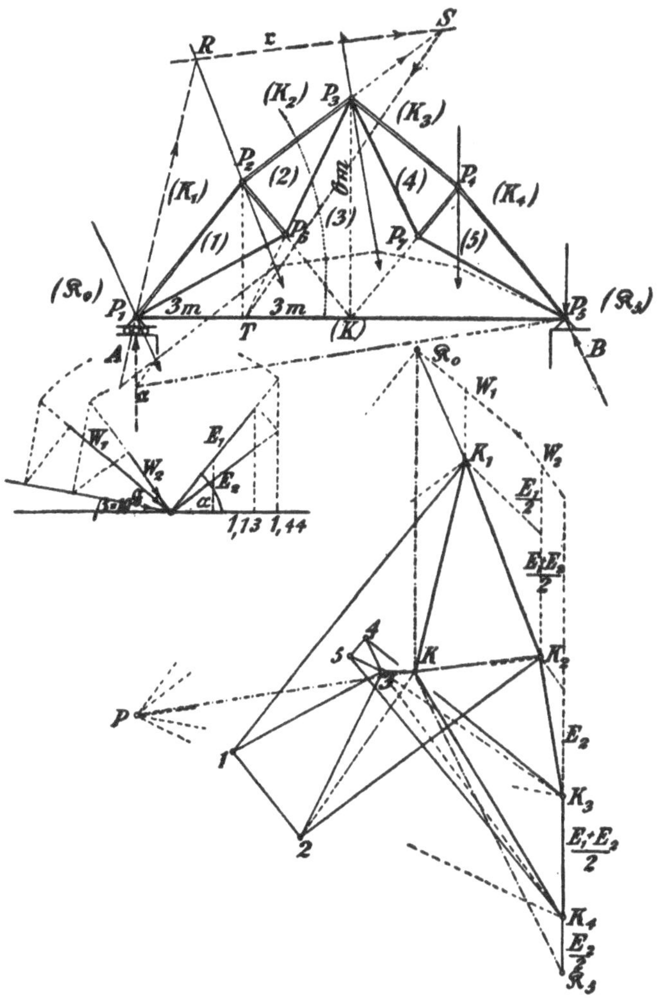

Maßstab: 2 m = 1 cm, 1000 kg = 1 cm.
Fig. 53.

legen, der die drei Stäbe P_1P_5, P_6P_3 und P_2P_3 trifft. Setzen wir dann die auf das Dreieck $P_1P_2P_6$ wirkenden Kräfte zu einer Resultante KK_2 zusammen, die durch den Schnittpunkt R dieser beiden

Kräfte geht, so haben wir sie nach diesen drei Stäben zu zerlegen. Schneiden sich daher diese Resultante und P_2P_3 in S und die Stäbe P_1P_5 und P_3P_6 in T, so treffen sich die Parallelen durch K und K_2 zu ST und P_2P_3 in einem solchen Punkte 2, daß $2\,K_2$ die ge-

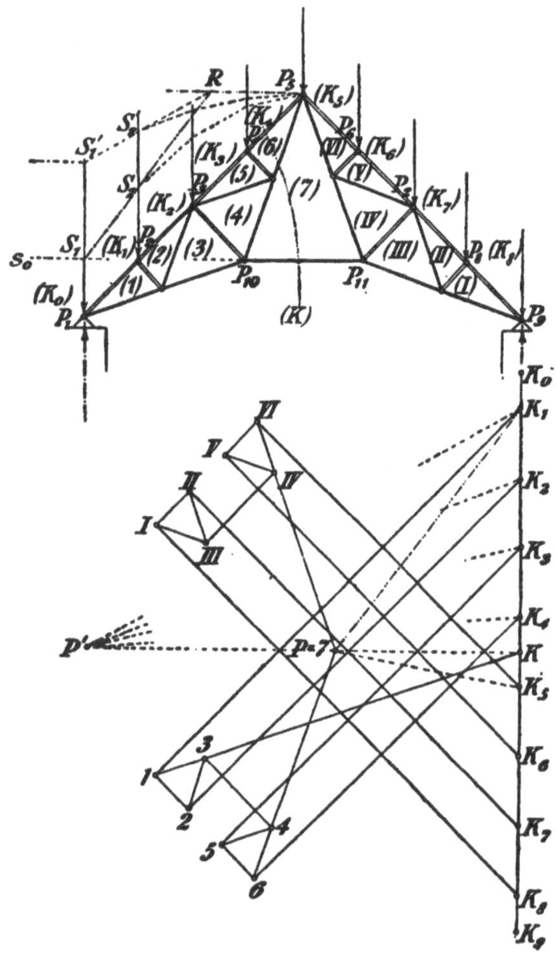

Maßstab: 2 m = 1 cm, 1000 kg = 1 cm.

Fig. 54.

suchte Komponente nach P_2P_3 darstellt, und die Parallelen durch K und 2 zu P_1P_5 und P_3P_6 in einem solchen Punkte 3, daß $K3$ und 32 die Komponenten nach diesen beiden Stäben sind. Fügen wir diese drei Komponenten den auf das Dreiecksnetz $P_3P_4P_5P_7$

wirkenden Kräften hinzu, so greifen hierauf in den Punkten P_3, P_4, P_5 die durch das geschlossene Kräftepolygon $3K_3K_43$ dargestellten Kräfte an, und man findet hierzu leicht den durch die Punkte 4 und 5 zu ergänzenden Kräfteplan. Fügt man ebenso den auf das Dreieck $P_1P_2P_6$ wirkenden Kräften die Umkehrungen jener drei Komponenten hinzu, so steht das Dreieck unter dem Einflusse der durch das geschlossene Kräftepolygon $3K_123$ dargestellten Kräfte, und man findet den den Kräfteplan ergänzenden Punkt 1. Die so gefundenen Punkte 1, 4 und 5 setzen sich mit den vorher bestimmten und wegen ihres Entsprechens zu den Feldern (2) und (3) mit 2 und 3 bezeichneten Punkten zu einem Kräfteplane des ganzen Fachwerks bei der gegebenen Belastung zusammen.

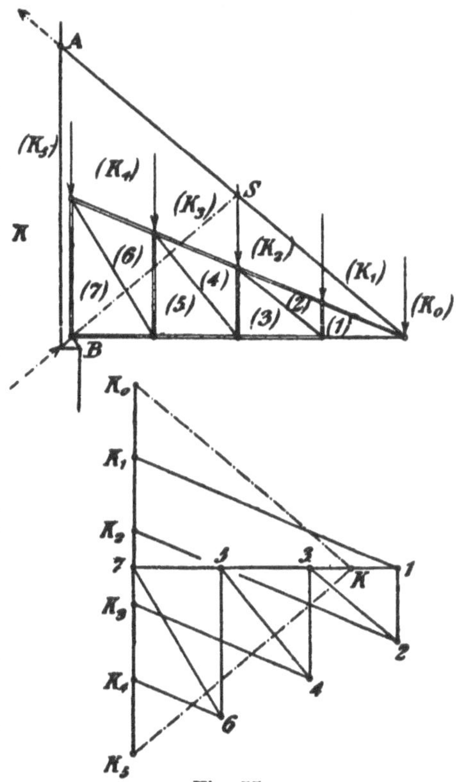

Fig. 55.

14. Aufgabe. **Das Spannungsproblem für den Polonceau-Träger** (Fig. 54) **unter vertikaler Belastung zu lösen.**

Wir nehmen, wie es einer ausschließlichen Belastung durch das Eigengewicht des Daches entsprechen würde, in den Knotenpunkten P_1 und P_9 gleichgroße Kräfte K_0K_1 und K_8K_9, in den dazwischen liegenden Knotenpunkten P_2 bis P_8 doppelt so große Kräfte K_1K_2 bis K_1K_8 an. Da bei der Symmetrie des Fachwerks die ebenfalls vertikalen Auflagerreaktionen KK_0 und K_9K durch den Mittelpunkt K der Kraftstrecke K_0K_9 bestimmt werden, so erhalten wir $KK_1K_2 \ldots K_7K_8K$ als das unser Spannungsproblem bestimmende geschlossene Kräftepolygon. Bei dem Versuche, unser Fachwerk durch Abtrennung zweistäbiger Knotenpunkte und Bestimmung der Stabspannungen vermittelst einfacher Zerlegung auf ein Dreieck zurückzuführen, kommen wir, nachdem auf jeder Seite drei Knotenpunkte entfernt sind, zu einem Fachwerke, dessen sämtliche Knotenpunkte mehr als zwei Stäbe enthalten. Auch dies Fachwerk ist kein Dreiecksnetz, und zu seiner Konstruktion ist das zweite Bildungsgesetz nötig gewesen. Wir könnten es zwar auch nach der Schnittmethode behandeln, ziehen aber ein etwas anderes Verfahren vor. Das Fachwerk besteht aus zwei Dreiecksnetzen, die im Knotenpunkte P_5 und durch den Stab $P_{10}P_{11}$ zusammenhängen. Lassen wir das linke Dreiecksnetz samt dem Verbindungsstabe $P_{10}P_{11}$ fort, so brauchen wir zur Wiederherstellung des Gleichgewichts die auf den fortgelassenen Teil wirkenden Kräfte $KK_1K_2K_3K_4$ nur durch zwei Komponenten zu ersetzen, von denen die eine im Verbindungsstabe $P_{10}P_{11}$ und die andere im Knotenpunkte P_5 angreift. Dies geschieht durch Konstruktion eines Seilpolygons, dessen erste Seite in den Stab fällt und dessen letzte Seite den Knotenpunkt enthält (1. Aufg. auf S. 15); der Pol P bestimmt die beiden Komponenten KP und PK_4. Fügen wir diese den auf das rechte Dreiecksnetz wirkenden Kräften hinzu, so können wir für dieses das Spannungsproblem durch Konstruktion des aus den Punkten I, II, III, IV, V, VI bestehenden Kräfteplans anschließend an das geschlossene Kräftepolygon $PK_5K_6K_7K_8KP$ in bekannter Weise lösen. Auch für das linke Dreiecksnetz läßt sich unter Benutzung der Stabspannung PK als äußerer Kraft in P_{10} und K_4P in P_5 der aus den Punkten 1, 2, 3, 4, 5, 6 bestehende Kräfteplan zeichnen, und man sieht, daß sich beide Kräftepläne zu einem Kräfteplane des ganzen Fachwerks zusammensetzen, wenn man nur den Pol P als den dem Felde (7) entsprechenden Punkt mit 7 bezeichnet.

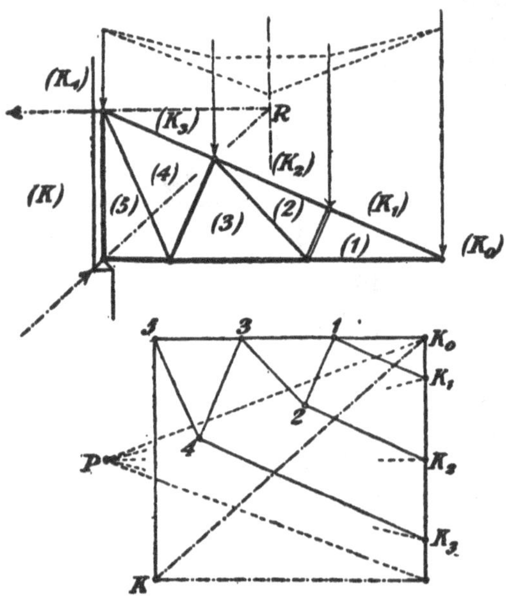

Fig. 56.

In unserem besonderen Falle, wo erstens jeder Flügel für sich symmetrisch gebaut ist und zweitens in P_2 und P_4 sowie in P_6

und P_8 je gleiche Kräfte wirken, sind allerdings die Punkte 4 und IV und daraus 7 einfacher dadurch zu bestimmen, daß $\Delta 456 \cong \Delta 312$ und ebenso Δ IV V VI $\cong$ Δ III I II ist; denn daraus folgt, daß z. B. die Punkte 1, 2, 5, 6 in einer Geraden liegen.

Zur Übung empfiehlt es sich, die Kräftepläne für die folgenden einfachen Fachwerke zu konstruieren: Perrondach mit Zugstange (Fig. 55), Perrondach ohne Zugstange (Fig. 56) und Fachwerkkrahn (Fig. 57). Die in den Knotenpunkten angreifenden Kräfte sind im Falle der Perrondächer als von der Eigenlast der Dächer und im Falle des Krahns als von dem Eigengewicht der Stäbe und der zu tragenden Last herrührend gedacht. In allen drei Fällen ist ein Auflagergelenk fest, während im anderen die Richtung der Auflagerreaktion dadurch bestimmt ist, daß nur eine Stange nach dem Auflager hinführt und die Reaktion übertragen muß. Danach sind die Auflagerreaktionen und die Kräftepläne ohne Schwierigkeit zu konstruieren. Im Falle des Krahns kann man mit dem Kräfteplan beginnen, ohne vorher die Auflagerreaktion bestimmt zu haben; man erhält der Reihe nach die Punkte 1, 2, 3, 5, 6 und daraus den Punkt K, der die Auflagerreaktionen KK_0 und K_1K angibt.

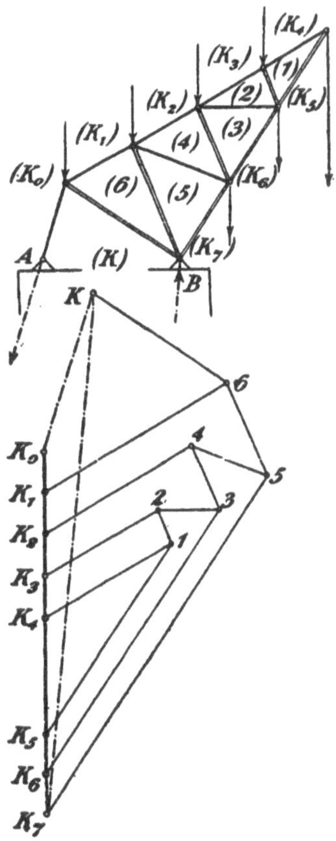

Fig. 57.

21. Brückenträger.

15. Aufgabe. Für den umstehenden Parallelträger (Fig. 58) ist bei der angegebenen Fahrlast von drei Achsen zu je 19 t und drei Achsen zu je 13 t das Spannungsproblem zu lösen.

Das Fachwerk ist ein Dreiecksnetz und ist im Maßstabe von 3 m = 1 cm gezeichnet, während 2 t = 1 mm angesetzt wurde. Die hiernach durch den Kräftezug $K_0K_1K_2K_3K_4K_5K_6$ dargestellten Lasten stehen zunächst auf einer übergelagerten Fahrbahn und greifen erst mittelbar durch Zwischenträger an den Knotenpunkten der oberen Gurtung an. Mit Hilfe eines Seilpolygons und der zu den Teilschlußlinien S_1S_2, S_2S_3, S_3S_4, $S_4\beta$ parallelen Seilstrahlen sind

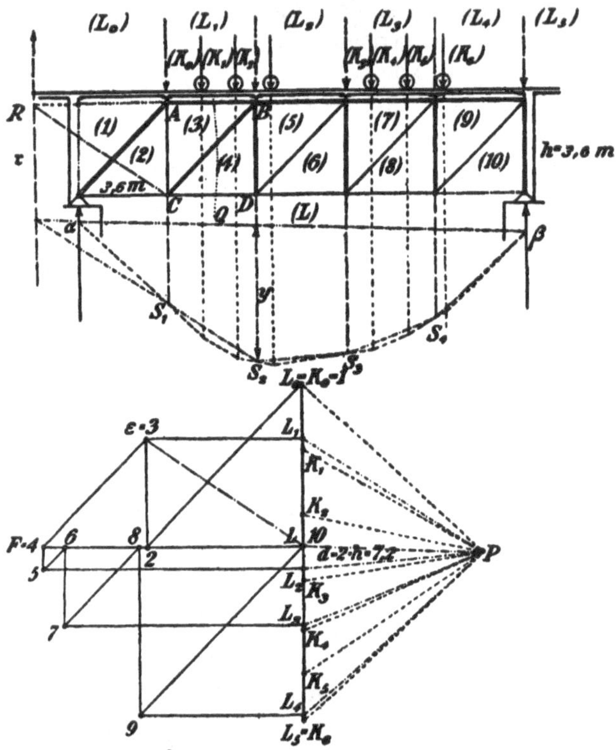

Maßstab: 3 m = 1 cm, 2 t = 1 mm.

Fig. 58.

zunächst nach Satz 23 auf S. 63 die an den oberen Knotenpunkten unmittelbar angreifenden Kräfte L_0L_1, L_1L_2, L_2L_3, L_3L_4, L_4L_5 sowie durch den zur ganzen Schlußlinie $\alpha\beta$ parallelen Polstrahl die Auflagerreaktionen LL_0 und L_5L bestimmt. Nunmehr ist es leicht, den Kräfteplan zu zeichnen. Bei der in der Figur angenommenen Belastung ist klar, daß die punktierten Stäbe spannungslos sind, so daß im Kräfteplane Punkt 1 mit L_0 und 10 mit L zusammenfällt. Die Punkte 2, 4, 6, 8, 10 liegen alle auf der Horizontalen durch L, weil die entsprechenden Felder alle an das Feld (L) mit horizontalen Stäben angrenzen. Auf den Wechsel von Druck und Zug in den vertikalen und diagonalen Stäben sei besonders hingewiesen.

Will man die Einflußlinien der Spannungen einzelner Stäbe bei beweglicher Belastung konstruieren, so ist es oft vorteilhafter, nicht den ganzen Kräfteplan zu zeichnen, sondern die Spannungen in diesen Stäben nach dem Verfahren von Culmann oder Ritter zu konstruieren. Denn man kann den Parallelträger durch Schnitte, die nur drei nicht durch denselben Punkt laufende Stäbe treffen, in zwei Teile zerlegen, z. B. durch einen die Stäbe AB, BC und CD treffenden Schnitt. Nach Culmann hat man dann die Resultante LL_1 aller links vom Schnitte angreifenden Kräfte nach diesen drei Stäben zu zerlegen, indem man ihre Angriffslinie r mit der Geraden AB in R schneidet. Schneiden sich dann die Parallelen durch L und L_1 zu CR und AB in E und die Parallelen durch L und E zu CD und BC in F, so sind EL_1, FE und LF die drei gesuchten Stabspannungen. Es ist klar, daß E und F mit den Punkten 3 und 4 des Kräfteplanes zusammenfallen müssen.

Um nach der Ritterschen Momentenmethode die Spannung im Stabe CD zu ermitteln, legt man den Momentenpunkt in den Schnittpunkt B der beiden andern, getroffenen Stäbe, hat in dem Linienzuge $S_2 S_1 \alpha \beta$ das Seilpolygon für die links vom Schnitte wirkenden Kräfte und erhält als deren Moment einmal das Rechteck aus d und y, wo d der Polabstand und y die auf der Vertikalen durch B zwischen der ersten und letzten Seite des Seilpolygons liegende Strecke ist, und zweitens das Rechteck aus h und x, wo mit h die Höhe des Parallelträgers und mit x die unbekannte Stabspannung bezeichnet ist. Im Hinblick auf diese Methode ist schon $d = 2h$ gewählt, so daß sich $x = 2y$ ergibt; daß die Strecke $\bar{L}4 = 2y$ sein muß, liefert also eine neue Kontrolle. Daß es sich um eine Zugspannung handelt, folgt aus dem Drehsinn des Moments; da es nämlich um B im Sinne des Uhrzeigers dreht, so muß die Spannung von D nach C gerichtet sein. Die Rittersche Methode bewährt beim Parallelträger besonders dann ihre große Nützlichkeit, wenn es im gegebenen Falle nur auf die Spannungen der oberen und unteren Gurtstäbe ankommt. Diese können unmittelbar von den unter den Knotenpunkten liegenden, vom Seilpolygon begrenzten vertikalen Strecken abgegriffen werden, wenn h und d in einem bequemen Verhältnisse stehen; man braucht dann also nur die Figur des Seilpolygons. Einer besonderen Auseinandersetzung bedarf noch die Konstruktion eines **Parabelträgers**; wir gelangen zu ihm durch die Aufgabe:

16. Aufgabe. Einen Fachwerkbalken AB mit den horizontalen Untergurtstäben AP_1, P_1P_2, P_2P_3, P_3P_4, P_4P_5,

P_5B (Fig. 59) und mit vertikalen Pfosten so zu konstruieren, daß die Knotenpunkte der oberen Gurtung auf einer Parabel mit vertikaler Achse liegen.

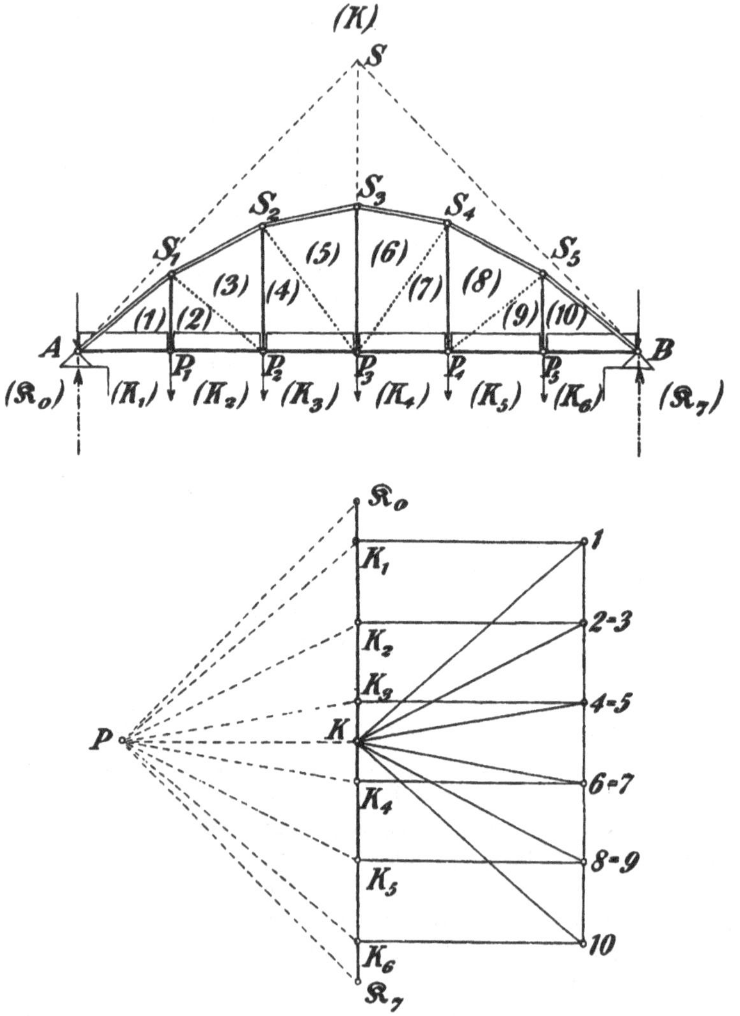

Fig. 59.

Hierzu denken wir uns über AB eine gleichmäßig verteilte kontinuierliche Last $\mathfrak{K}_0\mathfrak{K}_7$ und nehmen auf der Mittelsenkrechten von $\mathfrak{K}_0\mathfrak{K}_7$ nach links irgendeinen Pol P an; dann ist das hierzu gehörige in A anfangende Seilpolygon eine in B endigende Parabel mit vertikaler Achse, die die Pfosten in den Eckpunkten desjenigen Seilpolygons schneidet, welches zu der durch die kontinuierliche Last hervorgerufenen und von den Zwischenträgern A, P_1, P_2, P_3, P_4, P_5, B aufgenommenen mittelbaren Belastung gehört (vgl. Satz 21 auf S. 56 und Satz 23 auf S. 63). Diese Belastung erhalten wir aber auch, wenn wir $\mathfrak{K}_0\mathfrak{K}_7$ im Verhältnisse der unteren Gurtstäbe einteilen und die Teile je zur Hälfte in den Endpunkten der Gurtstäbe angreifen lassen. In dem vorliegenden Falle von sechs gleich langen Stäben erhalten die in A und B angreifenden Kräfte $\mathfrak{K}_0 K_1$ und $K_6\mathfrak{K}_7$ je ein Zwölftel und in den dazwischen liegenden Knotenpunkten je ein Sechstel der ganzen Last $\mathfrak{K}_0\mathfrak{K}_7$. Konstruieren wir für die so erhaltenen Kräfte mit Benützung desselben Poles das in A beginnende Seilpolygon, so sind dessen Eckpunkte offenbar die Schnittpunkte obiger Parabel mit den Pfosten; denn die Kräfte entsprechen jener mittelbaren Belastung. Betrachten wir nun die Seiten dieses Seilpolygons als die oberen Gurtstäbe des Parabelträgers und befestigen ihn durch Einfügung irgendwelcher Diagonalstäbe, so ist leicht zu sehen, daß diese unter dem Einflusse obiger kontinuierlicher Belastung **spannungslos** sind. Wir brauchen, um dies einzusehen, nur den Kräfteplan unter der Annahme zu konstruieren, daß in den Knotenpunkten A, P_1, P_2, P_3, P_4, P_5, B eben die Kräfte KK_1 ($\mathfrak{K}_0 K = K\mathfrak{K}_7$), K_1K_2, ..., K_5K_6, K_6K angreifen, und zu bedenken, daß $K3 \parallel PK_2$, $K5 \parallel PK_3$ usw. sein, also 3 mit 2, 5 mit 4 usw. zusammenfallen muß. Hieraus folgt zugleich, daß die Druckspannungen der oberen Gurtstäbe gleich den ihnen parallelen Seilstrahlen, die Zugspannungen der unteren Gurtstäbe gleich der Poldistanz und die der Pfosten gleich den in ihren Knotenpunkten angreifenden Kräften sind.

Da die Diagonalstäbe unter dem Einflusse kontinuierlicher Belastung spannungslos sind, so war es gleichgültig, durch welche der beiden Diagonalen wir jedes der Vierecke $P_\alpha\, P_{\alpha+1}\, S_{\alpha+1}\, S_\alpha$ befestigten. Liegt aber eine ganz beliebige Belastung vor, so läßt sich doch zeigen, daß die eine Diagonale **gezogen** ist, wenn die andere **gedrückt** wird, und umgekehrt. Machen wir nämlich etwa durch das Viereck $P_2P_3S_3S_2$ einen Schnitt und bestimmen die Spannung in dem Diagonalstabe nach der Ritterschen Methode, indem wir den Punkt $M = (P_2P_3,\ S_2S_3)$ zum Momentenpunkte machen, und dreht das Moment der links vom Schnitte angreifenden Kräfte etwa im Sinne des Uhrzeigers, so wäre ihre Komponente nach der Diagonale S_2P_3 von S_2 nach P_3 und nach der Diagonale P_2S_3 von S_3 nach P_2 gerichtet, die Diagonale wäre also im ersten Falle gedrückt und im zweiten Falle gezogen; das Umgekehrte folgt bei umgekehrtem Drehungssinne des Moments. Fällt

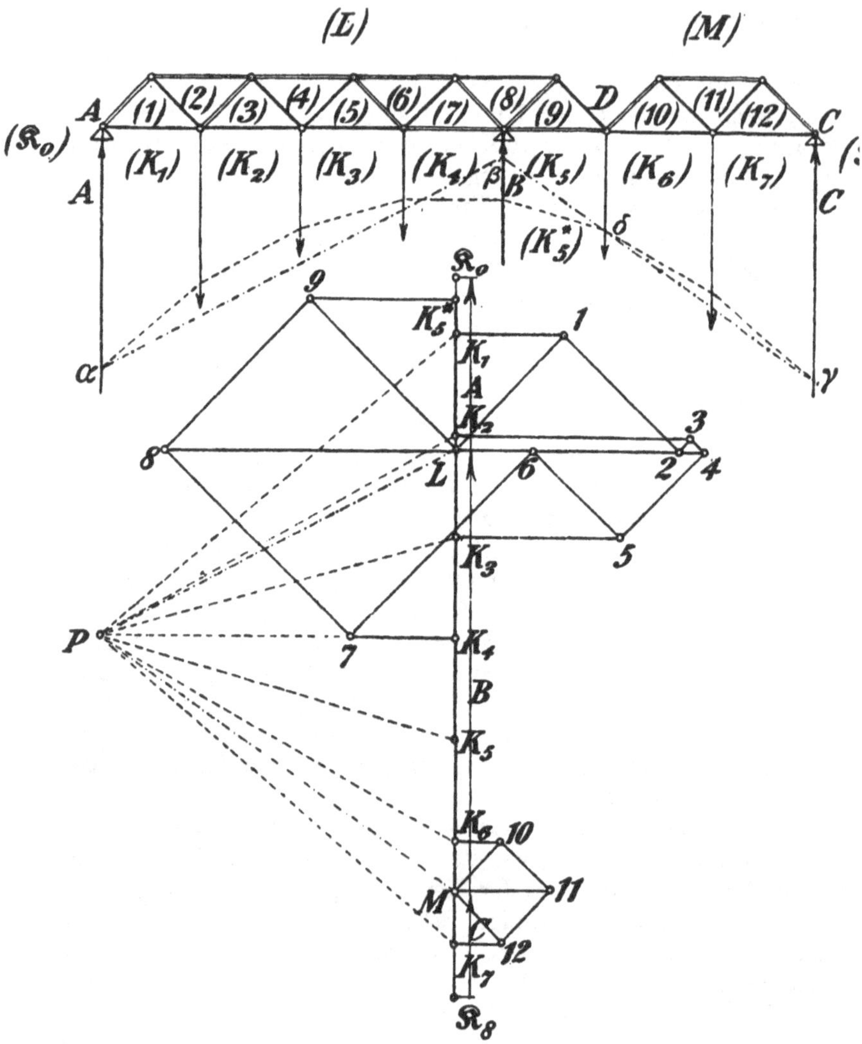

Fig. 60.

M ins Unendliche, so erhalten wir dasselbe Ergebnis durch die Überlegung, daß, je nachdem die Resultante der links vom Schnitte angreifenden Kräfte von oben nach unten wirkt oder umgekehrt, dasselbe von ihrer Komponente nach der Diagonale gelten muß. Sind also die Diagonalen flache Bänder, die bei Druckspannung außer Wirksamkeit treten, so kann das Fachwerk auch durch sämtliche Diagonalen befestigt werden, insofern jedesmal nur die gezogene für das statische Problem in Betracht kommt. Wir haben hier ein Beispiel eines Fachwerks mit überzähligen Stäben (vgl. Satz 37 auf S. 113), das aber doch als statisch bestimmt angesehen werden kann. Für solche Fachwerke ist es natürlich nicht charakteristisch, daß die oberen Gurtpunkte auf einer Parabel liegen, wir haben sie nur bei dieser Gelegenheit erwähnen wollen.

Als letztes Beispiel wählen wir einen **Gerberschen Fachwerkbalken** mit drei Auflagergelenken A, B, C und einem freien Gelenk D. Falls die durch das Kräftepolygon $\mathfrak{K}_0 K_1 K_2 \ldots K_7 \mathfrak{K}_8$ dargestellten Kräfte (Fig. 60) in den Knotenpunkten der unteren Gurtung angreifen, so werden wir zuerst (s. Fig. 32 auf S. 45) die Schnittpunkte γ und δ der Vertikalen durch C und D mit dem Seilzuge konstruieren, so daß der zu $\gamma\delta$ parallele Seilstrahl von der Resultante der auf den Balkenteil DC wirkenden Kräfte den Gelenkdruck $K_5 M$ bestimmt, den er auf den Balkenteil AD ausübt, während $\mathfrak{K}_8 M$ die Auflagerreaktion in C ist. Schneiden ferner die Vertikalen durch A und B das Seilpolygon der auf AD wirkenden äußeren Kräfte in α und β, so teilt der zu $\alpha\beta$ parallele Seilstrahl die zu deren Resultante entgegengesetzt gleiche Kraft in die Auflagerreaktionen $L\mathfrak{K}_0$ und ML in A und B. Soll nun der Kräfteplan für den linken Fachwerkteil konstruiert werden, so haben wir die auf diesen wirkenden Kräfte zuerst entsprechend der Reihenfolge ihrer Angriffspunkte am Rande zu ordnen und erhalten so der Reihe nach die Kräfte LK_1, K_1K_2, K_2K_3, K_3K_4, $K_4K_5^* = ML$ und $K_5^* L = K_5 M$. Nunmehr kann der Kräfteplan leicht konstruiert werden und ebenso auch für den rechten Fachwerkteil, auf den die Kräfte MK_6, K_6K_7 und K_7M wirken.

§ 5.

Fachwerke (Allgemeine Theorie).

22. Stabilität eines Fachwerks.

Im vorigen Paragraphen haben wir die Theorie der Fachwerke im wesentlichen nur an Beispielen behandelt, jetzt aber wollen wir die Grundlagen für eine allgemeine Theorie geben. Nach der 8. Definition auf S. 76 besteht ein Fachwerk aus s Stäben, die um k Knotenpunkte $P_1, P_2, \ldots, P_k$ drehbar so miteinander verbunden sind, daß eine starre Scheibe entsteht. Im folgenden wollen wir jedes System von Stäben, die durch Gelenke miteineinander verbunden sind, ein **Fachwerk** nennen; wir bezeichnen das Fachwerk als ein **stabiles**, wenn das System von Stäben eine starre Scheibe bildet.

Will man ein gegebenes Fachwerk beschreiben, so muß zunächst bekannt sein, welche Knotenpunkte miteinander durch Stäbe verbunden sind; die hierzu dienenden Angaben wollen wir die Gliederung des Fachwerks nennen:

12. Definition. Unter der **Gliederung eines Fachwerks** verstehen wir die Anzahl und die Angabe derjenigen einander zugeordneten Knotenpunkte, welche durch Stäbe miteinander verbunden sind.

Falls nämlich s nicht die Maximalzahl $\frac{k(k-1)}{2}$ aller Verbindungslinien je zweier der k Knotenpunkte erreicht, kann diese Gliederung noch eine sehr mannigfaltige sein. Selbst wenn zwei Fachwerke dieselbe Anzahl von Knotenpunkten und Stäben besitzen, kann ihre Gliederung noch verschieden sein, wie aus dem Beispiele zweier Fachwerke mit sechs Knotenpunkten und neun Stäben hervorgeht; dies kann entweder aus den sechs Seiten zweier Dreiecke und drei deren Ecken verbindenden Stäben bestehen oder aus den sechs Seiten eines Sechsecks und deren drei Diagonalen (Fig. 61).

Um aber auch die Form eines stabilen Fachwerks beschreiben zu können, wird sich die Kenntnis der Richtungen der

Stäbe als ausreichend erweisen. Die erste Frage geht nun dahin, wann ein Fachwerk, von dem die Gliederung und die Richtungen der Stäbe gegeben sind, stabil ist oder nicht. Wir beantworten diese Frage am schnellsten durch einige einfache Sätze der Bewegungslehre, die wir zuerst vorausschicken.

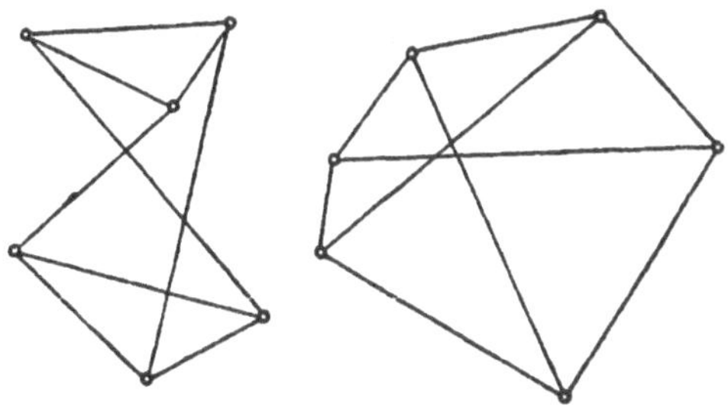

Fig. 61.

Ist irgendein ebenes System von Punkten innerhalb seiner Ebene in Bewegung begriffen, so gehört jedem Punkte in jedem Augenblicke eine Geschwindigkeit zu, die durch eine von dem Punkte ausgehende gerichtete Strecke dargestellt ist und den Weg angibt, den der Punkt innerhalb der nächsten Zeiteinheit zurücklegen würde, wenn er sich von dem betrachteten Augenblicke an gleichförmig bewegen würde. Drehen wir diese Strecke um den Systempunkt P im Sinne des Uhrzeigers um 90°, so wollen wir die Endlage P' des Endpunktes der Strecke den Geschwindigkeitspol von P nennen. Der momentane Bewegungszustand des Systems kann dann offenbar auch durch die Angabe der Geschwindigkeitspole aller Systempunkte beschrieben werden.

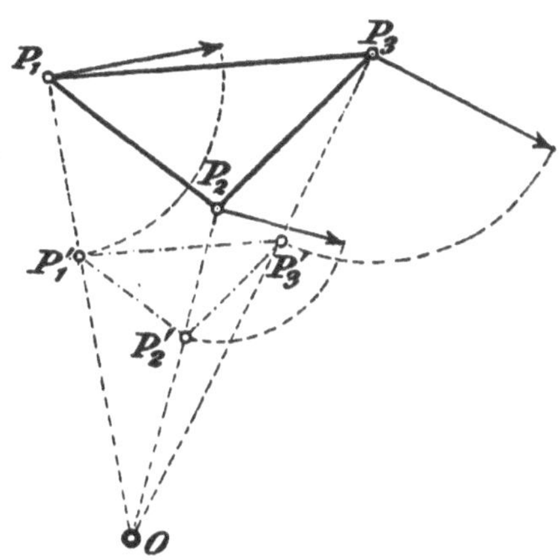

Fig. 62.

Die Bewegung einer starren ebenen Scheibe in ihrer Ebene kann nun bekanntlich in jedem Augenblicke entweder als eine Drehung um ein Zentrum O oder eine Parallelverschiebung betrachtet werden. Die momentanen Geschwindigkeiten aller Punkte der Scheibe stehen also entweder alle senkrecht zu den Strahlen nach dem momentanen Drehzentrum und sind diesen proportional, oder sie sind alle gleich und gleich gerichtet. Die Geschwindigkeitspole P_i' aller Punkte P_i der Scheibe fallen also alle auf die Strahlen $P_i O$ und zwar je nach der momentanen Drehungsrichtung der Scheibe in die Richtung von P_i nach O oder umgekehrt, so daß $P_i' P_l' \parallel P_i P_l$ wird (Fig. 62);

da dasselbe für die momentane Parallelverschiebung gilt, so erhalten wir den Hilfssatz:

1. Hilfssatz. Die Figur der Geschwindigkeitspole einer irgendwie bewegten starren Scheibe ist in jedem Augenblicke der Figur der Scheibe selbst ähnlich und mit ihr in bezug auf das momentane Drehzentrum ähnlich gelegen.

Der momentane Geschwindigkeitszustand einer starren Scheibe ist danach eindeutig bestimmt, wenn man die Geschwindigkeitspole P_1', P_2' von zweien ihrer Punkte P_1 und P_2 so gibt, daß $P_1'P_2' \parallel P_1P_2$ ist. Denn damit ist das momentane Drehzentrum $O = (P_1P_1', P_2P_2')$, d. h. das Ähnlichkeitszentrum, also auch die ganze Figur der Geschwindigkeitspole eindeutig bestimmt. Besteht das System aus mehreren starren Scheiben, die durch Gelenke verbunden sind, so wird die Figur der Geschwindigkeitspole für irgendeine momentane Bewegung aus Teilen bestehen, die einzeln zu den Scheiben des Systems ähnlich und ähnlich gelegen sind und in den Geschwindigkeitspolen der Gelenkpunkte zusammenhängen. Die Ähnlichkeits- oder Drehzentren der einzelnen Scheiben werden aber im allgemeinen voneinander verschieden sein, das System müßte denn als ganzes starr sein. In letzterem Falle müssen alle diese Ähnlichkeitszentren zusammenfallen, d. h. das durch die Geschwindigkeitspole irgend zweier Punkte des Systems gefundene Ähnlichkeitszentrum muß auch alle übrigen Geschwindigkeitspole ergeben. Ist aber die Figur der Geschwindigkeitspole des Systems nicht aus zweien derselben bestimmt, so erlaubt das System auch eine Bewegung mit verschiedenen Drehzentren für die einzelnen Scheiben, aus denen es besteht, das System kann also nicht starr sein. Wir erhalten also den Satz:

2. Hilfssatz. Ein aus mehreren ebenen Scheiben, welche durch Gelenke miteinander verbunden sind, bestehendes System, ist starr oder nicht, je nachdem die jeder momentanen Bewegung desselben entsprechende Figur der Geschwindigkeitspole durch die dementsprechende Annahme der Geschwindigkeitspole von zwei Punkten des Systems eindeutig bestimmt ist oder nicht.

Ein Fachwerk ist nun ein solches System, denn es besteht aus starren Scheiben, den Stäben, die durch Gelenke miteinander verbunden sind. Wir können daher aus unseren Hilfssätzen für Fachwerke folgendes schließen:

Satz 32. *Die Figur der Geschwindigkeitspole eines irgendwie bewegten Fachwerks ist in jedem Augenblicke ein Fachwerk von derselben Gliederung und mit entsprechenden Stäben gleicher Richtung; und es ist umgekehrt jedes solche Fachwerk die Figur der Geschwindigkeitspole einer Bewegung des ersten Fachwerks.*

Das letzte folgt daraus, daß je zwei durch einen Stab verbundene Knotenpunkte des zweiten Fachwerks als Geschwindigkeitspole ihrer entsprechenden Knotenpunkte im ersten Fachwerke diesen Geschwindigkeiten zuweisen, welche mit ihrer Zugehörigkeit zu einer starren Scheibe — dem Verbindungsstabe — verträglich sind, weil die beiden Stäbe parallel, also auch ähnlich und ähnlich gelegen sind. Hiernach nimmt der zweite Hilfssatz die folgende Form an:

Satz 33. *Ein Fachwerk ist stabil oder nicht, je nachdem es durch seine Gliederung, die Richtungen seiner Stäbe und die diesen Bedingungen entsprechende Annahme der Endpunkte eines Stabes eindeutig bestimmt ist oder nicht.*

Denn je nachdem die Voraussetzung des Satzes erfüllt ist oder nicht, wird die Figur der Geschwindigkeitspole des Fachwerks durch die Annahme der Geschwindigkeitspole von zwei Endpunkten eines Stabes bestimmt sein oder nicht.

Hier ist aber hervorzuheben, daß die Instabilität eines Fachwerks in zwei wesentlich verschiedenen Arten auftreten kann: es kann bei Festhaltung eines Stabes noch eine endliche Beweglichkeit besitzen oder nur eine infinitesimale. Den ersten Fall liefert z. B. ein Viereck, das nur die vier Seiten als Stäbe besitzt. Hier ist klar, daß ein solches Fachwerk durch seine Gliederung, einen Stab und die Richtungen der übrigen nicht eindeutig bestimmt ist, da die dem gegebenen Stabe gegenüberliegende Seite des Vierecks noch parallel mit sich selbst verschoben werden kann. Daß ein solches Gelenkviereck eine endliche Beweglichkeit besitzt, ist ja evident. Die Instabilität ist hier in der Gliederung des Fachwerks begründet. Das Einziehen irgendeines Diagonalstabes ruft aber sofort Stabilität hervor.

Für den zweiten Fall liefert das schon erwähnte Fachwerk, das aus zwei Dreiecken ABC, $A_1B_1C_1$ und den Verbindungslinien gleichbenannter Ecken besteht, ein Beispiel. Sind hier die beiden Knotenpunkte A und B sowie die Richtungen aller übrigen Stäbe gegeben, so kennt man damit auch C und als Ort für die Punkte A_1, B_1, C_1 je eine Gerade a, b, c durch A, B, C (Fig. 63). Nehmen wir A_1 als A_1' zunächst auf a beliebig an, so kennt man damit auch B_1' auf b und C_1' als Schnittpunkt der Stäbe durch A_1' und B_1' in den gegebenen Richtungen. Bewegt sich dann A_1' auf a und mit ihm B_1' auf b, so wird sich auch C_1', da alle diese Dreiecke $A_1'B_1'C_1'$ ähnlich und ähnlich gelegen sind, auf einer Geraden c' durch den Punkt $D = (a, b)$ bewegen. Dann bestimmt offenbar der Schnittpunkt von c und c' die richtige Lage von C_1 und damit auch die von A_1 und B_1 in eindeutiger Weise, so daß unser Fachwerk im allgemeinen stabil ist, es müßte denn c' mit c zusammenfallen, also auch c durch D laufen. Besteht umgekehrt unser Fachwerk aus den beiden perspektiven Dreiecken ABC und $A_1B_1C_1$ und den Verbindungsstäben gleichnamiger Ecken, so kann es nicht stabil sein,

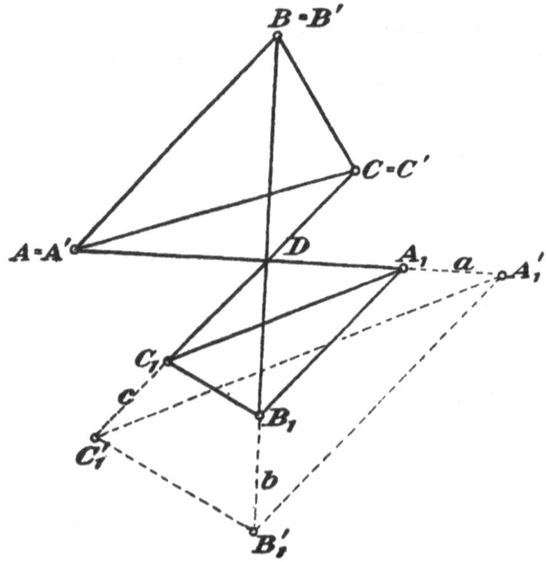

Fig. 63.

weil das zweite Dreieck durch irgend ein ihm in bezug auf D ähnliches und ähnlich gelegenes ersetzt werden kann, ohne daß AB, die Gliederung und die Richtungen aller Stäbe geändert werden. Das Fachwerk besitzt allerdings dann nur eine Beweglichkeit im Unendlichkleinen, insofern bei einer unendlich kleinen Drehung des Dreicks $A_1B_1C_1$ um D die Verbindungsstäbe AA_1, BB_1, CC_1 sich nur um unendlich kleine Größen 2. Ordnung ändern; denn geht bei dieser Drehung z. B. A_1 in $\mathfrak{A}_1$ über, so ist, falls etwa D zwischen A und A_1 liegt, $A\mathfrak{A}_1 = AD \cos (DA\mathfrak{A}_1) + D\mathfrak{A}_1 \cos (D\mathfrak{A}_1A)$, also, da diese Winkel unendlich klein sind, bis auf unendlich kleine Größen 2. Ordnung $A\mathfrak{A}_1 = AD + D\mathfrak{A}_1 = AA_1$. Die Beweglichkeit kann aber auch eine endliche sein, wenn die Verbindungsstäbe gleich und parallel sind. Jedenfalls sehen wir, daß die Instabilität des Fachwerks hier nicht in der Gliederung, sondern in der Wahl der Stabrichtungen begründet ist. Dieselben Betrachtungen gelten natürlich auch für ein Fachwerk, das aus irgend zwei stabilen Fachwerken und drei Verbindungsstäben entsteht, wie schon aus S. 86 des vorigen Paragraphen hervorgeht.

Ein anderes hierher gehöriges Beispiel bietet das Fachwerk, das aus den sechs Seiten eines Sechsecks und den drei Diagonalen besteht; wir werden später sehen, daß es instabil ist oder stabil, je nachdem seine sechs Knotenpunkte auf einem Kegelschnitte liegen oder nicht.

23. Einfache Fachwerke; ihre Zurückführung auf solche geringerer Gliederung.

Ist die Stabilität eines Fachwerks nachgewiesen, so wird es unter Umständen genügen, einen Stab zu entfernen, um die Stabilität aufzuheben. Gerade solche Fachwerke sind, wie sich zeigen wird, allein der rein statischen Behandlung zugänglich. Wir führen daher die folgende Bezeichnung ein:

13. Definition. Ein stabiles Fachwerk heißt **einfach**, wenn seine Stabilität durch Fortnahme jedes einzelnen Stabes aufgehoben werden kann.

Da erhebt sich die Frage nach der Beweglichkeit eines solchen Fachwerks, wenn ein Stab fortgelassen und ein anderer festgehalten wird. Ist PQ (Fig. 64) der fortgelassene Stab und zunächst QR der festgehaltene, so seien P', S', T', U', V', ... die Geschwindigkeitspole für eine momentane Bewegung des Fachwerks oder die Knotenpunkte eines zweiten Fachwerks, das mit dem gegebenen die Knotenpunkte Q, R, die Gliederung und die Richtungen aller Stäbe bis auf diejenige von $P'Q$ gemein hat. Soll hier eine wirkliche Bewegung vorliegen, das Fachwerk also einfach sein, so darf die Richtung von $P'Q$ nicht auch mit derjenigen von PQ übereinstimmen, weil das Fachwerk sonst nicht stabil wäre. Sind nunmehr P'', S'', T'', U'', V'', ... so auf den Geraden PP', SS', TT', ... angenommen, daß $PP'P'' \sim SS'S'' \sim TT'T'' \sim \ldots$, d. h. $PP':PP'' = SS':SS'' =$ usw. auch dem Vorzeichen nach, so bestimmen auch die Knotenpunkte P'', Q, R, S'', T'', ... ein Fachwerk der oben beschriebenen Art. Denn sobald etwa $U'V' \parallel UV$, so ist hiernach auch $U''V'' \parallel UV$. Sollte hierbei einmal z. B. T' mit T zusammenfallen, so tut es auch T''; so fiel im letzten Beispiele, wenn der Stab AB festgehalten und CC_1 fortgelassen würde, auch C' mit C zusammen.

Wir wollen nun zeigen, daß es außer den beschriebenen Fachwerken keine anderen geben kann, die dieselbe Gliederung haben wie das gegebene, dieselben Stabrichtungen bis auf diejenige von PQ und die Knotenpunkte Q und R enthalten. Nehmen wir nämlich an, es gebe außerhalb der obigen Schar noch ein solches Fachwerk P_1, Q, R, S_1, T_1, ..., so ist auch das Fachwerk P_2, Q, R, S_2, T_2, ... ein ebensolches, wenn die Punkte P_2, S_2, T_2, ... so auf den

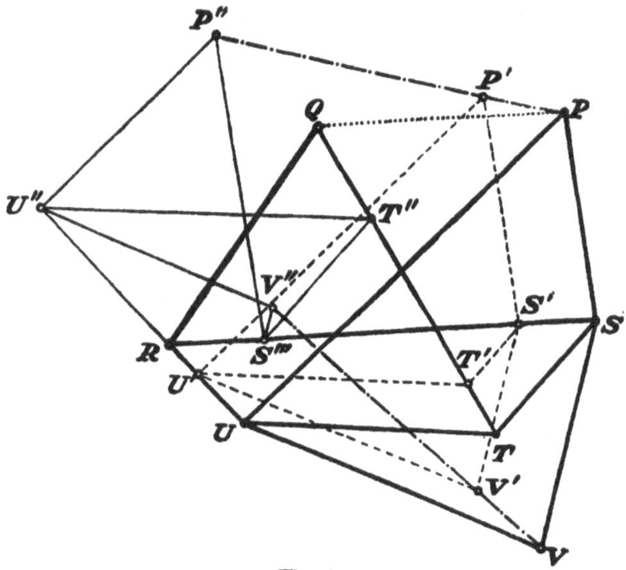

Fig. 64.

Geraden $P''P_1$, $S''S_1$, $T''T_1$ angenommen werden, daß $P''P_1P_2 \sim S''S_1S_2 \sim T''T_1T_2 \sim \ldots$; dann ist UV ein Stab des gegebenen Fachwerks, also $U''V'' \parallel UV \parallel U_1V_1$, so ist hiernach auch $U_2V_2 \parallel UV$. Da hierbei der Punkt P_2 auf $P''P_1$ ganz beliebig angenommen werden kann, ebenso wie P'' auf PP', so würde P_2 auch beliebiger Punkt von PQ sein können, es müßte denn P_1 auf PP' liegen, in welchem Falle wir P_2 nach P verlegen könnten. Dann dürften aber nicht gleichzeitig S_2, T_2, U_2, ... nach S, T, U, ... fallen, weil sonst das Fachwerk P_1, Q, R, S_1, T_1, U_1, ... unserer obigen Schar angehören würde; denn dann lägen die Punkte S_1, T_1, U_1, ... auf den Geraden SS'', TT'', UU'', ... und es wäre auch $P''P_1P \sim S''S_1S \sim T''T_1T \sim \ldots$ Soll dies Fachwerk also wirklich obiger Schar nicht angehören, so könnten wir jedenfalls ein von dem gegebenen Fachwerke verschiedenes Fachwerk finden, das mit ihm die Gliederung, die Richtungen aller Stäbe und den Stab QR gemein hätte, das gegebene Fachwerk wäre also nicht stabil. Demnach kann es außerhalb unserer Schar kein Fachwerk geben, das mit dem gegebenen die Gliederung, alle Stabrichtungen bis auf diejenige von PQ und den Stab QR gemein hat.

Unterwerfen wir das Fachwerk $P'', Q, R, S'', T'', U'', V'', \ldots$ einer Ähnlichkeitstransformation in bezug auf das Zentrum $O = (U''U, V''V)$, so kann es in ein Fachwerk $P_1, Q_1, R_1, S_1, T_1, U, V, \ldots$ übergeführt werden, das mit dem gegebenen die Gliederung, alle Stabrichtungen bis auf diejenige von PQ und den Stab UV gemein hat. Kennt man umgekehrt ein solches Fachwerk, so muß es durch eine Ähnlichkeitstransformation in bezug auf das Zentrum $O_1 = (Q_1 Q, R_1 R)$ in ein Fachwerk unserer Schar übergeführt werden können. Man braucht ja nur Q als das Bild von Q_1 zu betrachten, wodurch die Transformation bestimmt ist. Das Bild des Fachwerks $P_1, Q_1, R_1, S_1, T_1, U, V, \ldots$ ist dann nämlich ein solches, daß es mit dem gegebenen die Gliederung, alle Stabrichtungen bis auf diejenige von PQ und den Stab QR gemein hat, ist also ein Fachwerk der Schar. Es ist daher auch das Bild von UV ein Stab $U''V''$, so daß auch O_1 mit O zusammenfallen muß. Demnach erhalten wir durch die Ähnlichkeitstransformationen mit dem Zentrum O und mit U als dem Bilde von U'' alle Fachwerke, die mit dem gegebenen die Gliederung, alle Stabrichtungen bis auf diejenige von PQ und den Stab UV gemein haben.

Alle diese Fachwerke sind offenbar die Figuren der Geschwindigkeitspole für die Bewegungen des Fachwerks, die bei Fortlassung von PQ und Festhaltung von UV noch möglich sind. Alle diese momentanen Bewegungen unterscheiden sich aber nur durch das Maß ihrer Geschwindigkeit, da bei allen jeder Stab dasselbe momentane Drehzentrum besitzt; deshalb besitzt das Fachwerk nur einen Grad der Beweglichkeit. Wir erhalten daher den Satz:

Satz 34. *Ein einfaches stabiles Fachwerk erhält durch Entfernung eines Stabes nur einen Grad der Beweglichkeit, oder es gibt nur eine einfach unendliche Schar von Fachwerken, die mit einem gegebenen einfachen Fachwerke die Gliederung, die Richtungen aller Stäbe außer derjenigen eines Stabes und einen Stab selbst gemein haben; die Knotenpunkte dieser Fachwerke beschreiben, soweit sie nicht mit den entsprechenden des ursprünglichen zusammenfallen, gerade ähnliche Punktreihen.*

Um zu Gesetzen zu gelangen, nach denen sich einfache stabile Fachwerke konstruieren lassen, wollen wir umgekehrt von einem einfachen stabilen Fachwerke mit k Knotenpunkten und s Stäben ausgehen und es durch Entfernung von Stäben auf ebenfalls einfache Fachwerke von geringerer Anzahl der Knotenpunkte und

Stäbe zurückführen. Zunächst leuchtet der folgende Satz unmittelbar ein:

Satz 35. *Besitzt ein einfaches stabiles Fachwerk einen Knotenpunkt, durch den nur zwei Stäbe gehen, so erhält man nach Weglassung dieser beiden Stäbe wieder ein einfaches stabiles Fachwerk.*

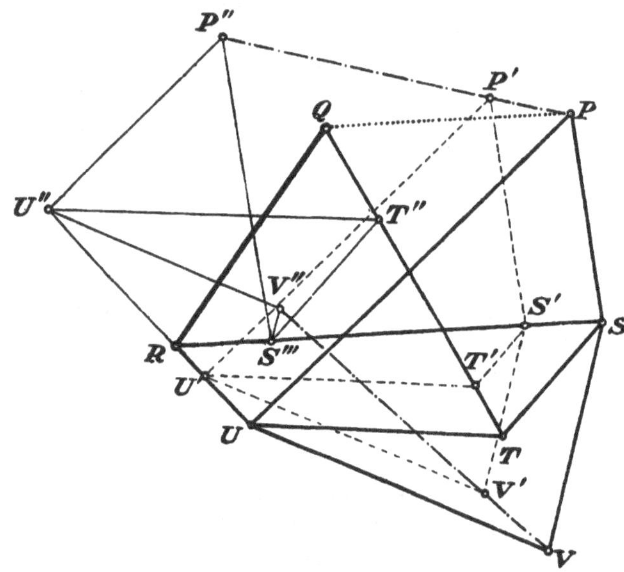

Fig. 65.

Wäre nämlich das nach Abbrechen der beiden Stäbe übrig bleibende Fachwerk nicht stabil und zugleich einfach, so würde dasselbe auch von dem ersten Fachwerke gelten.

Besitzt aber das einfache stabile Fachwerk nur Knotenpunkte mit mehr als zwei Stäben, so wird der folgende Satz zum Ziele führen:

Satz 36. *Laufen durch einen Knotenpunkt P eines einfachen stabilen Fachwerks mehr als zwei Stäbe, so kann man nach Fortlassung eines durch P laufenden Stabes stets einen solchen nicht durch P laufenden Stab einfügen, daß das Fachwerk stabil und einfach bleibt, vorausgesetzt daß die übrigen durch P laufenden Stäbe nicht gleiche Richtung haben oder alle übrigen Knotenpunkte in einer Geraden liegen.*

Entfernen wir nämlich in dem einfachen stabilen Fachwerke $P, Q, R, S, T, U, \ldots$ (Fig. 65 = 64) den Stab PQ und halten den Stab QR fest, so gibt es nach Satz 34 eine einfach unendliche Schar von Fachwerken, die mit dem gegebenen die Gliederung und alle übrigen Stabrichtungen gemein haben. Gibt es in einem solchen Fachwerke P', Q, R, S', T', U', ... zwei solche Knotenpunkte S', U', daß $S'U'$ nicht $\parallel SU$ ist, so wird das durch Entfernung des Stabes PQ entstehende Fachwerk durch Einfügung des Stabes SU wieder stabil. Nach Satz 33 konnte nämlich dies Fachwerk nur dann instabil sein, wenn es ein diesem gleich gegliedertes und von ihm verschiedenes Fachwerk gäbe, das mit ihm QR und alle Stabrichtungen gemein hätte. Ein solches Fachwerk müßte nach Satz 34 in obiger Schar enthalten sein. Da aber nach Voraussetzung $S'U'$ nicht $\parallel SU$ ist, also auch in keinem andern Fachwerke der Schar $S''U'' \parallel SU$ sein kann, so gibt es kein von dem gefundenen verschiedenes Fachwerk der beschriebenen Art, dieses muß also stabil sein. Das durch Entfernung des Stabes PQ und Einfügung des Stabes SU entstehende Fachwerk muß aber auch einfach sein. Würde es nämlich bei Fortlassung etwa des Stabes UV stabil bleiben, so kann es nach weiterer Fortlassung von SU — und da wird es sicher instabil — und Festhaltung von QR wegen des Satzes 34 nur denjenigen Grad der Beweglichkeit haben, wie er durch die Figur der Geschwindigkeitspole P', S', T', U', V', ... charakterisiert ist, es würde also wieder stabil werden, falls PQ eingefügt würde. Daraus aber würde folgen, daß das ursprüngliche Fachwerk auch bei Fortlassung von UV noch stabil bliebe gegen die Voraussetzung, daß es einfach sein sollte. Nehmen wir also an, daß $S'U'$ nicht $\parallel SU$ ist, so ist das durch Fortlassung von PQ und Einfügung von SU entstehende Fachwerk stabil und einfach.

Was nun diese Annahme betrifft, so ist leicht zu sehen, daß im allgemeinen nicht alle Verbindungslinien je zweier der Punkte Q, R, S', T', U', V', ... den Verbindungslinien der entsprechenden Punkte Q, R, S, T, U, V, ... parallel sein können, weil sonst die erste Figur mit der zweiten ähnlich sein, also mit ihr zusammenfallen müßte, es müßten denn alle diese Punkte in einer Geraden liegen. Gehen daher durch P außer PQ noch mindestens zwei Stäbe, welche nicht dieselbe Richtung haben, so müßte auch P' mit P zusammenfallen gegen die Voraussetzung, daß nach Fortlassung von PQ Instabilität des ursprünglichen Fachwerks eintritt. Es muß also zwei solche Punkte S', U' geben, daß $S'U'$ nicht $\parallel SU$ ist, und unser Satz ist vollständig bewiesen.

Diese beiden Sätze erlauben nun stets ein einfaches stabiles Fachwerk mit k Knotenpunkten und s Stäben auf ein einfaches stabiles Fachwerk mit $k-1$ Knotenpunkten und $s-2$ Stäben zurückzuführen. Besitzt nämlich das Fachwerk einen Knotenpunkt mit nur zwei Stäben, so ist die Zurückführung einfach durch Entfernung der beiden Stäbe erreicht. Besitzt aber das Fachwerk nur Knotenpunkte mit mehr als zwei Stäben, so wird man einen Knotenpunkt P mit möglichst wenig Stäben suchen. Einen seiner Stäbe kann man dann nach dem letzten Satze entfernen und dafür einen anderen nicht durch P laufenden Stab so einführen, daß weder an der Stabilität noch an der Einfachheit noch an der Anzahl der Knotenpunkte und Stäbe sich etwas ändert. Die beiden Bedingungen, die die Ausführbarkeit dieser Operation einschränken, sind hier sicher erfüllt. Denn die von P ausgehenden Stäbe des gegebenen Fachwerks können nicht alle gleiche Richtung haben, weil sonst P ohne Änderung der Richtungen dieser Stäbe beliebig verschoben werden könnte, also sicher nicht stabil wäre; man kann daher in P immer einen solchen Stab weglassen, daß noch mindestens zwei Stäbe verschiedener Richtung durch P gehen. Lägen weiter alle von P verschiedenen Knotenpunkte in einer Geraden, so enthielte das Fachwerk noch einen Knotenpunkt mit nur zwei Stäben. Weil nämlich kein Knotenpunkt nur Stäbe derselben Richtung enthalten darf, so muß jeder dieser in gerader Linie liegenden Knotenpunkte Q, R, S, T, ... einen Stab durch P enthalten. Ist dann etwa QR ein Stab, so werden wir von dem Dreiecke PQR ausgehend das Fachwerk erhalten, indem wir der Reihe nach Knotenpunkte S, T, U, ... mit je zwei durch P und einen anderen der schon vorhandenen Knotenpunkte laufenden Stäben angliedern. Da die hierbei der Reihe nach entstehenden Fachwerke immer stabil und einfach sind, so kann das durch Angliederung des letzten Knotenpunktes entstehende Fachwerk von dem gegebenen nicht verschieden sein, dieser letzte Knotenpunkt enthält also sicher nur zwei Stäbe.

Demnach können wir, falls das gegebene Fachwerk nur Knotenpunkte mit mehr als zwei Stäben enthält, die oben beschriebene Operation wirklich ausführen. Mit dem nun entstandenen Fachwerke können wir, falls durch P immer noch mehr als zwei Stäbe laufen, ebenso verfahren, bis ein stabiles und einfaches Fachwerk entsteht, das in P nur noch zwei Stäbe hat. Dann kann man diesen Knotenpunkt abbrechen und erhält ein einfaches und stabiles Fachwerk mit $k-1$ Knotenpunkten und $s-2$ Stäben. Durch fortgesetzte Anwendung dieser beiden Operationen, die man sich leicht an dem Beispiele zweier durch drei Stäbe verbundener Dreiecke veranschaulichen kann, gelangt man schließlich zu einem Dreiecke, also einem einfachen stabilen Fachwerke mit drei Knotenpunkten und drei Stäben; es ist folglich:

$$s-2(k-3)=3 \quad \text{oder} \quad s=2k-3.$$

Wir haben also den Satz:

Satz 37. *In einem stabilen Fachwerke ist die Anzahl der Stäbe gleich der doppelten Anzahl der Knotenpunkte vermindert um drei.*

Es bedarf hier kaum des Hinweises, daß diese Bedingung zwar notwendig, aber nicht hinreichend für die Stabilität des Fachwerks ist, die vielmehr immer in Satz 39 auf S. 115 zu suchen ist. Wohl aber ist die Bedingung $s = 2k - 3$ für die Einfachheit des stabilen Fachwerks hinreichend, weil eben das Fachwerk nicht stabil sein kann, wenn $2 < 2k - 3$ ist.

Aus unserem Satze ergibt sich sofort der folgende:

Satz 38. *Ein einfaches stabiles Fachwerk besitzt mindestens einen Knotenpunkt, in dem höchstens drei Stäbe zusammenlaufen.*

Denn liefen in allen k Knotenpunkten mindestens vier Stäbe zusammen, so wäre die Anzahl der Stäbe mindestens $\frac{4k}{2} = 2k$, was unmöglich ist.

24. Bildungsgesetze einfacher stabiler Fachwerke.

Die Sätze 36 und 37 erlauben uns alle möglichen einfachen stabilen Fachwerke $\mathfrak{F}_k$ mit k Knotenpunkten zu konstruieren, wenn wir alle einfachen stabilen Fachwerke $\mathfrak{F}_{k-1}$ mit $k-1$ Knotenpunkten kennen. Da wir nämlich hiernach aus $\mathfrak{F}_k$ dadurch stets ein einfaches stabiles Fachwerk $\mathfrak{F}_{k-1}$ ableiten können, daß wir entweder einen zweistäbigen Knotenpunkt abbrechen oder einen dreistäbigen und zugleich einen neuen einfügen, so werden wir umgekehrt aus allen $\mathfrak{F}_{k-1}$ alle $\mathfrak{F}_k$ erhalten, indem wir auf alle mögliche Weise entweder einen zweistäbigen Knotenpunkt an ein $\mathfrak{F}_{k-1}$ angliedern oder einen dreistäbigen und dann zugleich einen geeigneten Stab von $\mathfrak{F}_{k-1}$ fortlassen. Die Frage ist nur, wie wir den neuen Knotenpunkt zu wählen haben, damit auch das neue Fachwerk stabil sei. Im ersten Falle genügt es offenbar, den neuen Knotenpunkt so zu wählen, daß er mit den beiden Knotenpunkten von $\mathfrak{F}_{k-1}$, an die er angegliedert werden soll, nicht in gerader Linie liege.

Um im zweiten Falle über die Stabilität des neuen Fachwerks zu entscheiden, denken wir uns die Figur $\mathfrak{F}'_{k-1}$ der Geschwindigkeitspole konstruiert, die einer nach Fortlassung des Stabes von $\mathfrak{F}_{k-1}$ und Festhaltung eines andern noch möglichen momentanen Bewegung von $\mathfrak{F}_{k-1}$ entspricht. Je nachdem die den drei hinzugefügten Stäben parallelen Geraden durch die Geschwindigkeitspole der Endpunkte jener drei Stäbe durch einen Punkt laufen oder nicht, wird $\mathfrak{F}_k$ instabil sein oder stabil. Sind P_1, P_2, P_3 die Endpunkte der drei Stäbe und P_1', P_2', P'_3 ihre Geschwindigkeitspole, so könnte es zunächst vorkommen, daß bei jeder Annahme des neuen Knotenpunktes P die Parallelen durch P_1', P_2', P_3' zu PP_1, PP_2, PP_3 sich in demselben Punkte P' schneiden. Dann wäre das Dreieck $P_1'P_2'P_3'$ der Geschwindigkeitspole zum Dreiecke $P_1P_2P_3$ ähnlich und ähnlich gelegen, diese drei Punkte würden also einem nach Fortlassung des Stabes noch stabilen Teile angehören, an sie dürfen wir also den neuen Knotenpunkt nicht angliedern. So dürfen z. B.,

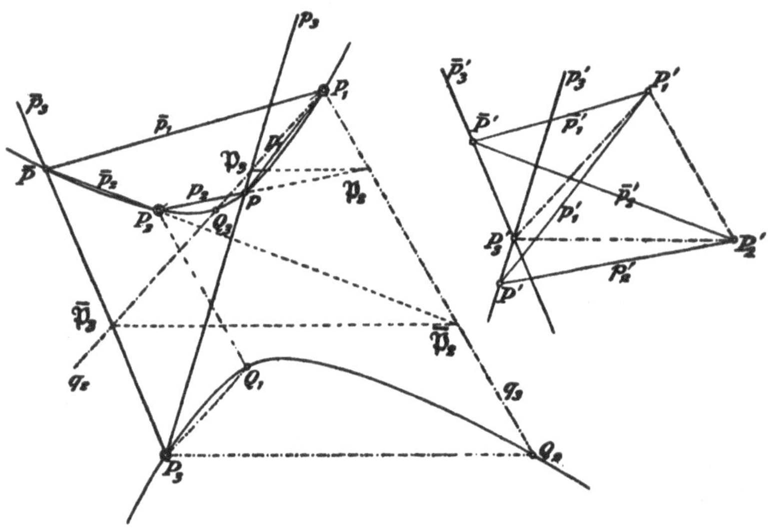

Fig. 66.

wenn wir in dem Fachwerke auf S. 85 keinen Stab des Dreiecks ABC fortlassen, die Endpunkte der angegliederten Stäbe nicht die drei Ecken dieses Dreiecks sein.

Sehen wir von diesem Falle ab, so gibt es auf jeder Geraden p_3 durch P_3 einen solchen Punkt P, daß die Parallelen durch P_1' und P_2' zu PP_1 und PP_2 sich auf der Parallelen p_3' durch P_3' zu p_3 schneiden. Schneidet nämlich die Parallele q_2 durch P_1 zu $P_1'P_3'$ (Fig. 66) die p_3 in $\mathfrak{P}_3$, und die Parallele durch $\mathfrak{P}_3$ zu $P_2'P_3'$ die Parallele q_3 durch P_1 zu $P_1'P_2'$ in $\mathfrak{P}_2$, so trifft $P_2\mathfrak{P}_2$ die p_3 in dem gesuchten Punkte P. Denn ist P' der Schnittpunkt von p_3' mit der Parallelen durch P_2' zu $\mathfrak{P}_2P$, so ist, weil die Dreiecke $P_2'P_3'P_1'$ und $P_2'P_3'P'$ zu den Dreiecken $\mathfrak{P}_2\mathfrak{P}_3P_1$ und $\mathfrak{P}_2\mathfrak{P}_3P$ ähnlich und ähnlich gelegen sind auch $P_1'P' \parallel P_1, P$. Daß P der einzige Punkt der gesuchten Art auf p_3 ist, folgt aus der Umkehrung der Konstruktion, weil dann $P_2'P_3' \parallel \mathfrak{P}_2\mathfrak{P}_3$ sein muß. Dreht sich nun p_3 um P_3, so beschreiben $\mathfrak{P}_3$ und $\mathfrak{P}_2$ auf den festen Geraden q_2 und q_3 zwei ähnliche Punktreihen, also $P_3 \mathfrak{P}_3$ und $P_2 \mathfrak{P}_2$ zwei projektive Strahlenbüschel, der Ort der Punkte P, die instabile Fachwerke liefern, ist also ein Kegelschnitt[1] durch P_3, P_2 und natürlich auch P_1, weil $\mathfrak{P}_3$ und $\mathfrak{P}_2$ gleichzeitig mit P_1 zusammenfallen. Geht $\mathfrak{P}_2 \mathfrak{P}_3$ durch P_2 oder P_3, so fällt P mit $\mathfrak{P}_3$ bzw. $\mathfrak{P}_2$ zusammen, so daß der Kegelschnitt auch die Schnittpunkte Q_3 und Q_2 der Parallelen durch P_1 und P_2 zu $P_1' P_3'$ und $P_2' P_3'$ bzw. durch P_1 und P_3 zu $P_1' P_2'$ und $P_3' P_2'$ enthält. Rückt endlich $\mathfrak{P}_2 \mathfrak{P}_3$ ins Unendliche, so ergibt sich, daß auch der Schnittpunkt Q_1 der Parallelen durch P_2 und P_3 zu $P_1' P_2'$ und $P_1' P_3'$ auf dem Kegelschnitte liegt. Wir erhalten demnach das Resultat:

Satz 39. *Kennt man alle einfachen stabilen Fachwerke mit $k-1$ Knotenpunkten, so findet man aus ihnen alle einfachen stabilen Fachwerke mit k Knotenpunkten entweder dadurch, daß man zwei Knotenpunkte P_1 und P_2 eines der ersteren mit einem nicht auf der Geraden $P_1 P_2$ liegenden neuen Knotenpunkte P durch Stäbe verbindet, oder dadurch, daß man in einem der ersteren Fachwerke einen Stab fortläßt und drei seiner Knotenpunkte P_1, P_2, P_3, die nicht einem noch stabil bleibenden Teile des ersten Fachwerks angehören, mit einem nicht auf einem gewissen Kegelschnitte durch P_1, P_2, P_3 liegenden Knotenpunkte P durch drei Stäbe verbindet. Dieser Kegelschnitt enthält zugleich die drei Schnittpunkte der Parallelen durch je zwei der drei Knotenpunkte zu den Verbindungslinien der zugehörigen Geschwindigkeitspole mit dem Geschwindigkeitspole des dritten Knotenpunktes, wo die Geschwindigkeitspole einer noch möglichen Bewegung des ersten Fachwerks nach Fortlassung des Stabes und Festhaltung eines andern entsprechen.*

Soll z. B. aus dem Fachwerke $\mathfrak{F}_5$ mit den fünf Knotenpunkten P_1, P_2, P_3, P_4, P_5 und den sieben Stäben $P_1 P_4$, $P_1 P_5$, $P_2 P_4$, $P_2 P_5$, $P_3 P_4$, $P_3 P_5$ und $P_4 P_5$ durch Fortlassung des Stabes $P_4 P_5$ und Angliederung der Stäbe $P P_1$, $P P_2$, $P P_3$ das Fachwerk $\mathfrak{F}_6$ gebildet werden, das aus den sechs Seiten und drei Diagonalen eines Sechs-

[1] Diejenigen Leser, welche den oben benutzten Satz der projektiven Geometrie nicht kennen, können sich folgendermaßen überzeugen, daß der Ort der Punkte P ein Kegelschnitt oder eine Linie zweiten Grades ist. Machen wir q_2 und q_3 zu Achsen $O X$ und $O Y$ eines Systems von Parallelkoordinaten, sind a_2, b_2 und a_3, b_3 die Koordinaten von P_2 und P_3 und wird $P \mathfrak{P}_2 = u$, also $P_1 \mathfrak{P}_3 = \alpha u$ gesetzt, wo α konstant ist, so sind $x b_2 - y a_2 = u (b_2 - y)$ und $x b_3 - y a_3 = \alpha u (x - a_3)$ die Gleichungen der Geraden $P_2 \mathfrak{P}_2$ und $P_3 \mathfrak{P}_3$, so daß durch Elimination von u die Gleichung des Ortes in der Form: $(x b_2 - y a_2)(x - a_3) \alpha - (x b_3 - y a_3)(b_2 - y) = 0$ resultiert; sie ist in der Tat vom zweiten Grade in x und y.

ecks besteht, so sind bei Festhaltung des Stabes P_3P_4 leicht die Geschwindigkeitspole P_1', P_5', P_2' auf P_1P_4, P_5P_3, P_4P_2 zu konstruieren (Fig. 67); denn es muß sein $P_1'P_5' \parallel P_1P_5$ und $P_5'P_2' \parallel P_5P_2$. Konstruiert man nun durch P_1 die $q_2 \parallel P_1'P_3$ und $q_3 \parallel P_1'P_2'$, so sieht man leicht, daß auch P_4 auf dem Kegelschnitte liegt. Denn

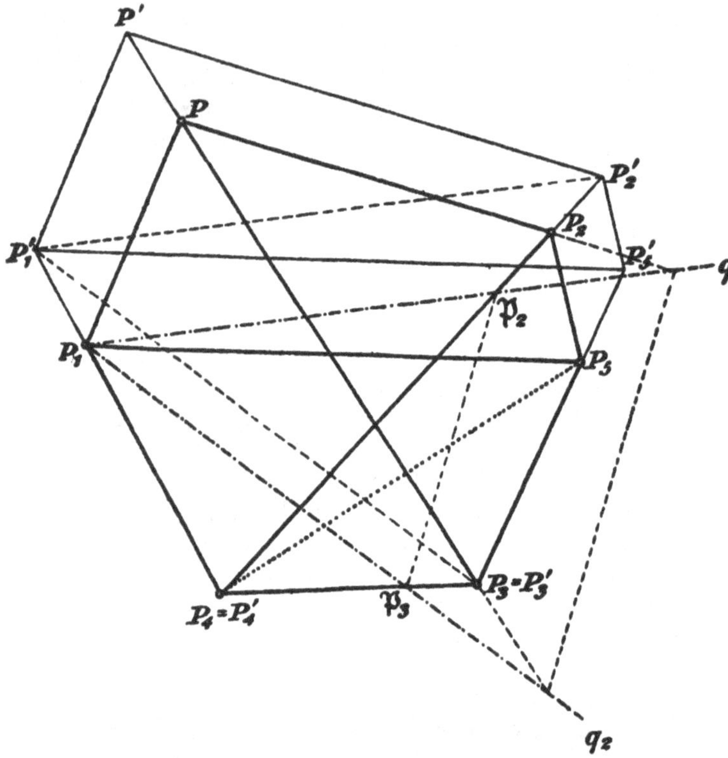

Fig. 67.

fällt $\mathfrak{P}_3$ auf P_3P_4, so ist $\varDelta\, P_1\mathfrak{P}_2\mathfrak{P}_3$ ähnlich und ähnlich gelegen zu $P_1'P_2'P_3$, es müssen also, weil P_1P_1' und $\mathfrak{P}_3P_3$ durch P_4 laufen, $\mathfrak{P}_2$ und P_2', also auch $\mathfrak{P}_2$ und P_2 mit P_4 in gerader Linie liegen. Hätten wir den Stab P_3P_5 festgehalten, so folgt ebenso, daß auch P_5 auf dem Kegelschnitte liegt. Damit also das aus $\mathfrak{F}_5$ entstehende neue Fachwerk $\mathfrak{F}_6$ stabil sei, darf der neue Knotenpunkt P nicht auf dem durch die 5 Knotenpunkte von $\mathfrak{F}_5$ bestimmten Kegelschnitte liegen. Das Fachwerk also, das aus den 6 Ecken eines Sechsecks als Knotenpunkten und seinen 6 Seiten und 8 Diagonalen als Stäben besteht, ist instabil oder stabil, je nachdem die 6 Ecken auf einem Kegelschnitte liegen oder nicht.

Da die Bestimmung dieses Grenzkegelschnittes von der Kenntnis der Geschwindigkeitspole der nach Fortlassung eines Stabes noch möglichen Bewegung abhängt, so müssen wir uns mit ihrer Konstruktion, die im letzten Beispiele sehr leicht war, noch näher beschäftigen. Ihre Konstruktion gelingt offenbar, wenn wir die folgende Fundamentalaufgabe lösen können:

17. Aufgabe. Ein einfaches Fachwerk zu konstruieren, von dem gegeben sind die Gliederung und die Richtungen seiner Stäbe.

Denn die Figur der Geschwindigkeitspole der nach Fortlassung eines Stabes noch möglichen Bewegung ist ein Fachwerk von derselben Gliederung, von dessen Stäben nur der dem fortzulassenden entsprechende eine andere Richtung erhalten soll als in dem gegebenen. Der obige Gedankengang führt uns zur Lösung dieser Fundamentalaufgabe, indem wir voraussetzen, sie sei für das Fachwerk $\mathfrak{F}_{k-1}$ von $k-1$ Knotenpunkten gelöst, aus dem das Fachwerk von k Knotenpunkten durch einen der beiden Prozesse entsteht. Dann ist sie ja sofort gelöst für diejenigen Fachwerke $\mathfrak{F}_k$, welche aus einem Fachwerke $\mathfrak{F}_{k-1}$ durch den ersten Prozeß entstehen. Um die Aufgabe auch für den zweiten Entstehungsprozeß zu lösen, denken wir uns neben $\mathfrak{F}_{k-1}$ mit den Knotenpunkten $P_1, P_2, \ldots, P_{k-1}$ ein zweites Fachwerk $\mathfrak{F}'_{k-1}$ mit den Knotenpunkten $P_1', P_2', \ldots, P'_{k-1}$ gefunden, das dieselbe Gliederung und von einem Stabe $P_\mathfrak{a}' P_\mathfrak{b}'$, der dem zu entfernenden Stabe $P_\mathfrak{a} P_\mathfrak{b}$ entspricht, abgesehen, entsprechende Stäbe gleicher Richtung besitzt. Dann genügen nach Satz 34 auf S. 109 denselben Bedingungen alle diejenigen Fachwerke $\mathfrak{F}''_{k-1}$, deren Knotenpunkte $P_1'', P_2'', \ldots, P''_{k-1}$ auf den Geraden $P_1P_1', P_2P_2', \ldots, P_{k-1}P'_{k-1}$ so liegen, daß:

$$P_1P_1'' : P_1''P_1' = P_2P_2'' : P_2''P_2' = \ldots = P_{k-1}P''_{k-1} : P''_{k-1}P'_{k-1}$$

ist, wo $P_\mathfrak{c}''$ mit $P_\mathfrak{c}$ zusammenfällt, falls von $P_\mathfrak{c}'$ dasselbe gilt. Legen wir nun durch P_1, P_1', P_1'' Geraden p_1, p_1', p_1'' in gegebener Richtung p_1 und ebenso durch P_2, P_2', P_2'' Geraden p_2, p_2', p_2'' in gegebener Richtung p_2, so werden die Schnittpunkte $Q_3 = (p_1, p_2)$, $Q_3' = (p_1', p_2')$, $Q_3'' = (p_1'', p_2'')$ in einer Geraden q_3 liegen; denn p_1'' und p_2'' teilen die Strecke Q_3Q_3' in demselben Verhältnisse. Ebenso erhalten wir eine zweite Gerade q_1 als Ort der Schnittpunkte $Q_1 = (p_2, p_3)$, $Q_1' = (p_2', p_3')$, $Q_1'' = (p_2'', p_3'')$, wo p_3, p_3', p_3'' durch P_3, P_3', P_3'' in vorgegebener Richtung p_3 gezogen sind. Ist dann

P''' der Schnittpunkt von q_3 und q_1, so werden die Parallelen durch P''' zu p_1, p_2, p_3 die Geraden P_1P_1', P_2P_2', P_3P_3' in Knotenpunkten P_1''', P_2''', P_3''' eines Fachwerks $\mathfrak{F}'''_{k-1}$ unserer Schar treffen, und das durch Angliederung des Knotenpunktes P''' durch die Stäbe $P'''P_1'''$, $P'''P'''_2$, $P'''P_3'''$ und Fortlassung des Stabes $P_a'''P_b'''$ aus $\mathfrak{F}'''_{k-1}$ entstehende Fachwerk $\mathfrak{F}_k$ ist nun ein solches, daß sowohl jene drei Stäbe als die $\mathfrak{F}'''_{k-1}$ angehörigen Stäbe, abgesehen von dem fortzulassenden, vorgeschriebene Richtungen haben.

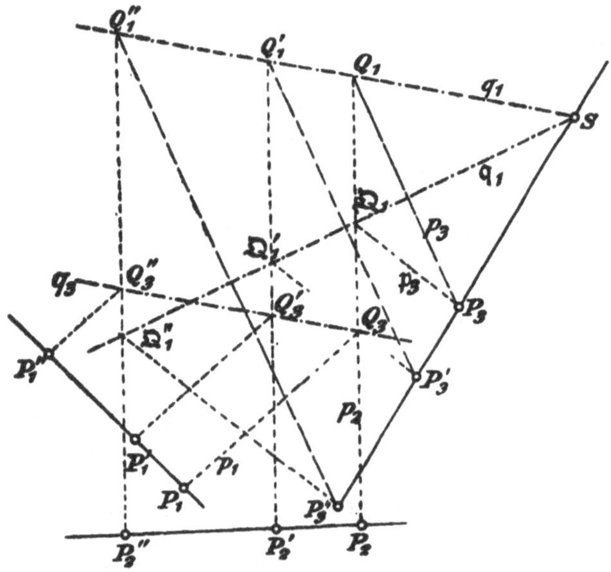

Fig. 68.

Hiernach werden wir offenbar nur dann keine Lösung unserer Aufgabe erhalten, wenn $Q_1Q_1' \parallel Q_3Q_3'$ ist. Sind die Richtungen von p_1 und p_2 angenommen, also q_3 gegeben, so gibt es eine Richtung von p_3, für die es keine Lösung gibt. Drehen wir nämlich p_3 und p_3' zueinander parallel bleibend um P_3 und P_3', so dreht sich auch Q_1Q_1' um einen festen Punkt S von P_3P_3'; denn ist $\mathfrak{Q}_1\mathfrak{Q}_1'$ eine andere Lage von Q_1Q_1' (Fig. 68), so sind die Dreiecke $P_3Q_1\mathfrak{Q}_1$ und $P_3'Q_1'\mathfrak{Q}_1'$ ähnlich und ähnlich gelegen. Die Parallele durch S zu Q_3Q_3' schneidet also p_2 in einem solchen Punkte Q_1, daß die Gerade P_3Q_1 die für p_3 verbotene Richtung angibt. Natürlich können q_3 und q_1 auch zusammenfallen, so daß unsere Aufgabe unendlich viele Lösungen besitzt. Satz 39 lehrt, wann dieser Ausnahmefall, in dem zu den gegebenen Stabrichtungen von $\mathfrak{F}_k$ kein stabiles Fachwerk gehört, eintritt.

Will man hiernach in gegebenem Falle die Aufgabe lösen, so wird man sich zuerst schematisch die Entstehung des Fachwerks durch die beiden Prozesse klar machen und dann die Aufgabe vom Dreiecke anfangend den gegebenen Richtungen der Stäbe entsprechend sukzessive nach obiger Vorschrift zu lösen haben, indem die Richtungen der später fortzulassenden Stäbe zunächst willkürlich

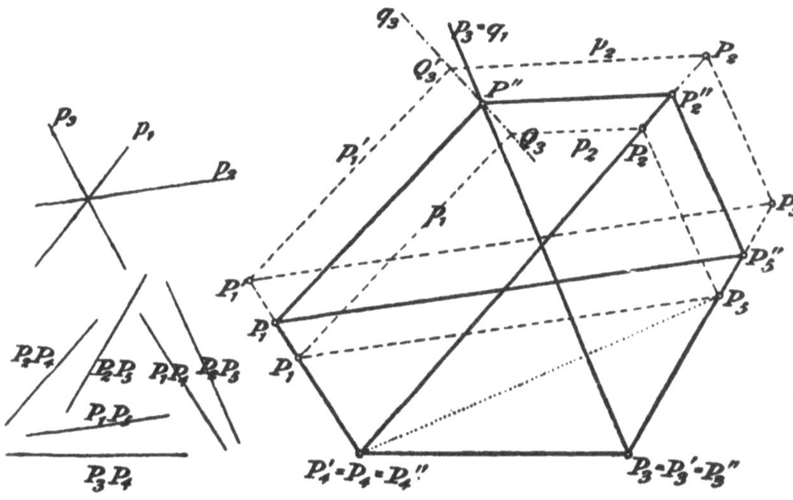

Fig. 69.

angenommen werden, und zwar wird man jedesmal zwei solche willkürliche Annahmen zu machen haben, wenn ein Stab fortzulassen ist. Durch ein einfaches Beispiel wird unser Verfahren, das, falls unsere Aufgabe überhaupt eine Lösung besitzt, zwar unter Umständen sehr langwierig sein, aber niemals versagen kann, am besten klar werden.

Wir wollen das Fachwerk mit sechs Knotenpunkten, dessen Stäbe die sechs Seiten und drei Diagonalen eines dadurch bestimmten Sechsecks sein sollen, mit vorgegebenen Richtungen der neun Stäbe konstruieren. Wir können uns dies Fachwerk nach dem folgenden Schema konstruiert denken: man gliedert zuerst an das Dreieck $P_3P_4P_5$ den Knotenpunkt P_1 mit den Stäben P_1P_4 und P_1P_5 an, dann hieran den Knotenpunkt P_2 mit den Stäben P_2P_4 und P_2P_5, läßt endlich den Stab P_4P_5 fort und gliedert den Knotenpunkt P mit den Stäben PP_1, PP_2, PP_3 an (Fig. 69). Sollen nunmehr alle neun Stäbe gegebene Richtungen haben, so ist diese Aufgabe, falls man auch dem $P_4 P_5$ eine bestimmte Richtung erteilt, für das Fachwerk $P_1 P_2 P_3 P_4 P_5$ leicht zu lösen, und ebenso können wir ein zweites solches Fachwerk $P_1' P_2' P_3' P_4' P_5'$ zeichnen, in dem nur $P_4' P_5'$ eine andere Richtung erhält. Nunmehr sind die Geraden q_3 und q_1 leicht zu finden, deren Schnittpunkt P'' den sechsten Knotenpunkt und damit auch die anderen des gesuchten Fachwerks liefert; (ein komplizierteres Beispiel findet man in Mathem. Ann. 48, S. 156).

25. Spannungsproblem.

Nachdem wir nunmehr die Bildungsgesetze aller einfachen stabilen Fachwerke kennen gelernt haben — man sieht, daß im vorigen Paragraphen die benutzten Bildungsgesetze z. B. nicht dazu ausreichen, das eben behandelte Sechseck-Fachwerk zu erzeugen —, versuchen wir, für alle diese Fachwerke auch das Spannungsproblem (vgl. S. 77) zu lösen. Die Bildungsgesetze selbst werden uns den Weg hierzu anzeigen. In den k Knotenpunkten $P_1, P_2, \ldots, P_k$ des einfachen und stabilen Fachwerks $\mathfrak{F}_k$ mögen also die miteinander im Gleichgewichte stehenden Kräfte angreifen, deren Angriffslinien $a_1, a_2, \ldots, a_k$ sein mögen, während ihre Größen und Pfeilrichtungen durch die Seiten des geschlossenen Kräftepolygons $K_0 K_1 K_2 \ldots K_{k-1} K_0$ dargestellt sein mögen. Man kann offenbar die in $k-2$ Knotenpunkten angreifenden Kräfte der Größe und Richtung nach beliebig annehmen, und es müssen sich dann die den letzten beiden Knotenpunkten zugehörigen Angriffslinien auf der Resultante jener schneiden; sind sie dieser Richtung gemäß gewählt, so sind auch die Größen und Richtungen der letzten beiden Kräfte als Komponenten der jener Resultante entgegengesetzt gleichen Kraft bestimmt.

Nach der 8. Definition auf S. 76 haben wir uns die Komponente der in dem Knotenpunkte $P_\mathfrak{a}$ angreifenden Kraft nach dem Stabe $P_\mathfrak{a} P_\mathfrak{b}$ in $P_\mathfrak{b}$ angreifend zu denken und sie demgemäß als Druck oder Zug zu betrachten, je nachdem sie von $P_\mathfrak{a}$ nach $P_\mathfrak{b}$ oder umgekehrt gerichtet ist. Nehmen wir also umgekehrt in jedem Stabe $P_\mathfrak{a} P_\mathfrak{b}$ des Fachwerks $\mathfrak{F}_k$ je zwei entgegengesetzt gleiche, aber sonst beliebige Kräfte an und setzen zugleich fest, ob der Stab gedrückt oder gezogen sein soll, so ist dadurch auch entschieden, welche der beiden entgegengesetzt gleichen Kräfte als Komponente der in $P_\mathfrak{a}$ oder der in $P_\mathfrak{b}$ angreifenden Kraft anzusehen ist. Je nachdem nämlich der Stab gedrückt oder gezogen sein soll, wird die von $P_\mathfrak{a}$ nach $P_\mathfrak{b}$ gerichtete Kraft Komponente der in $P_\mathfrak{a}$ oder der in $P_\mathfrak{b}$ angreifenden Kraft sein. Setzen wir die jedem Knotenpunkte $P_{\mathfrak{a}}$ zugehörigen Komponenten zu einer Resultante $k_{\mathfrak{a}}$ zusammen, so müssen diese Kräfte $k_{\mathfrak{a}}$ im Gleichgewichte stehen, weil ihre Komponenten sich zu je zweien aufheben (vgl. S. 77). Hier haben wir also für das Fachwerk $\mathfrak{F}_k$ ein System von äußeren Kräften und zugleich die Lösung des damit verknüpften Spannungsproblems (s. d. Beispiel auf S. 83). Es gibt also jedenfalls ∞ Kräftesysteme, für die unser Spannungsproblem lösbar ist. Da es aber nach den obigen Betrachtungen ∞^{2k-3} Systeme von im Gleichgewichte stehenden äußeren Kräften gibt, die in den k Knotenpunkten des Fachwerks angreifen, so werden wir annehmen dürfen, daß unser Problem für die einfachen Fachwerke lösbar sein wird, aber im allgemeinen auch nur für diese.

Um dies näher zu untersuchen, setzen wir wieder voraus, das Spannungsproblem sei für das einfache stabile Fachwerk $\mathfrak{F}_{k-1}$ lösbar, aus dem das gegebene Fachwerk $\mathfrak{F}_k$ durch einen unserer beiden Prozesse entstanden ist. Dann gilt dasselbe unmittelbar auch für $\mathfrak{F}_k$, falls es sich nur um den ersten Prozeß handelt (vgl. S. 78). Ist aber $\mathfrak{F}_k$ aus $\mathfrak{F}_{k-1}$ dadurch entstanden, daß die drei neuen Stäbe PP_1, PP_2, PP_3 hinzugefügt wurden, der Stab $P_{\mathfrak{a}}P_{\mathfrak{b}}$ hingegen fortgelassen, so wird es offenbar darauf ankommen, die in P angreifende Kraft k so nach den drei Stäben zu zerlegen, daß das Spannungsproblem für $\mathfrak{F}_{k-1}$ bei Hinzufügung dieser drei Komponenten zu den übrigen äußeren Kräften in dem Stabe $P_{\mathfrak{a}}P_{\mathfrak{b}}$ keine Spannung ergibt, dieser Stab also wirklich als nicht vorhanden betrachtet werden kann. Sobald es gelingt, diese Aufgabe in eindeutiger Weise und zugleich ohne Kenntnis der Spannungen in den übrigen Stäben von $\mathfrak{F}_{k-1}$ zu lösen, wird eine Methode gefunden sein, um im Anschlusse an die Entstehung des Fachwerks $\mathfrak{F}_k$ schrittweise das Spannungsproblem zu lösen.

Nehmen wir nun an, die gesuchte Zerlegung von k nach PP_1, PP_2, PP_3 und die nach Hinzufügung dieser drei Komponenten zu den übrigen Kräften in den Stäben von $\mathfrak{F}_{k-1}$ entstehenden Spannungen seien gefunden, so denken wir uns dieselben Spannungen in den entsprechenden Stäben eines Fachwerks $\mathfrak{F}'_{k-1}$ angebracht, das mit $\mathfrak{F}_{k-1}$ die Gliederung und die Richtungen aller Stäbe bis auf diejenige von $P_{\mathfrak{a}}'P_{\mathfrak{b}}'$ gemein hat; das ist möglich, weil der Stab $P_{\mathfrak{a}}P_{\mathfrak{b}}$ als spannungslos angenommen wurde. Bestimmen wir dann wie oben aus diesen Spannungen die in den Knotenpunkten von $\mathfrak{F}'_{k-1}$ angreifenden äußeren Kräfte, so werden sie mit den in den entsprechenden Knotenpunkten von $\mathfrak{F}_{k-1}$ angreifenden Kräften gleich und gleich gerichtet sein, und im besonderen werden sich die in P_1',

P_2', P_3' angreifenden Kräfte aus je zwei Komponenten zusammensetzen, von denen je eine der in dem entsprechenden Knotenpunkte $P_\mathfrak{c}$ angreifenden gegebenen äußeren Kraft und je eine der Komponente von k gleich und gleich gerichtet ist. Folglich wird die mit k gleiche und gleich gerichtete Resultante k' der in den Parallelen p_1', p_2', p_3' durch P_1', P_2', P_3' zu PP_1, PP_2, PP_3 wirkenden Komponenten denjenigen Kräften das Gleichgewicht halten müssen, welche in den Knotenpunkten von $\mathfrak{F}'_{k-1}$ angreifen und mit den gegebenen in den entsprechenden Knotenpunkten von $\mathfrak{F}_{k-1}$ angreifenden äußeren Kräften gleich und gleich gerichtet sind.

Hiernach erhalten wir die folgende Lösung unserer Aufgabe: Man bringe in den Knotenpunkten eines Fachwerks $\mathfrak{F}'_{k-1}$, das mit $\mathfrak{F}_{k-1}$ in der Gliederung und in allen entsprechenden Stabrichtungen bis auf diejenige von $P_\mathfrak{a}P_\mathfrak{b}$, dem fortzulassenden Stabe, übereinstimmt, den gegebenen äußeren Kräften gleiche und gleich gerichtete Kräfte an; dann liefern die Komponenten derjenigen Kraft k', welche diesen Kräften das Gleichgewicht hält, nach den Parallelen p_1', p_2', p_3' zu PP_1, PP_2, PP_3 durch P_1', P_2', P_3' die gesuchte Zerlegung der Kraft k nach PP_1, PP_2, PP_3. Daß bei Hinzufügung dieser drei Komponenten zu den gegebenen an $\mathfrak{F}_{k-1}$ angreifenden Kräften sich in dem Stabe $P_\mathfrak{a}P_\mathfrak{b}$, falls die Bestimmung der unter dem Einflusse dieser Kräfte in $\mathfrak{F}_{k-1}$ entstehenden Stabspannungen möglich ist, wirklich keine Spannung ergeben kann, erkennt man nunmehr folgendermaßen. Bringt man erstens in allen Knotenpunkten von $\mathfrak{F}'_{k-1}$ gleiche und gleich gerichtete Kräfte an wie in den entsprechenden Knotenpunkten von $\mathfrak{F}_{k-1}$ und zweitens auch ihre Komponenten nach den durch jeden Knotenpunkt laufenden Stäben von $\mathfrak{F}_{k-1}$, so sind erstens der von uns vorgenommenen Zerlegung von k gemäß die Kräfte miteinander im Gleichgewicht, so daß dasselbe andererseits von ihren Komponenten gelten muß. Diese aber heben sich wegen der Beziehung von $\mathfrak{F}'_{k-1}$ zu $\mathfrak{F}_{k-1}$ sämtlich zu je zweien auf mit Ausnahme der zu $P_\mathfrak{a}P_\mathfrak{b}$ parallelen Komponenten durch $P_\mathfrak{a}'$ und $P_\mathfrak{b}'$. Ist also, wie wir voraussetzen, $P_\mathfrak{a}'P_\mathfrak{b}'$ nicht parallel zu $P_\mathfrak{a}P_\mathfrak{b}$, so müssen diese beiden Komponenten verschwinden. Es sind folglich in der Tat die Komponenten von k nach PP_1, PP_2, PP_3 so bestimmt, daß das Spannungsproblem für $\mathfrak{F}_{k-1}$ in $P_\mathfrak{a}P_\mathfrak{b}$ keine Spannung liefert, dieser Stab also als nicht vorhanden angesehen werden kann. Zugleich sieht man, daß unter der Voraussetzung der Stabilität des gegebenen Fachwerks $\mathfrak{F}_k$ diese Zerlegung von k nach PP_1, PP_2, PP_3 eindeutig ist, weil die Geraden p_1', p_2', p_3' nicht durch einen

Punkt laufen dürfen. Auch die Wahl eines anderen unseren Bedingungen entsprechenden Fachwerks $\mathfrak{F}''_{k-1}$ kann keine andere Zerlegung ergeben; denn die so erhaltenen Komponenten müßten nach S. 122 ebenfalls die Komponenten von k' nach p_1', p_2', p_3' sein.

Da aber die obige Methode zur Bestimmung der Komponenten von k nach PP_1, PP_2, PP_3 die Stabspannungen selbst von $\mathfrak{F}_{k-1}$ nicht benutzt, so kann diese Schlußweise offenbar fortgesetzt werden, bis wir zum einfachsten Fachwerke, dem Dreiecke, kommen. Hierdurch erhalten wir wirklich dem Gesetze der Entstehung des gegegebenen Fachwerks $\mathfrak{F}_k$ durch die beiden Prozesse folgend eine Zerlegung der gegebenen Kräfte nach den Stäben des Fachwerks. Daß hierbei die später fortzulassenden Stäbe spannungslos werden, ist gerade durch die obige Art der Zerlegung sichergestellt. Daß endlich unsere Lösung des Spannungsproblems eindeutig ist, also nicht von der ja immer auf verschiedene Art möglichen Entstehung des Fachwerks aus Fachwerken geringerer Gliederung abhängen kann, ist klar. Denn wenn das Spannungsproblem überhaupt eine Lösung besitzt, kann jedenfalls die Bestimmung der Spannungen der Stäbe jedes zwei- oder dreistäbigen Knotenpunktes jedesmal nur eine Lösung ergeben. Wir erhalten daher das Resultat:

Satz 40. *Ein einfaches stabiles Fachwerk ist stets auch statisch bestimmt, d. h. die unter dem Einflusse von äußeren miteinander im Gleichgewichte stehenden Kräften, die in seinen Knotenpunkten angreifen, entstehenden Spannungen sind vollkommen bestimmt.*

Die wirkliche Bestimmung der Spannungen nach unserem Verfahren erfordert so oft, als bei Bildung des Fachwerks dreistäbige Knotenpunkte anzugliedern sind, die Lösung der Fundamentalaufgabe auf S. 117. Da ist es nun von Interesse zu sehen, daß, sobald überhaupt ein Fachwerk $\mathfrak{F}_k'$ gefunden ist, das mit $\mathfrak{F}_k$ die Gliederung und die Richtungen der entsprechenden Stäbe bis auf diejenige irgend eines Stabes $P_a P_b$ gemein hat, die Spannung in diesem Stabe ohne Kenntnis anderer Spannungen unmittelbar gefunden werden kann. Nehmen wir nämlich an, das Spannungsproblem für $\mathfrak{F}_k$ sei den gegebenen äußeren Kräften gemäß gelöst, so denken wir uns wieder einerseits diese Kräfte und andererseits ihre jedesmaligen Komponenten nach den durch den Angriffspunkt laufenden Stäben in die Knotenpunkte von $\mathfrak{F}_k'$ parallel verschoben. Dann werden sich die den Komponenten parallelen Kräfte sämtlich aufheben bis auf s'_{ab} und s'_{ba}, die den Komponenten der in P_a bzw. P_b angreifenden Kräfte nach $P_a P_b$ gleich und gleich gerichtet sind. Diese beiden Kräfte s'_{ab} und s'_{ba} werden folglich den in die Knotenpunkte von

$\mathfrak{F}_k'$ verschobenen gegebenen äußeren Kräften von $\mathfrak{F}_k$ äquivalent sein müssen. Demnach ergibt sich die folgende Regel:

Satz 41. *Ist ein Fachwerk $\mathfrak{F}_k'$ von derselben Gliederung wie $\mathfrak{F}_k$ bekannt, das sich von $\mathfrak{F}_k$ nur in der Richtung eines Stabes $P_\mathfrak{a}'P_\mathfrak{b}'$ unterscheidet, so bringe man in den Knotenpunkten von $\mathfrak{F}_k'$ gleiche und gleich gerichtete Kräfte an, wie in den entsprechenden Knotenpunkten von $\mathfrak{F}_k$; reduziert man dann das diesen Kräften äquivalente Paar auf zwei zu $P_\mathfrak{a}P_\mathfrak{b}$ parallele Angriffslinien durch $P_\mathfrak{a}'$ und $P_\mathfrak{b}'$, so stellt die durch $P_\mathfrak{a}'$ gehende Kraft dieses neuen Paares die von $P_\mathfrak{a}$ ausgehende Spannung in $P_\mathfrak{a}P_\mathfrak{b}$ dar.*

Die praktische Ausführung dieser sehr allgemeinen Regel ist nicht schwer. Das geschlossene Kräftepolygon für das Fachwerk $\mathfrak{F}_k$ ist mit demjenigen für $\mathfrak{F}_k'$ identisch. Man hat nur für die an $\mathfrak{F}_k'$ angreifenden Kräfte ein Seilpolygon zu legen, dessen erste Seite die Parallele $s'_{\mathfrak{a}\mathfrak{b}}$ durch $P_\mathfrak{a}'$ zu $P_\mathfrak{a}P_\mathfrak{b}$ ist und dessen letzte Seite durch $P_\mathfrak{b}'$ geht (1. Aufg. auf S. 15); ist Q der zugehörige Pol, so ist K_0Q die von $P_\mathfrak{a}$ ausgehende Spannung $s_{\mathfrak{a}\mathfrak{b}}$. Als Beispiel ist in Fig. 70 die folgende Aufgabe behandelt:

18. Aufgabe. An einem aus den sechs Seiten eines Sechsecks $P_1P_2P_3P_4P_5P_6$ und seinen drei Hauptdiagonalen bestehenden Fachwerke halten sich die Kräfte k_1, k_2, k_3 in den Knotenpunkten P_4, P_2, P_6 angreifend das Gleichgewicht; es soll die Spannung im Stabe P_5P_6 ermittelt werden.

Ersichtlich kann man das Fachwerk durch keinen Schnitt, der nur drei Stäbe trifft, in zwei getrennte Teile zerlegen; das Verfahren von Culmann versagt hier. Um unsere allgemeinen Methoden anwenden zu können, zeichnen wir ein Fachwerk $\mathfrak{F}_6'$, das mit dem gegebenen die Gliederung, den Stab P_3P_4 und die Richtungen aller Stäbe außer derjenigen von P_5P_6 gemein hat; nehmen wir hierzu P_5' beliebig auf P_4P_5 an, so erhalten wir der Reihe nach die Punkte P_2', P_1' und P_6' so, daß $P_5'P_6'$ im allgemeinen nicht $\parallel P_5P_6$ sein wird. In $P_4'=P_4$, P_2' und P_6' lassen wir die zu dem gegebenen Kräftepolygone $K_0K_1K_2K_0$ gehörigen Kräfte angreifen, die aber im allgemeinen nicht im Gleichgewichte sein werden, und zeichnen unter Benutzung eines beliebigen Poles Q' auf der Parallelen durch K_0 zu P_5P_6 von $P_6'=S_3'$ anfangend das Seilpolygon $S_0'S_1'S_2'S_3'S_4'$. Dann schneiden sich die gleichvielten Seiten dieses und des gesuchten Seilpolygons auf $S_3'S_4' \parallel P_5P_6$. Ist also $\sigma=(S_3'S_4', S_1'S_2')$ und S_1 der Schnittpunkt von k_1 mit der Parallelen zu P_5P_6 durch P_5', so ist σS_1 die gesuchte zweite Seite, womit Q als Schnittpunkt von $Q'K_0$ mit der Parallelen zu σS_1 durch K_1 gefunden ist. Natürlich ist es nunmehr leicht, die Spannungen in den übrigen Stäben von $\mathfrak{F}_6$ zu konstruieren.

Es wird die Bemerkung nicht ohne Interesse sein, daß unsere allgemeine Methode zur Bestimmung der Spannungen in die Culmannsche übergeht, falls das Fachwerk $\mathfrak{F}_k$ aus zwei einfachen und

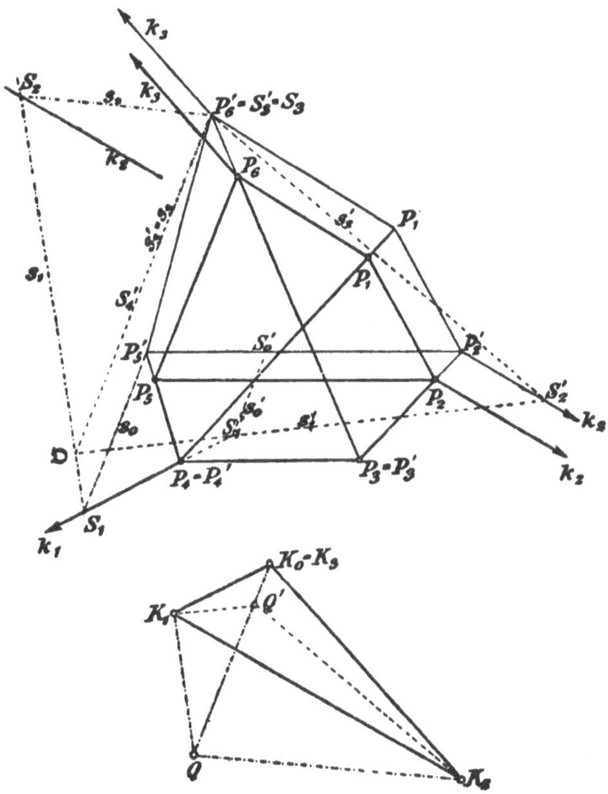

Fig. 70.

stabilen Fachwerken $\mathfrak{A}$ und $\mathfrak{B}$ durch Verbindung mit drei Stäben entstanden ist, von denen der eine $P_{\mathfrak{a}}P_{\mathfrak{b}}$ ist. Dann kann man nämlich als das Fachwerk $\mathfrak{F}_k'$ dasjenige betrachten, das aus $\mathfrak{A}$ und einem Fachwerke $\mathfrak{B}'$ besteht, das zu $\mathfrak{B}$ ähnlich und mit ihm in bezug auf den Schnittpunkt D der beiden anderen Stäbe ähnlich gelegen ist; diese beiden Verbindungsstäbe behalten dann ihre Lage, während $P_{\mathfrak{a}}P_{\mathfrak{b}}$ in $P_{\mathfrak{a}}P_{\mathfrak{b}}'$ übergeht. Das Kräftepaar können wir uns hier gegeben denken durch die Resultante a der auf $\mathfrak{A}$ allein wirkenden

Kräfte und die Resultante b' der auf $\mathfrak{B}'$ wirkenden Kräfte, deren Angriffslinie offenbar durch obige Ähnlichkeitstransformation aus der Angriffslinie der Resultante b der auf $\mathfrak{B}$ wirkenden Kräfte hervorgeht. Da die letzte Angriffslinie mit der von a zusammenfällt, so liegt der Schnittpunkt A von a und $P_{\mathfrak{a}}P_{\mathfrak{b}}$ und der Schnittpunkt von b' mit der Parallelen durch $P_{\mathfrak{b}}'$ zu $P_{\mathfrak{a}}P_{\mathfrak{b}}$ mit dem Ähnlichkeitszentrum D in einer Geraden. Man kann hier also die Reduktion des Kräftepaares a, b' so vornehmen, daß man a nach $P_{\mathfrak{a}}P_{\mathfrak{b}}$ und AD und b' nach der Parallelen durch $P_{\mathfrak{b}}'$ zu $P_{\mathfrak{a}}P_{\mathfrak{b}}$ und nach AD zerlegt, und in dem ersten Schnitte besteht die Culmannsche Methode (vgl. S. 86).

26. Kräftepläne.

In den im vorigen Paragraphen behandelten Beispielen konnten wir das Spannungsproblem stets mit Hilfe eines Kräfteplanes lösen, der ja die Verteilung der Spannungen in besonders klarer Weise zur Anschauung bringt. Wie steht es nun mit einer solchen Lösung bei beliebigen einfachen und stabilen Fachwerken und bei beliebiger Annahme von im Gleichgewicht stehenden äußeren Kräften? Wenn wir auch diese Frage hier nicht in allgemeinster Weise[1] beantworten wollen, so werden wir doch zeigen, daß solche Kräftepläne unter recht umfassenden Voraussetzungen konstruiert werden können. Allen Fachwerken, für die wir Kräftepläne konstruieren konnten, war es gemeinsam, daß sie erstens, die Ebene schlicht bedecken, d. h. daß sich niemals zwei Stäbe in einem Überschneidungspunkte überdecken, und daß zweitens die äußeren Kräfte nur in den Knotenpunkten des Randes angreifen. Schon die erste Voraussetzung ist ja für das von uns mehrfach behandelte Fachwerk mit sechs Knotenpunkten (Fig. 69 auf S. 119) nicht erfüllt. Sind aber diese Voraussetzungen erfüllt, so lassen sich, wie wir zeigen werden, die Spannungen mit den gegebenen Kräften stets zu einem Kräfteplan ordnen.

Ist nämlich die erste Voraussetzung erfüllt, so ist von selbst eine Zerlegung des von dem Fachwerke überdeckten Teiles der Ebene in p einfache nebeneinander liegende Polygone gegeben. Hierbei verstehen wir unter einem einfachen Polygone solche (einfach berandete), von denen niemals zwei Ecken zusammenfallen und sich keine zwei Seiten überschneiden. Ein solches Polygon kann stets durch Diagonalen, die keine Seiten schneiden und ganz im Inneren

[1] Die allgemeine Theorie findet man in der Abh. des Verf.: Über ebene einfache Fachwerke, Math. Annalen, 48, S. 166ff.

des Polygons verlaufen, in Dreiecke zerlegt werden. Das ist für diejenigen Polygone unmittelbar klar, welche keine einspringenden Ecken, also Ecken mit Winkeln besitzen, die $\geqq 180^0$ sind. Besitzt aber ein Polygon einspringende Ecken, so können sicher nicht alle seine Ecken einspringend sein; es läßt sich leicht zeigen, daß jedes n-Eck höchstens $n-3$ einspringende Ecken besitzen kann. Sei daher C eine solche einspringende Ecke mit dem Winkel $BCD \geqq 180^0$, daß die Nachbarecke B den Winkel $ABC < 180^0$ besitzt, und lassen wir einen Punkt P auf BA von B nach A wandern, so wird die Strecke CP zunächst innerhalb des Polygons liegen und diese Eigenschaft nur bei Überschreitung einer Ecke G des Polygons verlieren (Fig. 71). Dann tritt die ganz innerhalb des Polygons verlaufende Diagonale CG dieses in zwei Polygone, von denen jedes eine geringere Zahl von Ecken besitzt als das ursprüngliche. Da nun jede Überschreitung spätestens dann eintreten muß, wenn P nach A rückt, und A nicht mit D zusammenfallen kann ($\sphericalangle BCA < 180^0$), so kann durch eine von C ausgehende Diagonale stets eine Zerlegung des Polygons in Polygone mit geringerer Eckenzahl vorgenommen werden. Durch Fortsetzung dieses Verfahrens muß man also auf die behauptete Zerlegung in Dreiecke kommen.

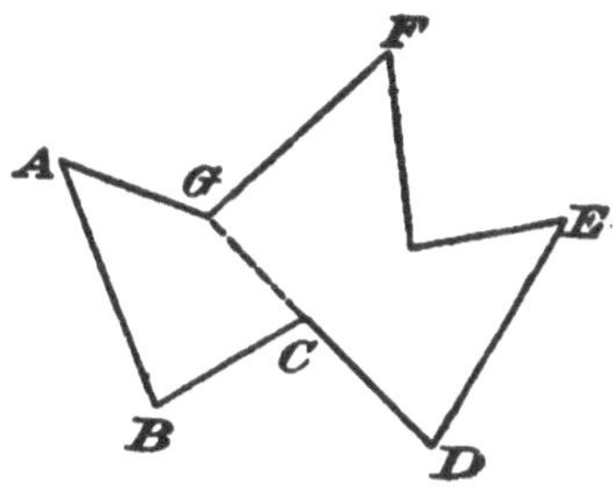

Fig. 71.

Wir können hieraus schon die Anzahl p der Polygone unserer Zerlegung ermitteln. Ist nämlich n die Anzahl der äußeren, also $k-n$ die der inneren Knotenpunkte von $\mathfrak{F}_k$, besteht ferner unsere Zerlegung aus n_3 Dreiecken, n_4 Vierecken, ..., n_l l-Ecken, so gilt offenbar, wenn unser Fachwerk einfach und stabil sein soll, die Gleichung:

$$(1) \qquad n + 3n_3 + 4n_4 + \ldots + l\,n_l = 4k - 6.$$

Zerlegen wir aber unsere Polygone durch Diagonalen in Dreiecke, so ist offenbar $n_4 + 2n_5 + \ldots + (l-3)\,n_l$ die Anzahl dieser Diagonalen. Diese Zahl muß aber gleich der Anzahl der inneren Knotenpunkte sein. Denken wir uns nämlich das durch die Diagonalen erweiterte Fachwerk aus einem der Dreiecke durch Ansetzung immer neuer Dreiecke entstanden, so wird jedes neue Dreieck entweder mit zwei neuen Stäben und einem neuen Knotenpunkte oder mit nur einem neuen Stabe, aber keinem neuen Knotenpunkte angesetzt.

Im ersten Falle bleiben einerseits alle Randknotenpunkte am Rande und tritt ein Randknotenpunkt hinzu, und kommt andererseits kein überzähliger Stab dazu. Im zweiten Falle aber tritt ein bisher am Rande liegender Knotenpunkt ins Innere, nämlich der den Stab nicht enthaltende Eckpunkt des neuen Dreiecks, und kommt der zwei schon vorhandene Knotenpunkte verbindende Stab als überzähliger hinzu. Es gibt also in der Tat so viel innere Knotenpunkte als überzählige Stäbe oder Diagonalen. Demnach gilt auch die zweite Gleichung:

(2) $$n_4 + 2n_5 + \ldots + (l-3)\,n_l = k - n.$$

Zieht man sie von der ersten Gleichung ab, so folgt:

(3) $$3\,(n_3 + n_4 + \ldots + n_l) = 3k - 6$$

oder $p = k - 2$.

Greifen nunmehr in den n Randknotenpunkten $P_1, \ldots, P_n$ des Fachwerks $\mathfrak{F}_k$ und nur in diesen n Kräfte an, die zu dem geschlossenen Kräftepolygone $K_0 K_1 \ldots K_{n-1} K_0$ gehören, so ordnen wir dessen Ecke K_a dem Vierecke $P_a P_{a+1} S_{a+1}$ zu, wodurch dann dem Seilpolygone $S_1 S_2 \ldots S_n S_1$ von selbst der Pol P als entsprechend zugewiesen ist. Denken wir uns die hierdurch hervorgerufenen Spannungen nach der Methode der vorigen Nummer bestimmt, so wird es darauf ankommen, zu untersuchen, ob an das Kräftepolygon anschließend den Polygonen des Fachwerks selbst solche Punkte zugeordnet werden können, daß zwei benachbarten Polygonen zwei Punkte entsprechen, deren Verbindungsstrecke der Größe und Richtung nach die Spannung in dem den beiden Polygonen gemeinsamen Stabe darstellt. Enthält der Knotenpunkt P_a nur zwei Stäbe P $P_{a-1} P_a$ und $P_a P_{a+1}$, so werden wir dem Polygone (Q_b), dessen Seiten diese Stäbe sind, offenbar den Punkt Q_b zuordnen, in dem sich die Parallelen durch K_{a-1} und K_a zu diesen Stäben schneiden. Nehmen wir dann die beiden Stäbe fort und lassen in P_{a-1} und P_{a+1} die Kräfte $K_{a-2} Q_b$ und $Q_b K_{a+1}$ angreifen, so haben wir dieselbe Aufgabe für ein einfaches stabiles Fachwerk $\mathfrak{F}_{k-1}$, auf das wir nun, falls es noch weitere zweistäbige Knotenpunkte am Rande enthält, dasselbe Verfahren anwenden können.

Da wir aber so schließlich einmal auf ein Fachwerk kommen können, das keine zweistäbigen Knotenpunkte am Rande mehr enthält, so wollen wir ein zweites Verfahren für die Ablösung eines Polygons (Q_b) geben, wenn es mit einem Stabe an den Rand stößt, dessen Endpunkte P_a und P_{a+1} je mehr als zwei Stäbe enthalten. Da behaupten wir zuerst, daß der Stab $P_a P_{a+1}$, von einer Ausnahme abgesehen durch eine derjenigen inneren Diagonalen, welche die Polygone des Fachwerks in lauter Dreiecke zerlegen, muß ersetzt werden können, ohne daß das Fachwerk aufhört, einfach und stabil zu sein. Da nämlich $\mathfrak{F}_k$ einfach und stabil sein soll, so können wir nach dem Satze 33 auf S. 105 ein Fachwerk $\mathfrak{F}_k'$ konstruieren, das mit $\mathfrak{F}_k$ die Gliederung und die Richtungen aller Stäbe, ausgenommen diejenige von $P_\mathfrak{a} P_{\mathfrak{a}+1}$, gemein hat. Ziehen wir dann in dieses Fachwerk die entsprechenden Diagonalen ein, so können diese den entsprechenden in $\mathfrak{F}_k$ im allgemeinen nicht alle parallel sein. Dann würde nämlich jedes der Dreiecke, in die $\mathfrak{F}_k$ durch die Diagonalen zerlegt wird, abgesehen von dem Dreiecke $P_\mathfrak{a} P_{\mathfrak{a}+1} P_\mathfrak{c}$, das an $P_\mathfrak{a} P_{\mathfrak{a}+1}$ anstößt, mit dem entsprechenden in $\mathfrak{F}_k'$ ähnlich und ähnlich gelegen sein. Nun haben wir zwei Fälle zu unterscheiden, je nachdem $P_\mathfrak{c}$ am Rande liegt oder nicht. Im ersten Falle zerfällt das durch die Diagonalen erweiterte Fachwerk und deshalb auch $\mathfrak{F}_k$ selbst nach Fortlassung von $P_\mathfrak{a} P_{\mathfrak{a}+1}$ in zwei um $P_\mathfrak{c}$ drehbare einfache und stabile Fachwerke (s. Satz 34 auf S. 109). Richten wir dann die Bezeichnung so ein, daß $\mathfrak{a}=1$ ist, und konstruieren den Punkt $Q_\mathfrak{b}$ so, daß $Q_\mathfrak{b} K_1$ bzw. $K_1 Q_\mathfrak{b}$ die Komponente der in P_1 bzw. P_2 angreifenden Kraft nach $P_1 P_2$ darstellt, so lassen wir in den Knotenpunkten P_1, $P_\mathfrak{c}$, $P_{\mathfrak{c}+1}$, ..., P_n des einen Teilfachwerks die zu dem Kräftepolygone $K_0 Q_\mathfrak{b} K_\mathfrak{c} K_{\mathfrak{c}+1} \ldots K_{n-1} K_0$ gehörigen und in den Knotenpunkten P_2, P_3, ..., $P_{\mathfrak{c}-1}$, $P_\mathfrak{c}$ des anderen Teilfachwerks die zu dem Kräftepolygone $Q_\mathfrak{b} K_2 K_3 \ldots K_{\mathfrak{c}-1} Q_\mathfrak{b}$ gehörigen Kräfte angreifen und haben hiermit unsere Aufgabe in die entsprechende für zwei einfache, stabile und schlichte Fachwerke zerlegt. Rechnen wir in der Tat die in $P_\mathfrak{c}$ angreifende Kraft $K_{\mathfrak{c}-1} K_\mathfrak{c}$ etwa dem ersten Teile zu, so sind $K_{\mathfrak{c}-1} Q_\mathfrak{b}$ und $Q_\mathfrak{b} K_1$ die Komponenten der auf den ersten Teil wirkenden Kraft $K_{\mathfrak{c}-1} K_1$ nach $P_\mathfrak{c}$ und $P_1 P_2$ oder $K_{\mathfrak{c}-1} Q_\mathfrak{b}$ bzw. $Q_\mathfrak{b} K_2$ die in den Knotenpunkten $P_\mathfrak{c}$ und P_2 des zweiten Teiles angreifenden Kräfte; ebenso sind dann $Q_\mathfrak{b} K_{\mathfrak{c}-1}$ und $K_1 Q_\mathfrak{b}$ die Komponenten der auf den zweiten Teil wirkenden Kraft $K_1 K_{\mathfrak{c}-1}$ nach $P_\mathfrak{c}$ und $P_1 P_2$, also $Q_\mathfrak{b} K_\mathfrak{c}$ und $K_0 Q_\mathfrak{b}$ die in den Knotenpunkten $P_\mathfrak{c}$ und P_1 des ersten Teils angreifenden Kräfte.

Ist aber $P_\mathfrak{c}$ ein innerer Knotenpunkt, so müßten, wenn wirklich alle Diagonalen der Polygone von $\mathfrak{F}_k$ denen von $\mathfrak{F}_k'$ parallel wären, in dem durch die Diagonalen erweiterten Fachwerke durch $P_\mathfrak{c}$ noch die durch ähnliche und ähnlich gelegene Dreiecke verbundenen Stäbe $P_\mathfrak{c} P_\mathfrak{b}$, $P_\mathfrak{c} P_\mathfrak{e}$, ..., $P_\mathfrak{c} P_\mathfrak{m}$ laufen, und es müßte sein:

$$P_\mathfrak{c} P_\mathfrak{a} : P_\mathfrak{c} P_\mathfrak{b} : P_\mathfrak{c} P_\mathfrak{e} : \ldots : P_\mathfrak{c} P_\mathfrak{m} : P_\mathfrak{c} P_{\mathfrak{a}+1} =$$
$$P_\mathfrak{c}' P_\mathfrak{a}' : P_\mathfrak{c}' P_\mathfrak{b}' : P_\mathfrak{c}' P_\mathfrak{e}' : \ldots : P_\mathfrak{c}' P_\mathfrak{m}' : P_\mathfrak{c}' P'_{\mathfrak{a}+1},$$

so daß gegen die Voraussetzung auch $P_\mathfrak{a} P_{\mathfrak{a}+1} \parallel P_\mathfrak{a}' P'_{\mathfrak{a}+1}$ wäre. Es muß also wirklich eine Diagonale $P_\mathfrak{r} P_\mathfrak{s}$ geben, die der entsprechenden $P_\mathfrak{r}' P_\mathfrak{s}'$ nicht parallel ist. Sind nun wieder $Q_\mathfrak{b} K_\mathfrak{a}$ und $K_\mathfrak{a} Q_\mathfrak{b}$ die Komponenten der in $P_\mathfrak{a}$ und $P_{\mathfrak{a}+1}$ angreifenden Kräfte nach $P_\mathfrak{a} P_{\mathfrak{a}+1}$, nehmen wir ferner diesen Stab fort und ziehen den Stab $P_\mathfrak{r} P_\mathfrak{s}$ ein, so erhalten wir ein einfaches, stabiles und schlichtes Fachwerk $\mathfrak{G}_k$, in dessen mit $\mathfrak{F}_k$ gemeinsamen Stäben wir dieselben Spannungen erhalten wie in diesem, wenn wir in $P_\mathfrak{a}$ und $P_{\mathfrak{a}+1}$ die Kräfte $K_{\mathfrak{a}-1} Q_\mathfrak{b}$ und $Q_\mathfrak{b} K_{\mathfrak{a}+1}$ angreifen lassen, während sich in $P_\mathfrak{r} P_\mathfrak{s}$ keine Spannung ergeben darf (vgl. S. 122). Dieses Fachwerk $\mathfrak{G}_k$, für das unsere Aufgabe dieselbe bleibt, enthält das Polygon $(Q_\mathfrak{b})$ nicht mehr, während allerdings durch $P_\mathfrak{r} P_\mathfrak{s}$ ein anderes Polygon in zwei zerlegt wird; zugleich wird mindestens ein für $\mathfrak{F}_k$ innerer Knotenpunkt an den Rand treten.

Sollte daher $\mathfrak{G}_k$ keinen zweistäbigen Knotenpunkt am Rande enthalten, sollte also die durch das erste Verfahren zu erreichende Reduktion noch nicht möglich sein, so können wir das zweite Verfahren so lange fortsetzen, bis alle k Knotenpunkte am Rande liegen, das entstehende Fachwerk also ein Dreiecksnetz ist. Da ein solches (vgl. S. 84) mindestens einen zweistäbigen Knotenpunkt besitzt, so muß die gewünschte Reduktion einmal ausführbar sein.

Durch wechselnde Anwendung der beiden Prozesse, nämlich erstens durch Fortlassung der durch einen zweistäbigen Randknotenpunkt laufenden Stäbe und Zuweisung des damit abgelösten Polygons zu dem Eckpunkte des Zerlegungspolygons der in dem Knotenpunkte angreifenden Kraft und zweitens Fortlassung eines durch zwei mehr als zweistäbige Knotenpunkte begrenzten Randstabes, Einziehung einer inneren Diagonale und Zuweisung des damit abgelösten Polygons zu dem Endpunkte einer mit der Ecke des Kräftepolygons die Stabspannung darstellenden Strecke wird man also unsere Aufgabe auf eine solche für Fachwerke immer geringerer Gliederung zurückführen können, so daß man schließlich auf ein Dreieck kommen muß, dessen entsprechender Punkt nach S. 77 gefunden werden kann. Nun ist bei beiden Prozessen die Spannung in einem fortzulassenden Stabe durch die Verbindungsstrecke der Punkte dargestellt, die den an ihn grenzenden Polygonen zugewiesen sind, nämlich im ersten Falle durch $K_\mathfrak{a} Q_\mathfrak{b}$ und $Q_\mathfrak{b} K_\mathfrak{a}$ und im zweiten Falle durch $K_1 Q_\mathfrak{b}$ bzw. $K_\mathfrak{a} Q_\mathfrak{b}$. Ist hierbei ein Stab spannungslos, wie z. B. die einzuziehenden Diagonalen, so fallen jene beiden Punkte von selbst zusammen. Da schließlich das oben Behauptete auch für das Dreieck gilt, so haben wir die Existenz eines Kräfteplans unter den auf S. 126 angegebenen Voraussetzungen bewiesen.

Aus unserer Konstruktion dieses Kräfteplans geht auch hervor, daß umgekehrt jedem Knotenpunkte des Fachwerks im Kräfteplan ein geschlossenes Polygon entspricht, dessen Seiten die im Knotenpunkte angreifenden inneren (Spannungen) und äußeren Kräfte darstellen. Wir erhalten so den Satz:

Satz 42. *Die in den Stäben eines einfachen, stabilen und schlichten Fachwerks, in dem sich niemals zwei Stäbe überschneiden, unter dem Einflusse von Kräften, die nur in den Knotenpunkten des Randes angreifen, entstehenden Spannungen können mit den Seiten des Kräftepolygons so in einem Kräfteplane geordnet werden, daß jedem der* $k-2$ *Polygone des Fachwerks ein Punkt im Kräfteplane entspricht, und jedem Knotenpunkte des Fachwerks ein Polygon, dessen Seiten die in dem Knotenpunkte angreifenden inneren und äußeren Kräfte darstellen.*

Wenn wir den von uns gegebenen Beweis für die Existenz eines Kräfteplans genauer verfolgen, so finden wir, daß die Schlichtheit des Fachwerks $\mathfrak{F}_k$ nur insofern benutzt wurde, als sie unmittelbar eine Zerlegung des Fachwerks in $k-2$ nebeneinander liegende einfache Polygone lieferte. Es kam also nur auf diese Zerlegung von $\mathfrak{F}_k$ in $k-2$ einfache Polygone an, die ihrerseits nur von der Gliederung des Fachwerks abhängen kann. Denn man kann ja zu jedem schlichten Fachwerke, das kein Dreieck ist, durch Veränderung der Stabrichtungen ein Fachwerk gleicher Gliederung finden, in dem Überschneidungen von Stäben vorkommen. **Ein Kräfteplan wird also auch dann existieren, wenn es erstens die Gliederung des Fachwerks erlaubt, ein ihm gleich gegliedertes, aber schlichtes Fachwerk zu konstruieren, und hierbei zweitens den Angriffspunkten der äußeren Kräfte nur Randknotenpunkte des schlichten Fachwerks entsprechen.** Diese Bemerkung gibt ein praktisch sehr brauchbares Kriterium für die Existenz eines Kräfteplans. Es läßt sich zwar auch umgekehrt zeigen, daß die Konstruktion eines Kräfteplans nur unter obigen Bedingungen möglich ist, ein solcher Beweis ist aber so umständlich und schwierig, daß wir ihn hier übergehen müssen (vgl. d. o. a. Abh. d. Verf. S. 178 u. 182).

Daß die Existenz eines Kräfteplans im wesentlichen von der Gliederung des Fachwerks abhängt, geht auch daraus hervor, daß der durch den Pol und die Seilstrahlen erweiterte Kräfteplan eines einfachen stabilen Fachwerks ein Fachwerk mit $k-2+n+1=k+n-1$ Knotenpunkten und $2k-3+2n=2(k+n-1)-3+2$ Stäben, also ein Fachwerk mit zwei überzähligen Stäben ist. Daß in der Tat dies Fachwerk $\mathfrak{F}_{k+n-1}$ etwa nach Fortlassung der beiden

Stäbe PK_{n-1} und $K_{n-1}K_0$ noch stabil bleibt, erkennt man folgendermaßen. Wir denken uns hierbei die Gliederung des Fachwerks $\mathfrak{F}_k$ selbst und seine Zerlegung in $k-2$ Polygone gegeben, womit auch die Gliederung des erweiterten Kräfteplans $\mathfrak{F}_{k+n-1}$ bekannt ist. Sind dann die Richtungen der Stäbe von $\mathfrak{F}_{k+n-1}$ bis auf diejenigen von PK_{n-1} und $K_{n-1}K_0$ gegeben, so ist auch $\mathfrak{F}_k$, vom Maßstabe abgesehen, bekannt und ebenso die in seinen Knotenpunkten P_1, P_2, ..., P_{n-2} angreifenden Kräfte; denn nimmt man etwa K_0K_1 der gegebenen Richtung gemäß an, so kennt man dadurch den Pol P und deshalb auch K_1, K_2, ..., K_{n-2}. Nun kennt man weiter von der in P_{n-1} angreifenden Kraft die Angriffslinie ($\parallel K_{n-2}K_{n-1}$), so daß man nur die der Resultante der bekannten Kräfte entgegengesetzt gleiche Kraft in zwei Komponenten nach dieser und nach P_n zu zerlegen hat, um alle äußeren Kräfte zu kennen. Damit sind aber der Voraussetzung gemäß auch alle Spannungen in den Stäben von $\mathfrak{F}_k$, also auch der Kräfteplan $\mathfrak{F}_{k+n-1}$, bekannt. Daß $\mathfrak{F}_{k+n-1}$ instabil wird, wenn wir noch einen weiteren Stab fortlassen, folgt schon daraus, daß es dann einen Stab zu wenig besitzt. Wir haben also den Satz:

Satz 43. *Der durch den Pol und die Seilstrahlen erweiterte Kräfteplan eines einfachen, stabilen Fachwerks ist selbst ein stabiles Fachwerk mit zwei überzähligen Stäben.*

Durch diese Auffassung des Kräfteplans als eines Fachwerks ist seine Konstruktion von seiner statischen Bedeutung losgelöst und auf die rein geometrische Fundamentalaufgabe (S. 117) zurückgeführt, ein einfaches, stabiles Fachwerk zu konstruieren, von dem die Gliederung und die Richtungen seiner Stäbe gegeben sind. Hierbei knüpft die Bestimmung eines solchen Punktes $Q_\mathfrak{b}$ des Kräfteplans, dessen entsprechendes Polygon $(Q_\mathfrak{b})$ an zwei Polygone anstößt, zu denen die ihnen im Kräfteplane zugehörigen Punkte schon bekannt sind, von selbst an das erste Bildungsgesetz der Fachwerke an. Was aber die Konstruktion eines Punktes $Q_\mathfrak{b}$ betrifft, dessen zugehöriges Polygon $(Q_\mathfrak{b})$ nur an ein Polygon mit bekanntem entsprechenden Punkte angrenzt, so finden wir sie auf Grund des Satzes 34 auf S. 109. Hiernach bilden nämlich alle Fachwerke, die mit dem durch Entfernung von PK_{n-1} und $K_{n-1}K_0$ aus dem erweiterten Kräfteplane entstehenden einfachen und stabilen Fachwerke $\mathfrak{F}_{k+n-1}$ die Gliederung, den Stab K_0K_1 und die Richtungen aller Stäbe, ausgenommen derjenigen eines gewissen Stabes $Q_\mathfrak{b}Q_\mathfrak{c}$, gemein haben, eine solche Schar, daß bei Veränderung der Richtung dieses letzten Stabes alle Knotenpunkte, soweit sie überhaupt beweglich sind, gerade ähnliche Punktreihen beschreiben. Statt die Richtung von $Q_\mathfrak{b} Q_\mathfrak{e}$ zu ändern, können wir aber auch $Q_\mathfrak{h}$ auf seiner Geraden, die ja die Parallele durch $Q_\mathfrak{c}$ zu der den Polygonen $(Q_\mathfrak{h})$ und $(Q_\mathfrak{c})$ gemeinsamen Geraden ist, verschiedene Lagen $Q_\mathfrak{h}'$, $Q_\mathfrak{h}''$ geben und die entsprechenden Lagen $Q_\mathfrak{b}'$, $Q_\mathfrak{b}''$ und $Q_\mathfrak{e}'$, $Q_\mathfrak{e}''$ konstruieren. Schneidet dann die Parallele durch $Q_\mathfrak{b}'$ zu $Q_\mathfrak{e}' Q_\mathfrak{e}''$ die Gerade der für $Q_\mathfrak{b} Q_\mathfrak{e}$ gegebenen Richtung durch $Q_\mathfrak{b}''$ in R, so ist der Punkt $S = (Q_\mathfrak{b}' Q_\mathfrak{e}', R Q_\mathfrak{e}'')$ ein Punkt von $Q_\mathfrak{b} Q_\mathfrak{e}$; denn die Gerade durch S in der Richtung von $Q_\mathfrak{b} Q_\mathfrak{e}$ teilt die Strecken $Q_\mathfrak{b}' Q_\mathfrak{b}''$ und $Q_\mathfrak{e}' Q_\mathfrak{e}''$ in demselben Verhältnisse.

Natürlich wird es auf die Wahl des Stabes $Q_\mathfrak{b} Q_\mathfrak{e}$ ankommen, ob diese Konstruktion leicht gelingt. Man kann das Verfahren aber auch dahin abändern, daß man durch Fortlassung zweier verschiedener Stäbe als Ort eines Knotenpunktes $Q_\mathfrak{b}$ von $\mathfrak{F}_{k+n-1}$ zwei verschiedene Geraden erhält, deren Schnittpunkt dann die richtige Lage von $Q_\mathfrak{b}$ und damit diejenige von $Q_\mathfrak{h}$ liefert. In dieser Form wird das Verfahren la méthode de la fausse position von Saviotti genannt. Das Wesentliche liegt aber in der Benutzung des Satzes 34 auf S. 109, daß also, wenn ein Punkt $Q_\mathfrak{h}$ die Gerade gegebener Richtung durch einen schon bekannten Punkt des Kräfteplans beschreibt, jeder andere aus ihm konstruierte Punkt eine dazu ähnliche gerade Punktreihe beschreibt. Hierbei kann es vorkommen, daß aus $Q_\mathfrak{h}$ überhaupt kein anderer Punkt mehr konstruiert werden kann; dann wird man einen zweiten Punkt seine Gerade beschreiben lassen und seine richtige Lage durch die Beziehung zu $Q_\mathfrak{h}$ zu finden haben. So nützlich diese Saviottische Methode zur Konstruktion gewisser Kräftepläne auch ist, so läßt sie sich doch kaum in so scharfe Regeln fassen, wie unsere Lösung des Spannungsproblems oder die Auffassung der Konstruktion eines Kräfteplans als einen besonderen Fall unserer Fundamentalaufgabe auf S. **117**. Jedenfalls wird es gut sein, die allgemeine Theorie durch einige Beispiele zu erläutern.

Das in Fig. 72 dargestellte Fachwerk besteht aus den beiden Dreiecken $P_1 P_3 P_5$ und $P_2 P_4 P_6$, deren Ecken durch die Stäbe $P_1 P_4$, $P_3 P_2$, $P_5 P_6$ verbunden sind; in den Knotenpunkten P_1, P_2, P_3, P_4 mögen die durch das Kräftepolygon $K_0 K_1 K_2 K_3 K_0$ gegebenen Kräfte angreifen. Man sieht leicht, daß man schematisch ein dem Fachwerk gleich gegliedertes schlichtes Fachwerk zeichnen kann. Es liefert die Zerlegung in vier einfache Polygone, deren Bezeichnung wir im Schema angebracht haben. Nehmen wir nun einen Punkt Q_1' auf der Parallelen durch K_0 zu $P_1 P_4$ beliebig an, so finden wir Q_2' auf den Parallelen durch Q_1' und K_1 zu $P_1 P_5$ und $P_1 P_3$ und endlich Q_3' auf den Parallelen durch Q_2' und Q_1' zu $P_3 P_5$ und $P_5 P_6$, wenn wir uns nur an die Bezeichnungen des Schemas halten. Dieselben

Konstruktionen machen wir für eine zweite Annahme Q_1'' von Q_1 auf der Parallelen durch K_0 zu P_1P_4 und finden ebenso Q_2'' und Q_3''. Da aber Q_3 auch auf der Parallelen durch K_2 zu P_2P_3 liegen muß,

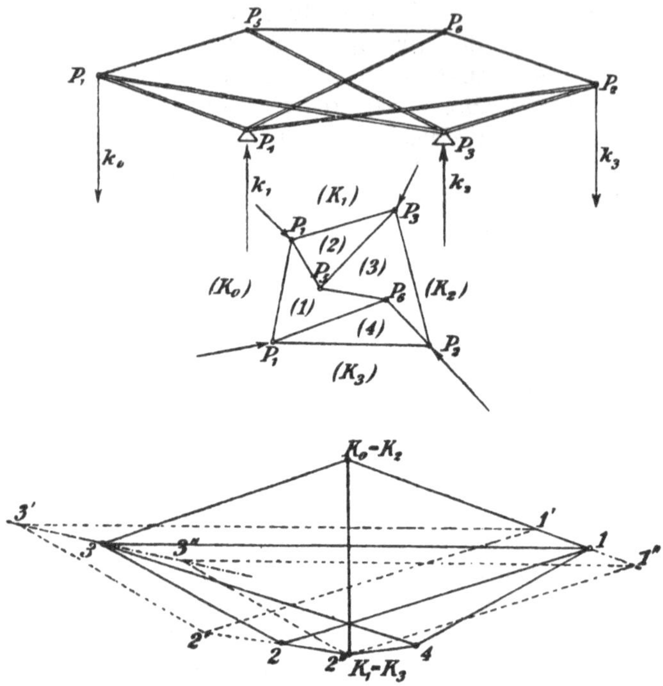

Fig. 72.

so schneidet diese die Gerade $Q_3'Q_3''$ in dem richtigen Punkte Q_3, woraus die übrigen drei Punkte des Kräfteplans leicht gefunden werden können.

Auch das Beispiel auf S. 140 kommt hier in Frage, kann aber erst nach Einführung der idealen Knotenpunkte und Stäbe verstanden werden.

27. Ideale Knotenpunkte und Stäbe.

In der vorigen Nummer haben wir die folgende Regel kennen gelernt, um zu untersuchen, ob ein Spannungsproblem etwa mit Hilfe eines Kräfteplans gelöst werden kann. Wir werden zuerst versuchen ein einfaches Polygon zu finden, dessen Ecken die Knotenpunkte des Fachwerks umfassen, in denen äußere Kräfte angreifen, das wir also als das Randpolygon betrachten werden. Dann werden wir ein dem gegebenen Fachwerke gleich gegliedertes schematisch hinzuzeichnen versuchen, dessen Rand jenem Randpolygone entspricht, und dessen Stäbe sich niemals überschneiden. Ist dies möglich, so kann unsere Aufgabe mit Hilfe eines Kräfteplans gelöst werden. Wie steht es aber, wenn entweder jenes einfache Randpolygon nicht gefunden werden kann, oder auch jene Überschneidungen nicht vermieden werden können, wie z. B. bei dem mehrfach behandelten Fachwerke, dessen Knotenpunkte die sechs Ecken und dessen Stäbe die sechs Seiten und drei Diagonalen eines einfachen Sechsecks sind?

In letzterem Falle kann man jeden Punkt J_a, in dem sich zwei Stäbe des Fachwerks überschneiden, als einen sogenannten idealen Knotenpunkt mit vier Stäben ansehen und zwar als einen idealen insofern, als die vier Stäbe nicht um J_a drehbar aneinander befestigt sind. Tatsächlich ist das aber für das Spannungsproblem nicht von Belang, so lange die vier Stäbe ihre zweimal zwei gleichen Richtungen beibehalten und in J_a keine äußere Kraft angreift; denn dann kann in J_a Gleichgewicht nur zustande kommen, wenn in den beiden Teilen jedes der beiden durchschnittenen Stäbe gleiche Spannungen herrschen, oder die von dem anderen Endpunkte jedes Teiles in J_a hervorgerufenen Kräfte sich aufheben. Dies wird dadurch zum Ausdruck kommen, daß dem idealen Knotenpunkte J_a im Kräfteplane ein Parallelogramm entsprechen wird. Weiter sieht man, daß durch Einführung solcher Überschneidungspunkte als idealer Knotenpunkte die Anzahl der Knotenpunkte je um 1 und die der Stäbe je um 2 vermehrt wird, so daß das neue Fachwerk nicht nur stabil, sondern auch einfach bleibt. Existierte nämlich ein zweites Fachwerk, das mit diesem die Gliederung, einen Stab und die Richtungen aller übrigen gemein hat, so gälte dasselbe für das ursprüngliche Fachwerk. Das neue Fachwerk wird nun allerdings einen Kräfteplan liefern, in dem einigen Stäben des ursprünglichen Fachwerks mehrere gleiche Seiten des Kräfteplans entsprechen, aber diese geringe Vermehrung der Linien wird vollständig dadurch aufgewogen, daß, wie wir sogleich vollständig beweisen werden, wir nun ein allgemeines Prinzip haben, um das Spannungsproblem für jedes einfache und stabile Fachwerk in übersichtlicher Weise mit Hilfe eines Kräfteplans zu lösen.

Zunächst aber mag die Einführung idealer Knotenpunkte durch ein Beispiel erläutert werden. In dem in Fig. 73 dargestellten Fachwerke überschneiden sich die beiden Stäbe AP_3 und BP_1 in J und es greifen in allen Knotenpunkten A, P_1, P_2, P_3, B die durch das geschlossene Kräftepolygon $KK_0K_1K_2K_3K$ dargestellten Kräfte an, wo die in A und B angreifenden mit Hilfe der Auflagerreaktionen gefunden sind. Nun könnte man hier leicht schematisch ein schlichtes

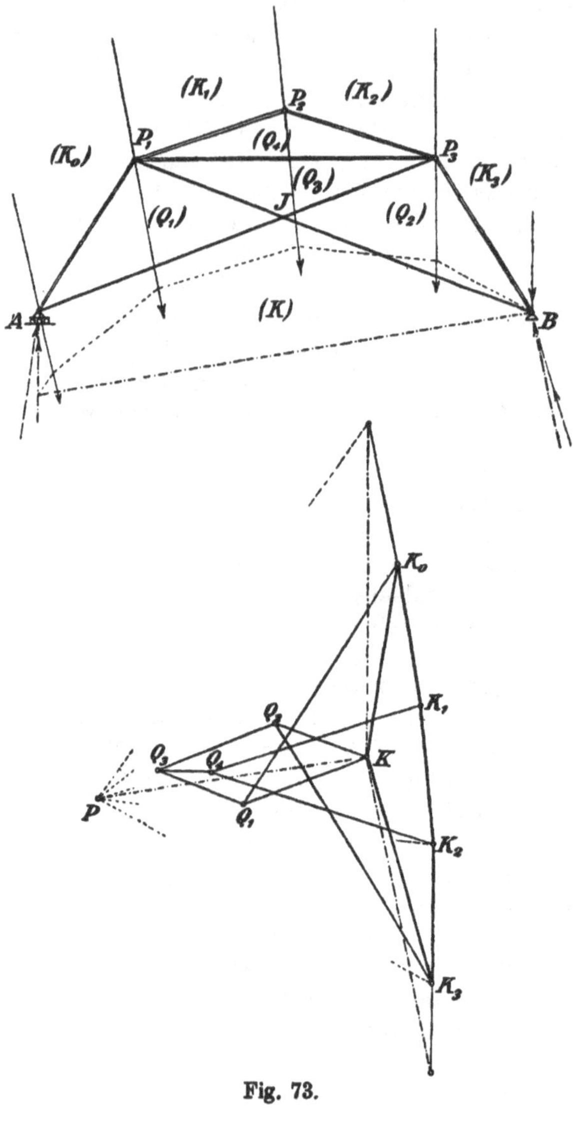

Fig. 73.

Fachwerk gleicher Gliederung zeichnen, man braucht ja nur B im Inneren des Dreiecks $A P_1 P_3$ anzunehmen, aber es gibt kein einfaches Randpolygon. Führt man indessen den idealen Knotenpunkt J ein, so schwindet jede Schwierigkeit. Wir finden dann leicht die den Feldern (Q_1), (Q_2), (Q_4) des neuen Fachwerks entsprechenden Punkte des Kräfteplans und daraus auch die vierte Ecke des Parallelogramms $K_1 Q_1 Q_3 Q_2$; daß $Q_3 Q_4 \parallel P_1 P_3$ sein muß, liefert dann eine Kontrolle.

Nun wird aber die Herstellung eines einfachen Randpolygons nicht in jedem Falle so einfach oder überhaupt durch die bloße Einführung idealer Knotenpunkte möglich sein. Da bietet sich der Ausweg dar, daß wir von einem Fachwerke ausgehen, das durch die Hinzunahme der Seiten des Seilpolygons und der Stücke der Angriffslinien der äußeren Kräfte zwischen ihren Angriffspunkten und den Ecken des Seilpolygons erweitert ist, und die äußeren Kräfte in diesen Ecken angreifen lassen. Dieses erweiterte Fachwerk hat dann jedenfalls die Gliederung eines einfachen stabilen Fachwerks, worauf es hier allein ankommt. Dieses Seilpolygon, das irgend einer Reihenfolge der äußeren Kräfte entspricht, können wir nun als das Randpolygon betrachten. Wir werden dann in ein diesem Seilpolygone entsprechendes einfaches, am besten konvexes Polygon die Knotenpunkte eines dem gegebenen Fachwerke gleich gegliederten Fachwerks so einzuzeichnen suchen, daß die Stäbe und die Angriffslinien der äußeren Kräfte sich möglichst selten überschneiden. Wenn wir dann die diesen Schnittpunkten im gegebenen Fachwerke entsprechenden Schnittpunkte als ideale Knotenpunkte einführen, so müssen wir nur darauf achten, daß, falls ein idealer Knotenpunkt $J_\mathfrak{a}$ in die Verlängerung des Stabes $P_\mathfrak{b} P_\mathfrak{c}$ fällt, dieser Stab als durch die beiden Stäbe $J_\mathfrak{a} P_\mathfrak{b}$ und $J_\mathfrak{a} P_\mathfrak{c}$ ersetzt zu denken ist. Die schlichte Zerlegung des schematischen Fachwerks gibt dann eine solche Zerlegung des um einige ideale Knotenpunkte und Stäbe erweiterten ursprünglichen Fachwerks in einfache Polygone, daß ein Kräfteplan konstruiert werden kann.

Falls nicht das Ziel verfolgt wird, die für die Herstellung eines Kräfteplans notwendige geringste Anzahl von idealen Knotenpunkten und Stäben einzuführen, so kann man auch die in die Angriffslinien der äußeren Kräfte fallenden idealen Knotenpunkte und Stäbe am gegebenen Fachwerke selbst anbringen. Dann werden zuerst alle Überschneidungspunkte von Stäben als ideale Knotenpunkte eingeführt. Fällt dann ein Angriffspunkt $P_\mathfrak{a}$ einer äußeren Kraft $k_\mathfrak{a}$ ins Innere des vom Fachwerke überdeckten Teils der Ebene, so betrachten wir die Schnittpunkte der einen Hälfte $g_\mathfrak{a}$ der Angriffslinie von $k_\mathfrak{a}$ mit den Stäben des Fachwerks als ideale Knotenpunkte, die im Inneren verlaufenden Teile von $g_\mathfrak{a}$ zwischen $P_\mathfrak{a}$ und diesen Knotenpunkten als ideale Stäbe und denken uns die Kraft $k_\mathfrak{a}$ als in dem am Rande gelegenen idealen Knotenpunkte angreifend. Ist in der Tat m die

Anzahl der Schnittpunkte von g_a mit den Stäben des Fachwerks, so kommen n Knotenpunkte und n Stäbe hinzu, und auch das Spannungsproblem wird durch unsere Festsetzungen nicht geändert. Denn in dem Randpunkte kann Gleichgewicht nur dadurch zustande kommen, daß erstens die äußere Kraft der Spannung das Gleichgewicht hält, die in dem auf g_a liegenden Stabe wirkt, und zweitens die Spannungen in dem durchschnittenen Stabe einander das Gleichgewicht halten. Analoges gilt der Reihe nach für die benachbarten idealen Knotenpunkte auf g_a, so daß die in P_a zusammenlaufenden Spannungen in den wirklichen Stäben einer Spannung in dem idealen Stabe das Gleichgewicht halten, die der gegebenen äußeren Kraft gleich ist. Denken wir uns diese in die Angriffslinien der äußeren Kräfte fallenden idealen Knotenpunkte und Stäbe etwa in der Reihenfolge der Randpunkte am Rande eingeführt, so kann es sich bei diesem Verfahren auch als nötig erweisen, Schnittpunkte idealer Stäbe als ideale Knotenpunkte einzuführen; das bedingt aber keinen wesentlichen Unterschied. Jedenfalls gelangen wir auf diesem Wege zu einem schlichten Fachwerke, das unter dem Einflusse von Kräften steht, die nur in Knotenpunkten des Randes angreifen, so daß das Spannungsproblem mit Hilfe eines Kräfteplanes zur Anschauung gebracht werden kann.

Trotzdem die letzte Methode bisweilen einige ideale Knotenpunkte und Stäbe zu viel benutzen mag, so wird sie für die Praxis wohl meist die bessere sein, weil sie an dem gegebenen Fachwerk selbst operiert. Dennoch dürfen wir das bei der ersten Methode zur Geltung kommende Prinzip, die Zerlegung in einfache Polygone mit Hilfe eines gleich gegliederten schematischen Fachwerks zu finden, schon deshalb nicht außer acht lassen, weil sich sonst Schwierigkeiten finden würden, falls sich in einem idealen Knotenpunkte mehr als zwei Stäbe überschneiden, oder ein Stab $P_a P_b$ über einen Knotenpunkt P_c läuft, oder die eine Seite der Angriffslinie einer im Inneren angreifenden Kraft noch durch wirkliche oder ideale Knotenpunkte läuft. Denn in allen diesen Fällen enthielte das neue Fachwerk bei unmittelbar an das gegebene Fachwerk anknüpfender Einführung der idealen Knotenpunkte oder Stäbe überzählige Stäbe, und das Spannungsproblem würde unbestimmt, insofern in solchen Punkten auch auf andere Weise Gleichgewicht zustande kommen könnte, als es dem ursprünglichen Spannungsprobleme entspricht. Bestimmen wir hingegen die Zerlegung mit Hilfe eines gleich gegliederten schematischen Fachwerks, das von dem gegebenen beliebig wenig abweicht, so verschwinden alle Schwierigkeiten. Hierbei haben wir z. B. einen Punkt J, in dem sich die drei Stäbe $P_1 P_4$, $P_2 P_5$, $P_3 P_6$ schneiden (s. Fig. 74), als die Grenze eines Dreiecks $(Q) = J_1 J_2 J_3$ nach dem Schema des eingezeichneten Fachwerks zu betrachten, das sich von dem gegebenen nur in

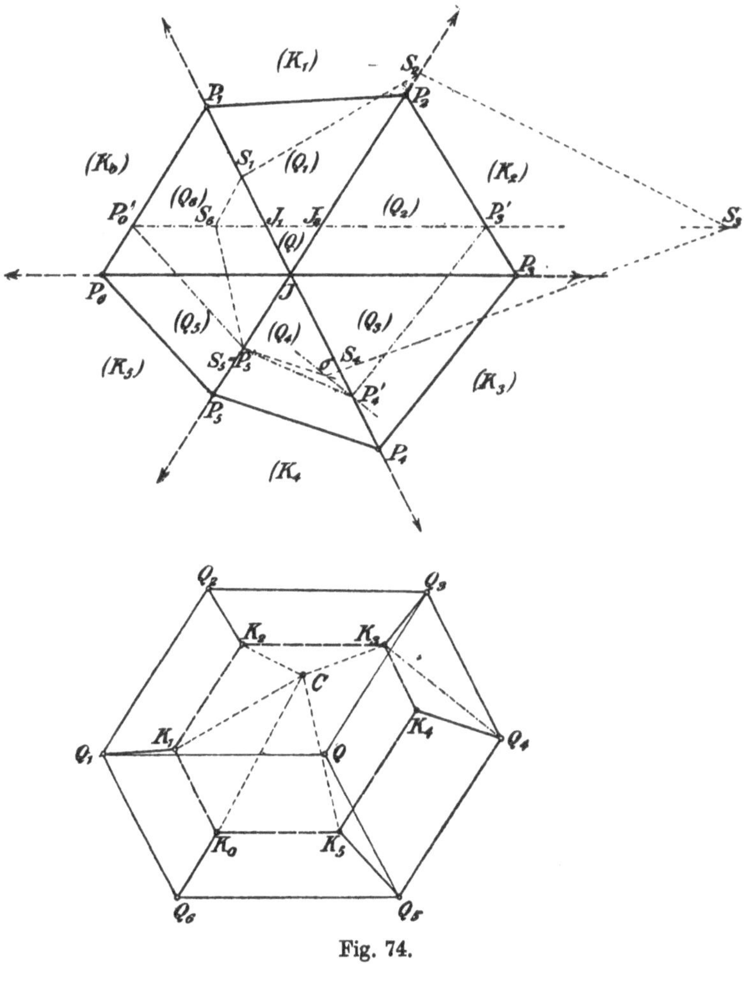

Fig. 74.

der Richtung des Stabes $P_3 P_4$ unterscheidet. Wir können es zugleich benutzen, um mit Hilfe eines Seilpolygons den Punkt Q_4 und daraus nach dem einfachen Prozesse der Zerlegung alle weiteren Punkte des Kräfteplans zu finden. Man sieht nun, wie durch Einführung des dem Punktdreiecke entsprechenden Punktes Q in den Kräfteplan in Evidenz gesetzt wird, daß die gegenüberliegenden parallelen Seiten des Sechsecks $Q_1 Q_2 \ldots Q_6$ auch einander gleich sind, was z. B. für das Kräftepolygon, dessen gegenüberliegende Seiten wir der Einfachheit

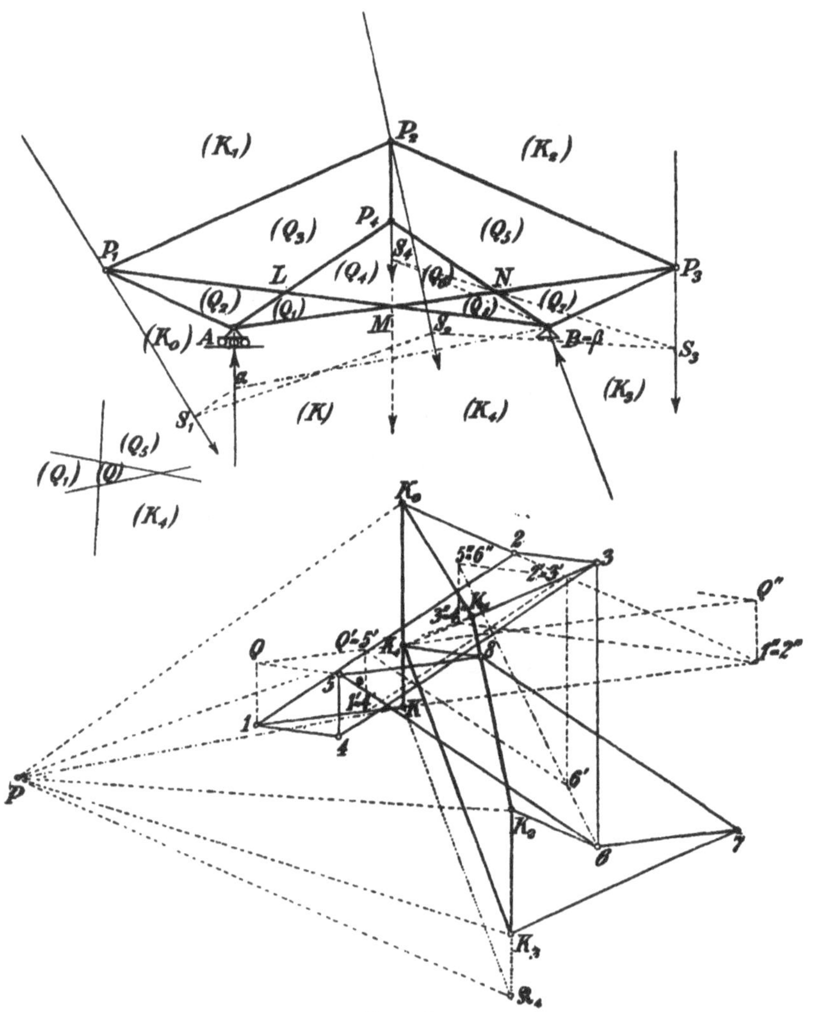

Fig. 75.

wegen ebenfalls parallel zu den Diagonalen des Fachwerks angenommen haben, nicht gilt.

Unser Verfahren mag auch durch das in Fig. 75 gezeichnete Fachwerk erläutert werden, das drei Überschneidungspunkte L, M, N

und die Auflagen A und B besitzt und unter dem Einflusse der in den Knotenpunkten P_1, P_2, P_3, P_4 angreifenden und durch das Kräftepolygon $K_0K_1K_2K_3\mathfrak{K}_4$ dargestellten Lasten steht; überdies soll P_4 im Inneren des Fachwerks liegen und die Angriffslinie von $K_3\mathfrak{K}_4$ den Punkt M enthalten, den wir uns daher als die Grenze eines Dreiecks denken wollen, das an die Flächen (Q_1), (Q_5) und (K_4) mit Seiten anstößt, die zu MP_4, LM und MN bzw. parallel sind. Nun bestimmen wir zuerst mit Hilfe eines Seilpolygons, dessen letzte Seite durch das feste Auflager B läuft, die beiden Auflagerreaktionen KK_0 und $\mathfrak{K}_4K$ in A und B, ordnen aber die Kräfte gemäß der Reihenfolge ihrer Angriffspunkte am Rande, so daß von P_1 beginnend $K_0K_1K_2K_3K_4KK_0$ das Kräftepolygon unseres nunmehr schlichten Fachwerks ist.

Nehmen wir jetzt, da kein zweistäbiger Knotenpunkt vorhanden ist, Q_1 als Q_1' willkürlich auf der Parallelen durch K zu AM an (Saviotti), so findet man der Reihe nach Q_2' auf den Parallelen durch Q_1' und K_0 zu AL und AP_1, Q_3' auf den Parallelen durch Q_2' und K_1 zu P_1L und P_1P_2, Q_4' auf den Parallelen durch Q_3' und Q_1' zu LP_4 und LM, Q' auf den Parallelen durch Q_1' und K_4 zu MP_4 und MN, Q_5' auf den Parallelen durch Q' und Q_4' zu LM und MP_4, endlich Q_6' auf den Parallelen durch Q_3' und Q_5' zu P_4P_2 und P_4N, während andererseits Q_6 auf der Parallelen durch K_2 zu P_2P_3 liegen muß. Konstruieren wir daher für eine zweite Annahme von Q_1'' auf der Parallelen durch K zu AM den Punkt Q_6'', so schneidet nach S. **133** $Q_6'Q_6''$ jene Parallele durch K_2 in dem richtigen Punkte Q_6, woraus auch die übrigen Punkte gefunden werden können. In der Figur wurde Q_2' als Schnittpunkt der Parallelen durch K_0 und K_1 zu AP_1 und P_1P_2 angenommen, so daß $Q_2'=Q_3'$, $Q_1'=Q_4'$ und $Q'=Q_5'$ wird, und ebenso wurde Q_1'' als Schnittpunkt der Parallelen durch K_0 und K zu AP_1 und AM angenommen, so daß $Q_1''=Q_2''$, $Q_3''=Q_4''$ und $Q_5''=Q_6''$ wird. Den Punkten L und N entsprechen wieder die Parallelogramme $Q_1Q_2Q_3Q_4$ und $Q_5Q_6Q_7Q_8$ und dem Punkte M das Sechseck $KQ_1Q_4Q_5Q_8K_4$ mit gegenüberliegenden gleichen und parallelen Seiten, wie der Punkt Q anzeigt. Als Resultat unserer Untersuchungen können wir den Satz aussprechen:

Satz 44. *Für jedes einfache stabile Fachwerk läßt sich jedes Spannungsproblem durch einen Kräfteplan lösen, wenn das Fachwerk zuvor durch Einführung gewisser idealer Knotenpunkte und Stäbe zu einem solchen erweitert wird, das einfach, stabil und schlicht ist und nur unter dem Einflusse von Kräften steht, die in den Knotenpunkten des Randes angreifen.*

28. Statisch unbestimmte Fachwerke.

Besitzt ein stabiles Fachwerk mit k Knotenpunkten $2k-2$ Stäbe, also einen überzähligen Stab, so läßt das Spannungsproblem vom rein statischen Standpunkte aus, also unter der Voraussetzung, daß die Stäbe absolut starr seien, unendlich viele Lösungen zu. Machen wir nämlich das Fachwerk dadurch zu einem einfachen und stabilen, daß wir den Stab $P_{\mathfrak{a}}P_{\mathfrak{b}}$ fortlassen, so können wir sicher die gegebenen äußeren, miteinander im Gleichgewichte stehenden Kräfte $k_{\mathfrak{c}}$ so nach den in $P_{\mathfrak{c}}$ zusammenlaufenden Stäben zerlegen, daß in jedem Stabe zwei entgegengesetzt gleiche Komponenten resultieren. Nehmen wir außerdem in $P_{\mathfrak{a}}$ und $P_{\mathfrak{b}}$ zwei entgegengesetzt gleiche, sonst aber ganz beliebige Kräfte $h_{\mathfrak{a}}$ und $h_{\mathfrak{b}}$ in der Richtung des fortgelassenen Stabes an, so erhalten wir auch für diese bestimmte Komponenten in den Stäben des einfachen Fachwerks. Setzen wir die so beidemal erhaltenen Komponenten für jeden Stab zusammen, so ergibt sich eine Zerlegung des aus den gegebenen äußeren Kräften und den Zusatzkräften $h_{\mathfrak{a}}$, $h_{\mathfrak{b}}$ bestehenden Kräftesystems nach den Stäben des einfachen Fachwerks, die einem Spannungsproblem entspricht. Hierbei sind die von $P_{\mathfrak{a}}$ ausgehenden Komponenten der Resultante von $k_{\mathfrak{a}}$ und $h_{\mathfrak{a}}$ äquivalent, also auch $k_{\mathfrak{a}}$ diesen Komponenten und der Kraft $h_{\mathfrak{b}}$. Fügen wir daher unserer Zerlegung noch die beiden Komponenten $h_{\mathfrak{b}}$ bzw. $h_{\mathfrak{a}}$ nach $P_{\mathfrak{a}}P_{\mathfrak{b}}$ für die Knotenpunkte $P_{\mathfrak{a}}$ bzw. $P_{\mathfrak{b}}$ hinzu, so haben wir auch eine Lösung des Spannungsproblems für das ursprüngliche, nicht einfache Fachwerk und die gegebenen äußeren Kräfte. Da $h_{\mathfrak{a}}$ seiner Größe und seinem Vorzeichen nach beliebig war, so gibt es in der Tat unendlich viele Lösungen des Problems, das Fachwerk heißt statisch unbestimmt.

Es ist klar, wie sich die Mannigfaltigkeit der statisch möglichen Systeme von Spannungen mit der Anzahl der überzähligen Stäbe eines stabilen Fachwerks erhöht. Da aber in Wirklichkeit gegebene äußere Kräfte ganz bestimmte Spannungen hervorrufen müssen, so werden wir diese nur finden können, wenn wir die der Wirklichkeit nicht ganz entsprechende Hypothese fallen lassen, daß die Stäbe des Fachwerks absolut starr seien. Wir werden vielmehr annehmen müssen, daß die Stäbe $l_{\mathfrak{a},\mathfrak{b}}$ des Fachwerks unter dem Einflusse der äußeren Kräfte gewisse Verlängerungen oder Verkürzungen $\Delta l_{\mathfrak{a},\mathfrak{b}}$ erfahren, die den Hypothesen der Festigkeitslehre gemäß der Spannungen $s_{\mathfrak{a},\mathfrak{b}}$ der Stäbe proportional sind, so zwar, daß:

$$\Delta l_{\mathfrak{a},\mathfrak{b}} = \frac{s_{\mathfrak{a},\mathfrak{b}} \cdot l_{\mathfrak{a},\mathfrak{b}}}{F_{\mathfrak{a},\mathfrak{b}} \cdot E_{\mathfrak{a},\mathfrak{b}}} \tag{1}$$

ist, wo $F_{\mathfrak{a},\mathfrak{b}}$ der Flächeninhalt des Stabquerschnitts und $E_{\mathfrak{a},\mathfrak{b}}$ der sogenannte Elastizitätsmodul des Materials ist.

Um hier die Vorzeichen scharf unterscheiden zu können, wollen wir eine Komponente $s_{\mathfrak{a},\mathfrak{b}}$ nach dem Stabe $P_{\mathfrak{a}} P_{\mathfrak{b}}$ als positiv oder negativ ansehen, je nachdem sie Zug oder Druck bedeutet; hiernach wird ein positives $s_{\mathfrak{a},\mathfrak{b}}$ als Komponente der in $P_{\mathfrak{a}}$ bzw. $P_{\mathfrak{b}}$ angreifenden Kraft von $P_{\mathfrak{b}}$ nach $P_{\mathfrak{a}}$ bzw. umgekehrt gerichtet sein. Ergeben daher die gegebenen äußeren Kräfte für das durch Entfernung des Stabes $P_{\mathfrak{a}} P_{\mathfrak{b}}$ entstehende einfache stabile Fachwerk die Spannungen $s'_{\mathfrak{c},\mathfrak{d}}$ und für die Kräfte $h_{\mathfrak{a}}$ und $h_{\mathfrak{b}}$ die Spannungen $s''_{\mathfrak{c},\mathfrak{d}}$, so erhalten wir für das ursprüngliche Fachwerk als eine Lösung des Problems die Spannungen $s'_{\mathfrak{c},\mathfrak{d}} + s''_{\mathfrak{c},\mathfrak{d}}$ für den Stab $P_{\mathfrak{c}} P_{\mathfrak{d}}$ und $h_{\mathfrak{b}}$ für $P_{\mathfrak{a}} P_{\mathfrak{b}}$, wenn wir auch $h_{\mathfrak{b}}$ als positiv oder negativ ansehen, je nachdem es von $P_{\mathfrak{b}}$ nach $P_{\mathfrak{a}}$ gerichtet ist oder umgekehrt, also Zug oder Druck bedeutet. Ersetzen wir aber $h_{\mathfrak{b}}$ durch $a h_{\mathfrak{b}}$, wo a irgend eine positive oder negative Zahl ist, so daß auch die $s''_{\mathfrak{c},\mathfrak{d}}$ durch $a s''_{\mathfrak{c},\mathfrak{d}}$ zu ersetzen sind, so erhalten wir die allgemeinste Lösung unseres Spannungsproblems, wenn wir setzen $s_{\mathfrak{c},\mathfrak{d}} = s'_{\mathfrak{c},\mathfrak{d}} + a s''_{\mathfrak{c},\mathfrak{d}}$ und $s_{\mathfrak{a},\mathfrak{b}} = a h_{\mathfrak{b}}$, und es wird nunmehr darauf ankommen, den Faktor a auf Grund obiger Hypothese der Festigkeitslehre zu bestimmen.

Hierzu bedürfen wir eines geometrischen Hilfssatzes. Denken wir uns nämlich jedem Knotenpunkte $P_{\mathfrak{a}}$ eines Fachwerks einen Punkt $P_{\mathfrak{a}}'$ zugeordnet, so folgt durch Projektion der in $P_{\mathfrak{a}}$ angreifenden Kraft $k_{\mathfrak{a}}$ sowie ihrer Komponenten $s_{\mathfrak{a},\mathfrak{b}}, s_{\mathfrak{a},\mathfrak{c}}, \ldots, s_{\mathfrak{a},\mathfrak{f}}$ nach den in $P_{\mathfrak{a}}$ zusammenlaufenden Stäben auf die Gerade $P_{\mathfrak{a}} P_{\mathfrak{a}}'$ die auch dem Vorzeichen nach richtige Gleichung (vgl. z. B. Schur, Anal. Geom. S. 20 u. 21):

$$\left\{\begin{aligned} & k_{\mathfrak{a}} \cos (k_{\mathfrak{a}}, P_{\mathfrak{a}} P_{\mathfrak{a}}') = s_{\mathfrak{a},\mathfrak{b}} \cos (P_{\mathfrak{b}} P_{\mathfrak{a}}, P_{\mathfrak{a}} P_{\mathfrak{a}}') \\ & \quad + s_{\mathfrak{a},\mathfrak{c}} \cos (P_{\mathfrak{c}} P_{\mathfrak{a}}, P_{\mathfrak{a}} P_{\mathfrak{a}}') + \ldots + s_{\mathfrak{a},\mathfrak{f}} \cos (P_{\mathfrak{f}} P_{\mathfrak{a}}, P_{\mathfrak{a}} P_{\mathfrak{a}}'). \end{aligned}\right. \tag{2}$$

Bilden wir diese Gleichung für alle Knotenpunkte $P_{\mathfrak{a}}$, multiplizieren jede mit $P_{\mathfrak{a}} P_{\mathfrak{a}}'$ und summieren sie, so erhält auf der rechten Seite die Komponente $s_{\mathfrak{a},\mathfrak{b}}$, die ja für $P_{\mathfrak{a}}$ und $P_{\mathfrak{b}}$ dasselbe Vorzeichen besitzt, den Faktor:

$$P_{\mathfrak{a}} P_{\mathfrak{a}}' \cos (P_{\mathfrak{b}} P_{\mathfrak{a}}, P_{\mathfrak{a}} P_{\mathfrak{a}}') + P_{\mathfrak{b}} P_{\mathfrak{b}}' \cos (P_{\mathfrak{a}} P_{\mathfrak{b}}, P_{\mathfrak{b}} P_{\mathfrak{b}}')$$

oder wenn wir die orthogonalen Projektionen von $P_{\mathfrak{a}}'$ und $P_{\mathfrak{b}}'$ auf die Gerade $\overrightarrow{P_{\mathfrak{a}} P_{\mathfrak{b}}}$ mit $P_{\mathfrak{a}}''$ und $P_{\mathfrak{b}}''$ bezeichnen, den Faktor:

$$(3)\quad \begin{cases} P_a''P_a + P_b P_b'' = P_a''P_b'' + P_b''P_a + P_b P_a + P_a P_b'' \\ \qquad = P_a''P_b'' - P_a P_b. \end{cases}$$

Nehmen wir daher an, daß die P_a' den P_a unendlich nahe seien, so können wir bis auf unendlich kleine Größen höherer Ordnung $P_a''P_b'' = P_a'P_b'$ setzen und erhalten den Satz:

Hilfssatz: Erleiden die Knotenpunkte P_a eines Fachwerks, in welchem unter dem Einflusse der miteinander im Gleichgewichte stehenden Kräfte k_a in den Stäben l_b die Spannungen s_b entstehen, die unendlich kleinen Verrückungen dv_a, und verändern sich hierbei die l_b um dl_b, so ist bis auf unendlich kleine Größen höherer Ordnung:

$$(4)\qquad \sum_a k_a\, dv_a \cos(k_a, dv_a) = \sum_b s_b\, dl_b,$$

wo die s_b positiv oder negativ sind, je nachdem sie Zug oder Druck bedeuten, die dl_b, je nachdem eine Verlängerung oder Verkürzung eintritt.

Über die Vorzeichen der k_a und dv_a braucht offenbar nichts festgesetzt zu werden, da deren Vertauschung durch den Zeichenwechsel der Kosinus aufgehoben wird; jedenfalls aber besitzen sie bestimmte Pfeilrichtungen, die wir für die dv_a als von den Knotenpunkten abgewandt annehmen können.

Diesen Satz wollen wir auf unser statisch unbestimmtes Fachwerk mit einem überzähligen Stabe $P_a P_b$ anwenden. Die Verrückungen Δv_c mögen diejenigen sein, welche infolge der Einwirkung der gegebenen äußeren Kräfte entstehen. Wenn diese sowohl als auch die entsprechenden Veränderungen Δl_b der Stäbe auch nicht im strengen Sinne unendlich klein sind, so können wir doch ihre zweiten und höheren Potenzen gegen die Längen der Stäbe vernachlässigen, also unsern Satz anwenden. Setzen wir $s'_{a,b} = 0$ und $s''_{a,b} = h_b$, so werden wir Formel (1) unter der Voraussetzung anwenden können, daß $s_{c,b} = s'_{c,b} + \alpha\, s''_{c,b}$ sei. Das im Satze benutzte Spannungssystem sei dann $s''_{c,b}$, also der Voraussetzung entsprechend, daß gar keine äußeren Kräfte wirken. In der Tat ist ja die Aussage, daß in dem durch Entfernung des Stabes $P_a P_b$ entstehenden einfachen Fachwerke unter der Einwirkung der Kräfte h_a und h_b die Spannungen $s''_{c,b}$ entstehen, gleichbedeutend damit, daß in dem ursprünglichen Fachwerke ohne Einwirkung äußerer Kräfte dieselbe Spannungsverteilung stattfinde, wenn noch $s''_{a,b} = h_b$ gesetzt wird; denn beim Beweise unseres Satzes ist der Begriff Spannung nur im Sinne von Komponenten benutzt worden. Unter diesen Voraus-

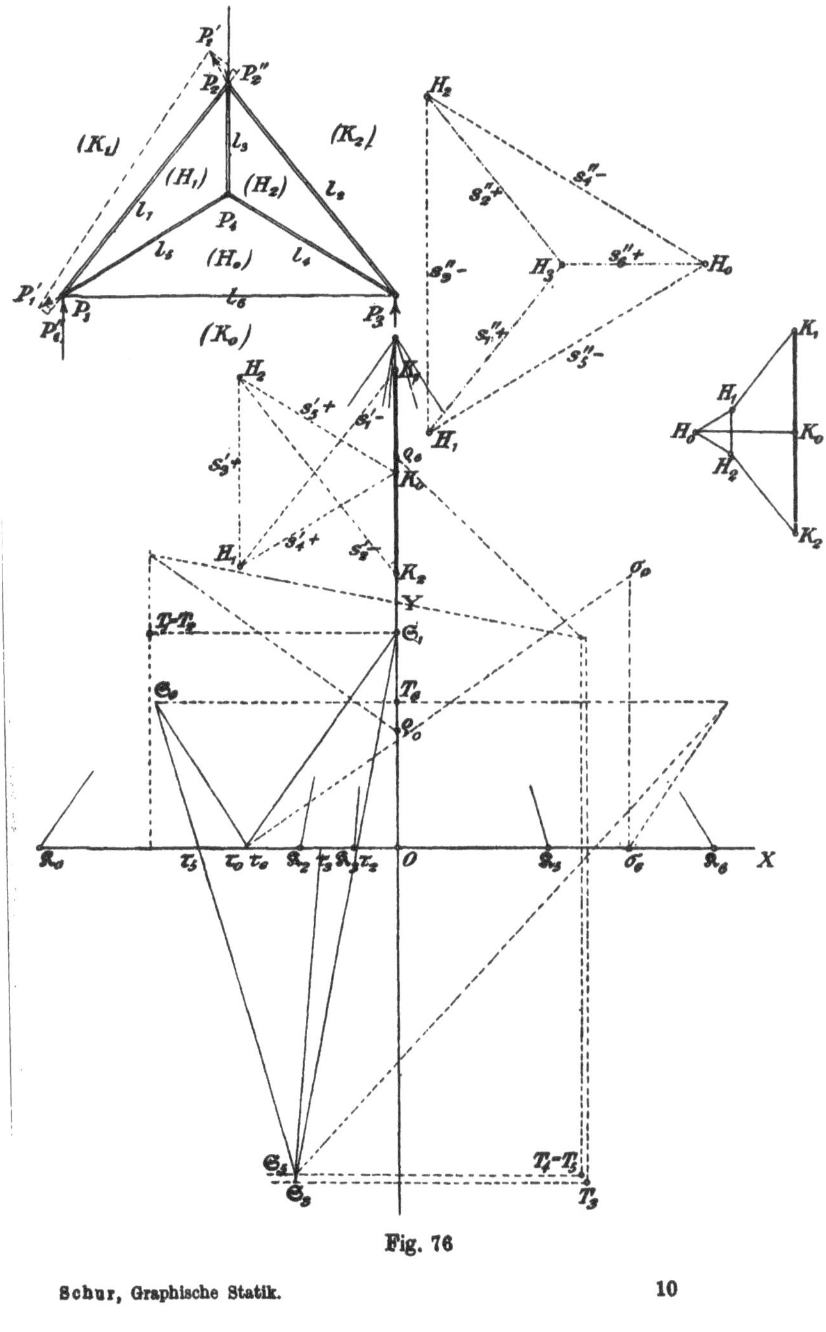

Fig. 76

setzungen verschwindet die linke Seite von Gleichung (4) und wir erhalten zur Bestimmung von a die Gleichung:

$$(5) \qquad 0 = \sum_{\mathfrak{b}} \frac{s_{\mathfrak{b}}' \cdot s_{\mathfrak{b}}'' \cdot l_{\mathfrak{b}}}{F_{\mathfrak{b}} \cdot E_{\mathfrak{b}}} + a \sum_{\mathfrak{b}} \frac{s_{\mathfrak{b}}''^2 \cdot l_{\mathfrak{b}}}{F_{\mathfrak{b}} \cdot E_{\mathfrak{b}}}.$$

Nehmen wir daher der Einfachheit wegen noch an, daß alle Stabquerschnitte einander gleich und die Stäbe alle von demselben Material seien, so ergibt sich a in der Form:

$$(6) \qquad a = - \frac{\sum_{\mathfrak{b}} s_{\mathfrak{b}}' \cdot s_{\mathfrak{b}}'' \cdot l_{\mathfrak{b}}}{\sum_{\mathfrak{b}} s''^2 \cdot l_{\mathfrak{b}}}.$$

Den Zähler und Nenner dieses Ausdrucks kann man (vgl. Nr. 30) als Zentrifugal bzw. Trägheitsmoment eines Systems gleich gerichteter Kräfte $l_{\mathfrak{b}}$ auffassen, die in den Punkten $T_{\mathfrak{b}}$ mit den Koordinaten $s_{\mathfrak{b}}'$ und $s_{\mathfrak{b}}''$ angreifen. Konstruiert man diese mit Hilfe dreier Seilpolygone, so ergeben sich Zähler und Nenner als Strecken, a also als Tangens eines Winkels, mit dessen Hilfe die Strecken $a\, s_{\mathfrak{b}}''$ leicht gefunden werden können, um welche die Strecken $s_{\mathfrak{b}}'$ noch zu vermehren oder zu vermindern sind, damit man die gesuchten Spannungen $s_{\mathfrak{b}}$ erhalte.

In Fig. 76 ist dies für ein Fachwerk mit vier Knotenpunkten und sechs Stäben ausgeführt worden. Zuerst wurden für das durch Entfernung des Stabes $P_1 P_3 = l_6$ entstehende Fachwerk und das gegebene Kräftepolygon $K_0 K_1 K_2 K_0$ die Stabspannungen s_1', s_2', ..., s_5' mit Hilfe eines Kräfteplanes und ebenso für die in A_1 und A_3 angreifenden Kräfte $h_1 = H_3 H_0$ und $h_3 = H_0 H_3$ die Stabspannungen s_1'', s_2'', ..., s_5'' konstruiert. Überall wurden neben die Spannungen ihre Vorzeichen gesetzt, und man sieht, daß wirklich $s_6'' = h_3 = H_0 H_3$ als von A_1 ausgehende Komponente Zug bedeutet, also positiv ist. Nun wurden in bezug auf zwei rechtwinkelige Koordinatenachsen OX und OY die Punkte T_1, T_2, ..., T_6 aus ihren Koordinaten konstruiert und auf OX das Kräftepolygon $\mathfrak{K}_0 \mathfrak{K}_1 \ldots \mathfrak{K}_6$ so angenommen, daß $\mathfrak{K}_0 \mathfrak{K}_1 = \frac{1}{2} l_1$, $\mathfrak{K}_1 \mathfrak{K}_2 = \frac{1}{2} l_2$, ..., $\mathfrak{K}_5 \mathfrak{K}_6 = \frac{1}{2} l_6$ ist. Die Konstruktion des Trägheits- und des Zentrifugalmoments geschieht dann nach Nr. 30. Bei Bestimmung des Vorzeichens des letzteren mußte aber berücksichtigt werden, daß bei solcher Drehung des Polygons der statischen Momente $\tau_0 \tau_1 \ldots \tau_5 \tau_6$, bei welcher es in die positive Richtung von OY fällt, der vorher benutzte Pol $\mathfrak{S}_1$ auf die negative Seite von OX zu liegen kommt, so daß $\varrho_0 \varrho_6$ doch als negativ zu rechnen ist, was sich auch aus der Formel leicht ergibt; s_6 wird also mit a zugleich positiv. Nachdem $s_6 = K_0 H_0$ gefunden war, konnte der eigentliche Kräfteplan für das ursprüngliche statisch unbestimmte Fachwerk gezeichnet werden; es ergibt sich eine merkwürdige Verkleinerung ja Richtungsänderung der Spannungen durch Einfügung von l_6.

Dieses einfache Beispiel mag wenigstens einen Begriff davon geben, wie in komplizierteren Fällen zu verfahren ist. Vermehrt sich mit der Anzahl der überzähligen Stäbe die Anzahl der unbekannten Faktoren a, so vermehrt sich auch die Anzahl der zu (5) analogen Gleichungen zu ihrer Bestimmung, weil sich auch die ohne Einwirkung äußerer Kräfte möglichen Spannungssysteme entsprechend vermehren. Wir können hierauf nicht näher eingehen.

§ 6.

Schwerpunkte, statische Momente, Trägheits- und Zentrifugalmomente, Trägheitsellipse und Kern eines Profils.

29. Mittelpunkt paralleler Kräfte, Schwerpunkt.

Wenn wir uns in diesem Paragraphen ausschließlich auf die Behandlung von Systemen paralleler Kräfte beschränken, so werden wir sie doch unter wesentlich neuem Gesichtspunkte betrachten und dadurch auf einfache Konstruktionen der Schwerpunkte, sta-

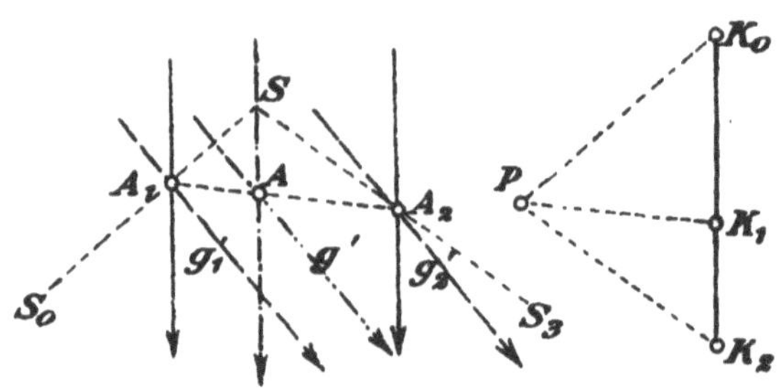

Fig. 77a.

tischen Momente und Trägheitsmomente von Querschnitten oder Profilen geführt werden, deren Kenntnis zur Beurteilung der elastischen Kräfte, die sich in einem Balken entwickeln, sehr wichtig ist.

Haben nämlich zwei parallele Kräfte g_1 und g_2 die Angriffspunkte A_1 und A_2 (Fig. 77a und 77b), so schneidet die Resultante derselben die Gerade A_1A_2 in einem Punkte A, welcher durch die auch dem Sinne der einzelnen Strecken nach zu nehmende Proportion $A_1A : AA_2 = g_2 : g_1$ bestimmt ist, insofern g_1 und g_2 verschiedenes Zeichen haben, wenn sie entgegengesetzt gerichtet sind (vgl. Satz 4 auf S. 9). Nehmen wir nämlich den Pol P auf einer

Parallelen durch K_1 zu $A_1 A_2$ an, so schneiden sich die erste und letzte Seite des Seilpolygons durch A_1 in einem solchen Punkte S, daß $\Delta A_1 A S \sim P K_1 K_0$ und $\Delta A A_2 S \sim K_1 P K_2$ ist. Daraus folgt auch dem Sinne nach: $A_1 A : A S = P K_1 : K_1 K_0$ und $A S : A A_2 = K_1 K_2 : K_1 P$, also $A_1 A : A A_2 = K_1 K_2 : K_0 K_1$, w. z. b. w. Wirken daher in A_1 und A_2 zwei andere Kräfte g_1' und g_2', die aus g_1 und g_2 durch Drehung um A_1 und A_2 in demselben Sinne und um den-

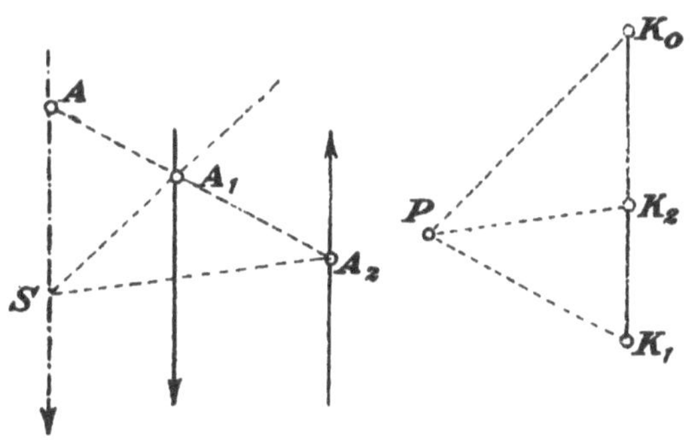

Fig. 77b.

selben Winkel und nachherige Vergrößerung oder Verkleinerung in demselben Maßstabe entstanden sind, so geht deren Resultante ebenfalls durch den Punkt A.

Dies Resultat läßt sich auch noch auf anderem Wege beweisen, wobei wir zugleich zu beliebig vielen parallelen Kräften $g_1, g_2, \ldots, g_n$ der Ebene mit den Angriffspunkten $A_1, A_2, \ldots, A_n$ übergehen können. Die Resultante eines Systems paralleler Kräfte ändert nämlich ihre Angriffslinie nicht, wenn alle Kräfte eine proportionale Veränderung erleiden. Denn wenn wir uns die ganze Figur des Kräftepolygons samt den Seilstrahlen in eine ähnliche und ähnlich gelegene Figur verwandelt denken, so ändert sich das Seilpolygon nicht. Schneiden sich also die zwei verschiedenen Richtungen der Kräfte entsprechenden Resultanten in A, so geht durch A auch die Resultante des aus beiden Systemen bestehenden Systems, die dann zugleich die Resultante der Einzelresultanten g_α'' der in jedem Punkte A_α angreifenden Kräfte g_α und g_α' ist (Fig. 78). Durch geeignete Annahme des gemeinsamen Verhältnisses $g_\alpha : g_\alpha'$ kann man aber den g_α'' jede beliebige allen gemeinsame Richtung geben. Da hierbei zugleich $g_1 : g_2 : \ldots : g_n = g_1' : g_2' : \ldots : g_n' = g_1'' : g_2'' : \ldots : g_n''$ (vgl. die ähnlichen Kräftedreiecke) ist, so können wir den folgenden Satz aussprechen:

Satz 45. *Greifen in den Punkten $A_1, A_2, \ldots, A_n$ die parallelen Kräfte $g_1, g_2, \ldots, g_n$ an, so gehen die Resultanten aller Systeme paralleler Kräfte mit denselben Angriffspunkten, die durch kongruente Drehungen und proportionale Vergrößerung oder Verkleinerung aus*

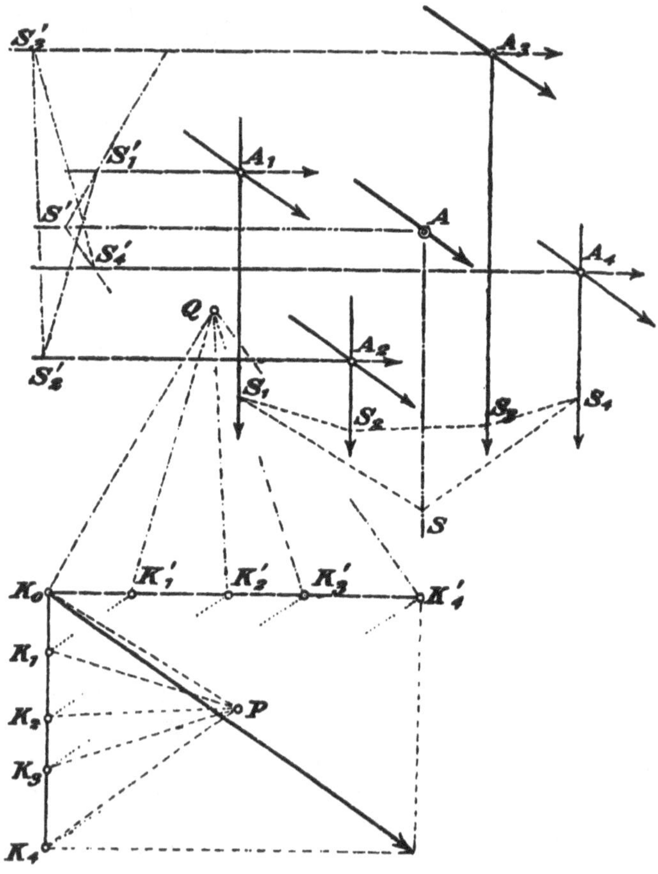

Fig. 78.

$g_1, g_2, \ldots, g_n$ entstehen, durch denselben Punkt A, welcher der **Mittelpunkt** *der in den Punkten $A_1, A_2, \ldots, A_n$ angreifenden parallelen Kräfte $g_1, g_2, \ldots, g_n$ heißt.*

Die Bestimmung dieses Mittelpunktes paralleler Kräfte kann offenbar mit Hilfe von zwei Seilpolygonen geschehen. Man gibt zunächst den gegebenen Kräften irgend eine Richtung durch die

Angriffspunkte, konstruiert nach Annahme eines beliebigen Poles mit Hilfe eines zugehörigen Seilpolygons deren Resultante und kennt hiermit einen Ort für den gesuchten Mittelpunkt. Gibt man dann dem Kräftepolygone samt den Angriffslinien noch eine zweite Richtung, so liefert die entsprechende Konstruktion einen zweiten Ort. Da man hierbei die Figur des neuen Kräftepolygons samt den Seilstrahlen aus der alten Figur durch Drehung entstehen lassen kann, so braucht man die Seiten des alten Seilpolygons auch immer nur um denselben Winkel zu drehen, um aus ihnen die Seiten des neuen Seilpolygons zu erhalten, ohne erst mit dem Kräftepolygone und den Seilstrahlen die Drehung wirklich auszuführen, wie wir das in Fig. 78 zur Veranschaulichung getan haben. Man wird diesen Winkel wie in der Figur meist am bequemsten als einen rechten annehmen und kann dann die beiden Seilpolygone (durch jedesmalige Umlegung des Dreiecks) zugleich zeichnen, nachdem man zuvor die Angriffslinien der Kräfte durch ihre Angriffspunkte in den beiden aufeinander senkrechten Richtungen gezogen hat.

Schließt sich das Polygon der Parallelkräfte, ohne daß das Seilpolygon es tut, so wird der Mittelpunkt ins Unendliche rücken und in diejenige Richtung, welche die Kräfte annehmen müssen, damit sie im Gleichgewichte stehen. Man erhält diese Richtung offenbar durch die Verbindungslinie eines der Angriffspunkte mit dem Mittelpunkte der in den übrigen angreifenden Kräfte. Die Kräfte mit den gegebenen Angriffspunkten können aber auch bei beliebiger Richtung im Gleichgewichte stehen, wie z. B. in unserer Figur die in A_1, A_2, A_3, A_4, $A_5 = A$ angreifenden Kräfte g_1, g_2, g_3, g_4, $g_5 = K_4 K_0$. Man sagt dann, daß die Kräfte im astatischen Gleichgewichte stehen. Wir haben keine Veranlassung, hierauf einzugehen und ebensowenig darauf, daß der Beweis des letzten Satzes bestehen bleibt, wenn die Kräfte derselben Ebene nicht parallel sind.

Der Satz bleibt auch bestehen, wenn die Angriffspunkte sowohl als die einander parallelen Kräfte nicht in derselben Ebene liegen. Wir geben den Beweis erst im nächsten Paragraphen und wollen den Satz hier nur zur Erörterung des Begriffes des Schwerpunktes von Körpern oder Figuren benutzen. Sind nämlich die Parallelkräfte die Schwerkräfte, so nennt man ihren Mittelpunkt den **Schwerpunkt** des Körpers oder der Figur. Hierbei werden allerdings nicht die Parallelkräfte gegen den Körper, wohl aber, was auf dasselbe hinauskommt, der Körper gegen die Schwerkräfte in alle möglichen Lagen gebracht; die Resultante der Schwerkräfte geht stets durch den Schwerpunkt, welche

Lage der Körper auch haben mag. Da die Naturkörper nicht aus einer endlichen Anzahl von Punkten bestehen, so denkt man sich einen Körper (eine Fläche oder eine Linie) aus einer unendlichen Anzahl unendlich kleiner Elemente bestehend und in jedem derselben eine seinem Gewichte proportionale Kraft angreifend. Da wir es hier nur mit homogenen Körpern zu tun haben werden, so werden wir diese Kräfte dem Rauminhalte (Flächeninhalte oder Bogen) der einzelnen Elemente proportional zu setzen haben. Obwohl dies Problem der Bestimmung der Schwerpunkte eigentlich in die Integralrechnung gehört, so gestatten doch die geometrischen Eigenschaften vieler Figuren eine direkte graphische Bestimmung ihrer Schwerpunkte.

Hierbei ist hauptsächlich das folgende Prinzip maßgebend. Kennen wir von zwei Teilen a_1 und a_2, in die eine Figur a zerlegt werden kann, die Schwerpunkte A_1 und A_2 und die Gewichte g_1 und g_2, so wirken offenbar in A_1 und A_2 die parallelen Kräfte g_1 und g_2, ihr Mittelpunkt A ist folglich der Schwerpunkt von a. Nun folgt doch aus $A_1A : AA_2 = g_2 : g_1$, daß $A_1A_2 : AA_2 = g_1 + g_2 : g_2$ oder $A_1A_2 : A_2A = g_1 + g_2 : -g_2$ ist; es ist daher zugleich A_2 der Mittelpunkt der in A und A_1 angreifenden Kräfte $g_1 + g_2$ und $-g_1$ oder g und $-g_1$. Demnach können wir den folgenden allgemeinen Satz aussprechen:

Satz 46. *Läßt sich eine Figur auffassen als die algebraische Summe der Teile $a_1, a_2, \ldots, a_n$, deren Gewichte $g_1, g_2, \ldots, g_n$ und Schwerpunkte $A_1, A_2, \ldots, A_n$ bekannt sind, so ist der Schwerpunkt der Figur der Mittelpunkt der in den Punkten $A_1, A_2, \ldots, A_n$ angreifenden parallelen Kräfte $g_1, g_2, \ldots, g_n$, wenn diese in dem einen oder dem entgegengesetzten Sinne gerichtet sind, je nachdem den entsprechenden Gliedern der algebraischen Summe das eine oder das andere Zeichen zukommt.*

Hieraus folgt für $n = 2$ der besondere Satz:

Satz 47. *Besitzt eine Figur eine Symmetrieebene, so liegt der Schwerpunkt in ihr, der Schwerpunkt einer ebenen Figur liegt also in deren Ebene.*

Denn der Schwerpunkt der einen der beiden Hälften, in welche die Figur durch die Symmetrieebene geteilt wird, ist jedenfalls das Spiegelbild des Schwerpunkts der anderen Hälfte, und, da beide Hälften gleiches Gewicht haben, so liegt nach dem Satze der Schwerpunkt der ganzen Figur in der Mitte zwischen den Schwerpunkten der Hälften, also in der Symmetrieebene. Daraus schließen wir weiter:

Satz 48. *Der Schwerpunkt einer geraden Strecke ist ihr Mittelpunkt.*

Hierbei haben wir uns die Strecke als die Grenze eines sehr dünnen geraden Zylinders vorzustellen, dessen Achse die Strecke ist.

Besitzt eine ebene Figur einen Durchmesser, der ja der Ort der Mitten paralleler Sehnen der Figur ist, so liegt in ihm hiernach der Schwerpunkt jedes der unendlich dünnen Streifen, in welche die Figur parallel diesen Sehnen zerlegt werden kann, also liegt in ihm auch der Schwerpunkt der ganzen Figur als Mittelpunkt paralleler

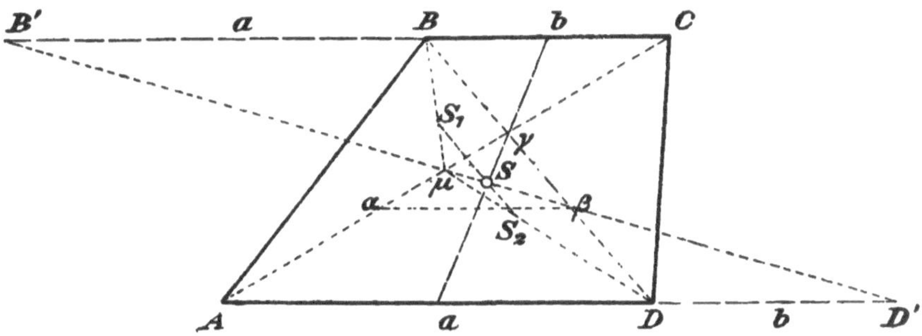

Fig. 79.

Kräfte, die in den Punkten derselben Geraden angreifen (Fig. 77). Somit erhalten wir den Satz:

Satz 49. *Besitzt eine ebene Figur Durchmesser, so liegt ihr Schwerpunkt in jedem derselben.*

Diese Sätze führen schon zur Konstruktion der Schwerpunkte der einfachsten ebenen Querschnitte.

Die einfachste geradlinig begrenzte ebene Fläche, das Dreieck, besitzt drei Durchmesser, die sogenannten Mittentransversalen, deren Schnittpunkt der bekannte Schwerpunkt der Dreiecksfläche ist; er dritteilt die Mittentransversalen. Er ist offenbar auch der Mittelpunkt von in den Ecken des Dreiecks angreifenden gleichen und parallelen Kräften. (Der Schwerpunkt der Seiten des Dreiecks ist der Mittelpunkt der in den Mitten der Seiten angreifenden parallelen Kräfte, welche diesen Seiten proportional sind, er ist folglich der Schnittpunkt der Winkelhalbierenden dieses Dreiecks der Mitten.)

Der Schwerpunkt eines Parallelogramms ist sein Mittelpunkt oder der Schnittpunkt seiner Diagonalen; auch er ist der Mittelpunkt von in den Ecken angreifenden, gleich und gleich gerichteten Kräften.

Handelt es sich um ein Paralleltrapez $ABCD$ (Fig. 79), wo $a = AD \parallel BC = b$ sein mag, so liegt der Schwerpunkt S erstens in dem Durchmesser, der die Mitten von AD und BC verbindet und den Schnittpunkt γ der beiden Diagonalen AC und BD enthält. Konstruieren wir weiter die Schwerpunkte S_1 und S_2 der

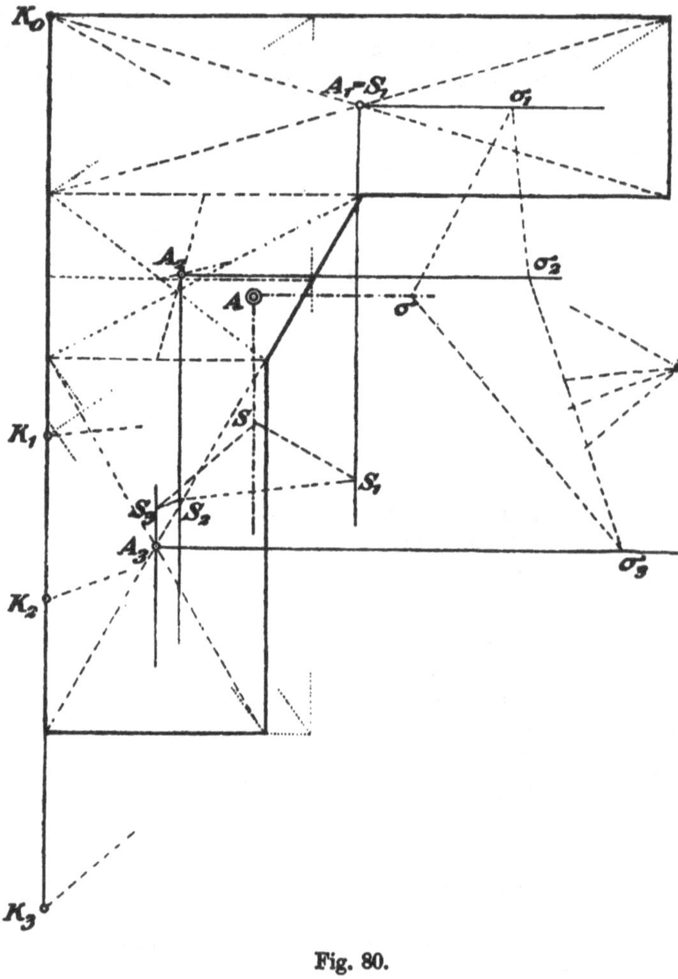

Fig. 80.

beiden Dreiecke ABC und ACD, so liegt S auch auf S_1S_2 und es ist, da die beiden Dreiecke die Grundlinie gemein haben, $S_1S:SS_2 = D\gamma:\gamma B = B\beta:\beta D$, wenn $B\gamma = \beta D$ ist. Demnach liegt S auch auf der Verbindungslinie von β mit der Mitte μ von AC, weil S_1 und S_2 auf μB und μD liegen. Macht man daher auch $\alpha A = C\gamma$, so ist S zugleich der Schwerpunkt des Dreiecks $\alpha\beta\gamma$. (Das Entsprechende läßt sich für irgend ein Viereck in derselben Weise zeigen.) Wir können hiernach das folgende Resultat aussprechen: Der Schwerpunkt eines Trapezes ist derjenige eines Dreiecks, dessen Seiten die beiden Diagonalen und eine zu den parallelen Seiten parallele Gerade sind, die von der einen dieser beiden Seiten ebenso weit entfernt ist wie der Diagonalschnittpunkt von der anderen. Schneiden daher die Parallelen durch A und C zu BD die BC bzw. AD in B' bzw. D', so enthält $B'D'$ erstens die Mitte μ von AC und teilt BD im Verhältnisse von $B'B$ zu DD' oder von AD zu BC, geht also zweitens auch durch γ. Um also auf dem Durchmesser des Trapezes den Schwerpunkt zu finden, verlängert man jede der parallelen Seiten um die andere und verbindet die Endpunkte der Verlängerungen.

Dies Verfahren der Zerlegung in Figuren, deren Schwerpunkte man kennt, läßt sich allgemein auf jede geradlinig begrenzte Figur anwenden, da man eine solche Figur in Dreiecke zerlegen kann. Wir lösen z. B. die Aufgabe:

19. Aufgabe. Den Schwerpunkt eines Winkeleisenprofils zu finden (Fig. 80).

Wir zerlegen dies Profil in zwei Rechtecke und ein Trapez, bestimmen zuerst die Schwerpunkte der einzelnen Teile, reduzieren ihre Flächeninhalte auf eine gemeinsame Rechteckseite (z. B. das arithmetische Mittel der parallelen Seiten des Trapezes), bringen die anderen Seiten der dabei resultierenden Rechtecke als parallele Kräfte in den betreffenden Schwerpunkten A_1, A_2, A_3 an und bestimmen ihren Mittelpunkt A mit Hilfe von zwei Seilpolygonen. Die Reduktion eines Rechtecks $OACB$ (Fig. 81) auf die Seite OA' geschieht dabei in bekannter Weise durch die Parallele AB' zu $A'B$, so daß OB' die andere Seite des reduzierten Rechtecks ist. Fallen die reduzierten Seiten zu groß aus, so kann man aliquote Teile derselben nehmen.

Ist die geradlinige Begrenzung eines Profils unregelmäßig, so macht man die Zerlegung in Dreiecke am besten so, daß man von irgend einem Punkte O aus Strahlen nach den Ecken der Begrenzung zieht. Der Schwerpunkt ergibt sich dann als Mittelpunkt der Kräfte, die in den Ecken des Profils und in O angreifen und den Summen der beiden anstoßenden Dreiecke bzw. der Summe aller Dreiecke proportional sind, wo diese Dreiecke je nach ihrer einer Umlaufsrichtung des Umfangs des Profils entsprechenden Umlaufungsrichtung positiv oder negativ zu rechnen sind; denn es wird nicht immer möglich oder bequem sein, den Punkt O so zu wählen, daß das Profil durch einfache Addition der Dreiecke entsteht. Die Reduktion der Flächeninhalte dieser Dreiecke geschieht am besten mit Hilfe eines Kreises um O mit der gemeinsamen Höhe als Radius. Schneidet nämlich der Kreis die Basis AB eines solchen Dreiecks in K (Fig. 82), und schneiden sich die Parallele durch A zu OK und die Senkrechte dazu durch B in C, so ist BC die Basis des reduzierten Dreiecks. Denn ist OH die Höhe des Dreiecks OAB, so ist $\Delta\, ABC \sim KOH$, also $AB : BC = KO : OH$ oder $AB \cdot OH = BC \cdot OK$. Schneidet

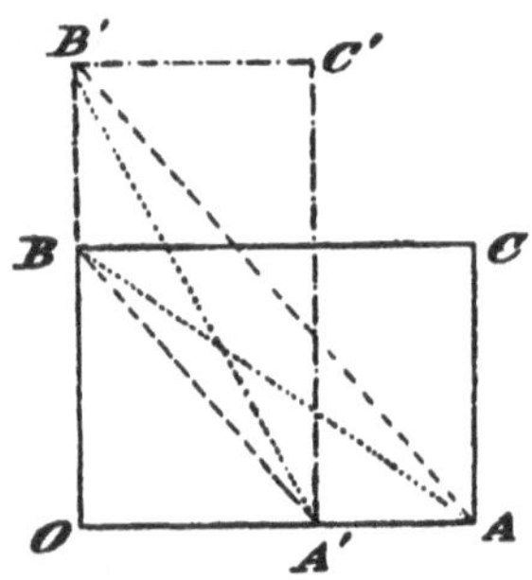

Fig. 81.

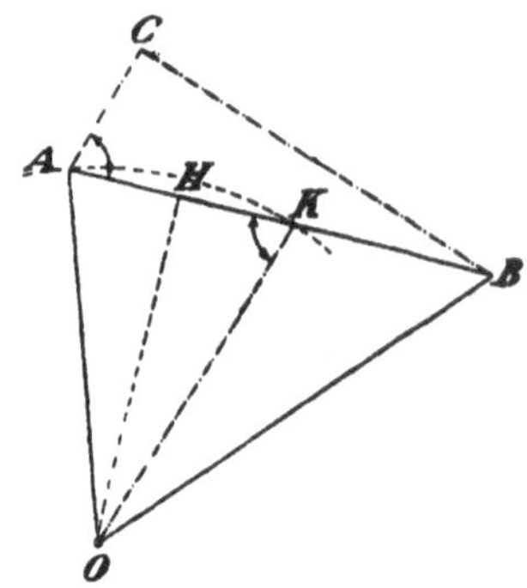

Fig. 82.

der Kreis die Grundlinie eines Dreiecks nicht, so braucht man nur ein Vielfaches von OK als Radius zu nehmen und die resultierende Basis entsprechend zu vervielfachen. Den Punkt O kann man auch in einen Eckpunkt der Begrenzung verlegen. (Eine andere Flächenreduktion wird in der nächsten Nummer gegeben.)

Bei allen Profilen, die von Kreisbogen begrenzt sind, wird es immer darauf ankommen, den Schwerpunkt S eines Kreisbogens CB (Fig. 83) zu finden. Ist O der Mittelpunkt des Kreises, A derjenige des Bogens, so liegt S sicher auf der Symmetrieachse OA der Figur, es wird also nur darauf ankommen, OS zu finden. Denken wir uns nun in allen Elementen $\Delta\, s$ des Bogens $s = \widehat{CB}$ zu OA senkrechte Kräfte angebracht, welche diesen Elementen proportional sind, so ist nach dem Momentensatze (Satz 11 auf S. 24) das Moment dieser Kräfte für den Drehpunkt O gleich $s \cdot OS$, es ist also

$$s \cdot OS = \sum \Delta\, s \cdot OA \cdot \cos(\Delta\, s, BC) = OA \cdot \sum \Delta\, s \cdot \cos(AOP) = OA \cdot BC.$$

Will man hiernach OS finden, so hat man zuerst $\frac{1}{2} s$ nach AL auf die Tangente in A aufzutragen. Dies geschieht, falls $\sphericalangle COB \leqq 60^0$ ist, mit sehr großer Annäherung durch die Gerade DB, wenn D

auf der Verlängerung von AO so gewählt ist, daß $DA = 3 \cdot OA$ ist. (Ist nämlich σ der zu $\frac{s}{2}$ gehörige Zentriwinkel, so ist $AL = \frac{3 \cdot OA \cdot \sin\sigma}{2 + \cos\sigma}$ der Fehler $f(\sigma) = OA\left(\sigma - \frac{3 \sin\sigma}{2 + \cos\sigma}\right)$ wird also, da $f'(\sigma) = OA\left(\frac{1 - \cos\sigma}{2 + \cos\sigma}\right)^2$

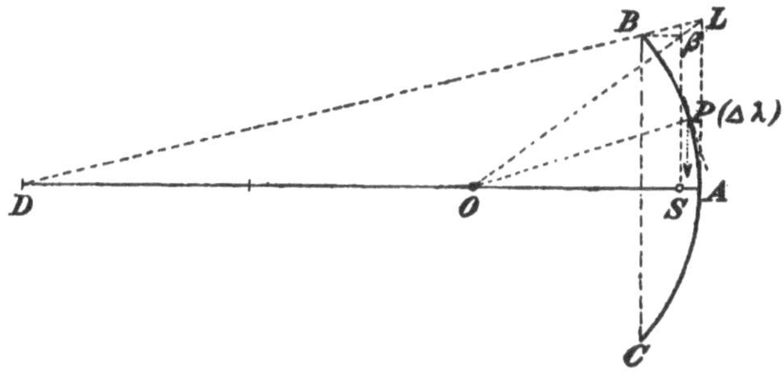

Fig. 83.

hier stets positiv ist, beständig wachsen und ist daher für $\sigma < 30^0$ kleiner als $^1/_{4000}\, OA$.) Schneidet dann OL die Parallele durch B zu OA in β, so ist S die Projektion von β auf OA; denn es ist $OS : OA = S\beta : AL = BC : s$.

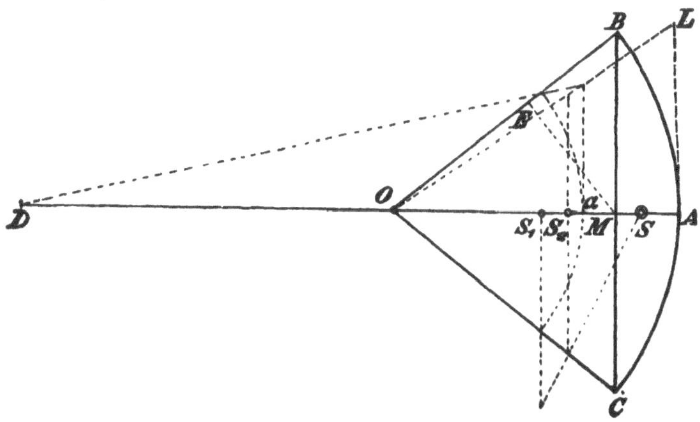

Fig. 84.

Handelt es sich um den Kreissektor OCB (Fig. 84), so können wir uns ihn in unendlich viele und unendlich dünne Sektoren zerlegt denken, die als Dreiecke aufgefaßt werden können, deren Schwerpunkte den zugehörigen Radius also jedesmal dritteilen. Der Schwerpunkt des Kreissektors fällt also mit demjenigen des zu demselben Zentriwinkel gehörigen Bogens vom Radius $^2/_3 OA$ zusammen.

Das Kreissegment kann man auffassen als die Differenz des Dreiecks OBC von dem Kreissektor $O\widehat{BC}$ (Fig. 84). Bestimmt man daher deren Schwerpunkte S_1 und S_2 und bringt in ihnen diesen Flächen proportionale Kräfte im entgegengesetzten Sinne an, also

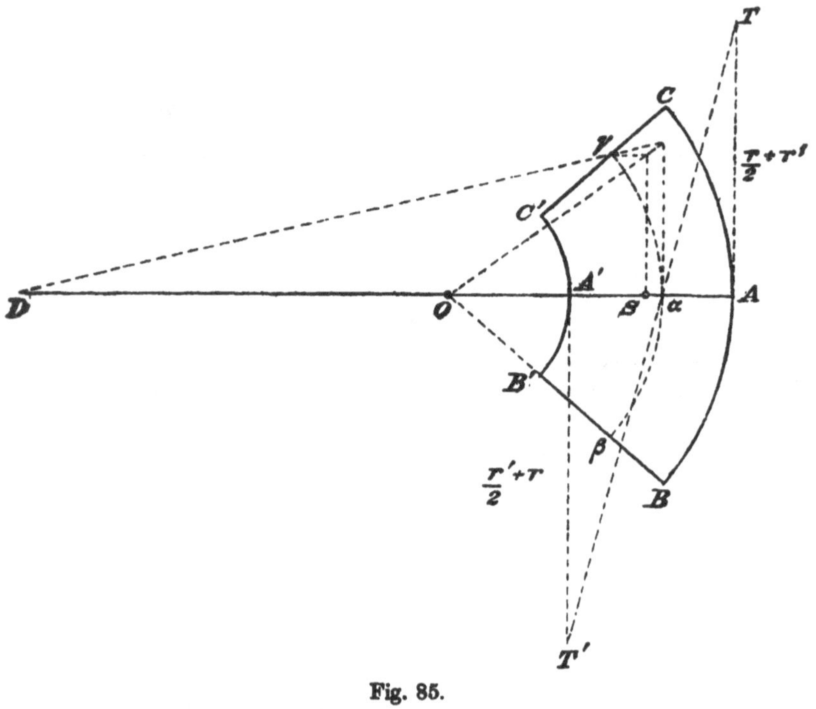

Fig. 85.

in S_1 eine $ME \perp OB$ gleiche Kraft und in S_2 die Kraft $-\frac{1}{2}s = -AL$, so ist der Mittelpunkt dieser in S_1 und S_2 angreifenden Kräfte der gesuchte Schwerpunkt S; es ist also $S_1S : S_2S = AL : ME$.

Will man den Schwerpunkt des durch zwei konzentrische Kreise und zwei Radien begrenzten Kreisringstückes $\widehat{BAC}\widehat{C'A'B'}$ (Fig. 85) finden, so liegt derselbe natürlich zuerst auf der Symmetrieachse AA'. Weiter kann man sich das Ringstück durch Radien in unendlich viele, unendlich schmale Trapeze eingeteilt denken, deren parallele Seiten $r\,\Delta\varphi$ und $r'\,\Delta\varphi$ sind, wenn r und r' die Radien der beiden Kreise und $\Delta\varphi$ der zugehörige Zentriwinkel sind. Der Schwerpunkt des Ringstücks fällt also mit dem eines Bogens $\beta\alpha\gamma$ zusammen, wo α die Strecke AA' in demselben Verhältnisse teilt wie der Schwerpunkt eines Trapezes, dessen parallele Seiten qcm

$F_1 = 10,4$
$F_2 = 5,9$
$F_3 = 1,9$
$F_4 = 1,4$
$F_5 = 1,4$
$F_6 = 1,4$
$F_7 = 1,4$
$F_8 = 1,4$
$F_9 = 1,4$
$F_{10} = 3,4$
$F_{11} = 5,8$
$F_{12} = 6,0$
$F_{13} = 5,0$

cm

$K_0 K_1 = 4,16$
$K_1 K_2 = 2,36$
$K_2 K_3 = 0,76$
$K_3 K_4 = 0,56$
$K_4 K_5 = 0,56$
$K_5 K_6 = 0,56$
$K_6 K_7 = 0,56$
$K_7 K_8 = 0,56$
$K_8 K_9 = 0,56$
$K_9 K_{10} = 1,36$
$K_{10} K_{11} = 2,32$
$K_{11} K_{12} = 2,40$
$K_{12} K_{13} = 2,00$

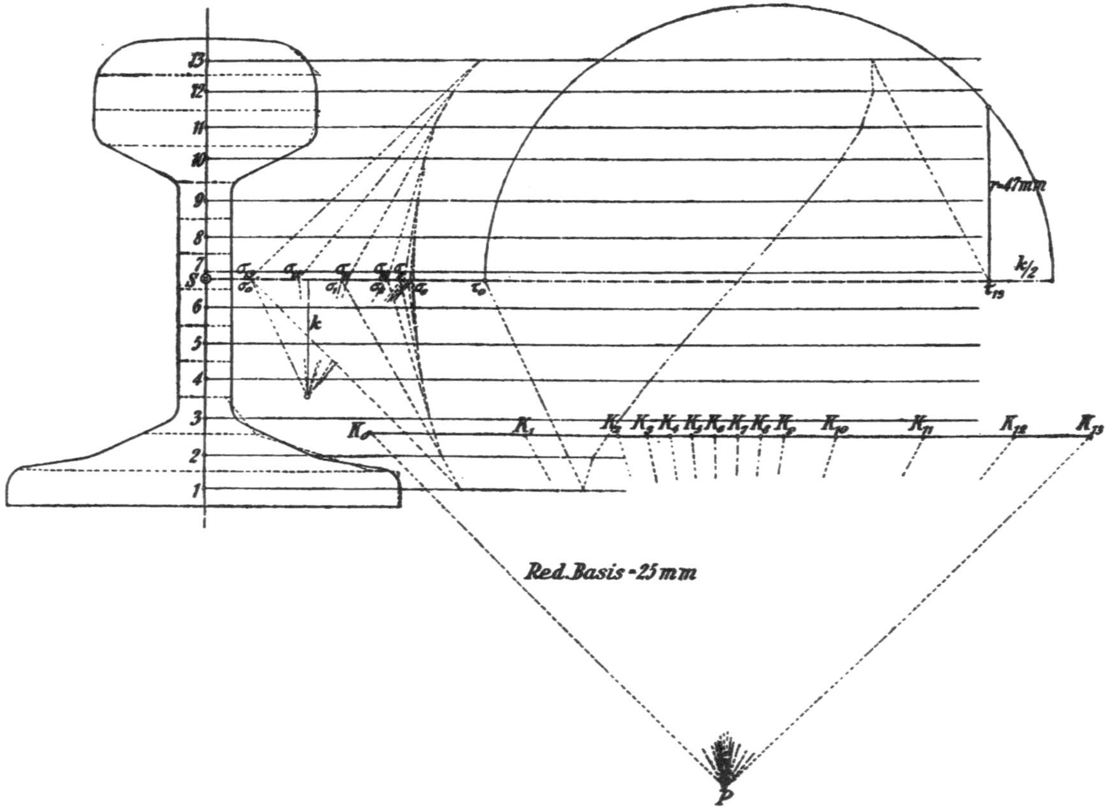

Fig. 86.

r und r' proportional sind und dessen Durchmesser AA' ist. Trägt man also auf den Tangenten in A und A' die Strecken $AT = \frac{1}{2}r + r'$ und $A'T' = \frac{1}{2}r' + r'$ (oder ihnen proportionale Strecken) auf, so geht TT' durch a. (Bei hinreichend kleinem Zentriwinkel $BOC = 2\omega$ kann man AT und $A'T'$ auch auf den Sehnen BC und $B'C'$ von deren Mitten aus auftragen und wird dann in dem Schnittpunkte von TT' mit OA mit hinreichender Genauigkeit den Schwerpunkt selbst erhalten; der Fehler ist $Oa\left(\frac{\sin\omega}{\omega} - \cos\omega\right)$, was selbst bei $\omega = 15^0$ nur etwa $^1/_{20}\,Oa$ beträgt.)

Soll der Schwerpunkt einer gezeichnet vorliegenden, aber keinem bestimmten geometrischen Gesetze unterworfenen Fläche gefunden werden, so kann man dieselbe immer, wenn nicht besondere Umstände noch einfachere Konstruktionen gestatten, durch Parallellinien in solche Lamellen zerlegen, daß man sie als Trapeze oder als Dreiecke ansehen kann. Man bestimmt dann die Schwerpunkte der einzelnen Lamellen und denkt sich in ihnen parallele Kräfte angebracht, welche den Flächeninhalten dieser Lamellen proportional sind; hierzu muß man sie in Rechtecke mit gemeinschaftlicher Seite verwandeln. Der Mittelpunkt dieser parallelen Kräfte ist dann der gesuchte Schwerpunkt. Nimmt man die Breiten der Lamellen sämtlich gleich oder wenigstens so an, daß sie ganze Vielfache einer und derselben Breite sind, und wählt als gemeinsame Seiten der Rechtecke ebenfalls ein Vielfaches dieser Breite, so ist die Reduktion der Flächeninhalte der Trapeze sehr leicht (s. auch die folgende Nummer). So kann man z. B. den Schwerpunkt eines Schienenprofils (Fig. 86) bestimmen, wenn man dasselbe mittels einer Schablone gezeichnet hat; wenigstens würde die Konstruktion auf Grund der vorgeschriebenen Begrenzung durch Gerade und Kreislinien, wie sie z. B. im deutschen Normalprofilbuch angegeben sind, sehr umständlich sein. In der Figur, die nur in halber Größe dargestellt werden konnte, wurde die Breite der Lamellen gleich 10 mm und die gemeinsame Seite der Rechtecke gleich 25 mm angenommen. Da hier der Schwerpunkt auch auf der Symmetrieachse des Profils liegen muß, braucht man nur ein Seilpolygon zu zeichnen.

30. Statische Momente, Trägheits- und Zentrifugalmomente.

An die Theorie der Mittelpunkte paralleler Kräfte schließt sich unmittelbar die der statischen Momente auf Grund der folgenden Definition an:

14. Definition. Unter dem in einer Richtung OX gemessenen **statischen Momente** paralleler Kräfte g_1, g_2,

..., g_n in Beziehung auf eine Achse OY versteht man die Summe $x_1 g_1 + x_2 g_2 + \dots + x_n g_n$, wo $x_1, x_2, \dots, x_n$ die Abszissen der Angriffspunkte von $g_1, g_2, \dots, g_n$ in dem Koordinatensysteme XOY sind.

Ist $OX \perp OY$, so fällt das statische Moment bis auf das Vorzeichen mit dem Drehungsmomente der parallel zu OY gerichteten Kräfte $g_1, g_2, \dots, g_n$ für den Drehpunkt O zusammen; aus ihm ergeben sich die statischen Momente für andere Richtungen von OX durch Division mit $\sin(XOY)$.

Die Konstruktion des statischen Moments werden wir natürlich wie die der Drehungsmomente mit Hilfe eines Seilpolygons ausführen. Wir vergegenwärtigen uns diese Konstruktion unter genauer Berücksichtigung des Vorzeichens (Fig. 87). Ist $K_{i-1}K_i \parallel OY$ die betreffende Seite des Kräftepolygons, und schneidet die Parallele durch den Pol P zu $\overrightarrow{OX}$ die Kräftelinie in H, so soll HP den positiven Sinn von $\overrightarrow{OX}$ haben. Schneiden ferner die Parallelen durch einen Punkt S_i der Angriffslinie g_i ($\parallel OY$) zu PK_{i-1}, PK_i und PH die Momentenachse OY in M_{i-1}, M_i und Q_i, so ist ja auch dem Vorzeichen nach $\overrightarrow{Q_i S_i} = x_i$, und aus der Proportion $K_{i-1}K_i : HP = M_{i-1}M_i : Q_i S_i$, die für jede Annahme auch dem Vorzeichen nach gilt, folgt: $M_{i-1}M_i \cdot HP = g_i \cdot x_i$; es stellt daher $\overrightarrow{M_{i-1}M_i}$ das auf die in der Richtung OX gemessene Poldistanz HP reduzierte statische Moment auch dem Vorzeichen nach dar. Liegt nämlich S_i auf der positiven Seite von OY, so stimmt der Sinn von $M_{i-1}M_i$ mit dem von $K_{i-1}K_i$ überein, sonst ist er ihm entgegengesetzt, unsre Behauptung ist also richtig, sobald wir OY in der Richtung der positiven Kräfte positiv annehmen. Hieraus folgt der Satz:

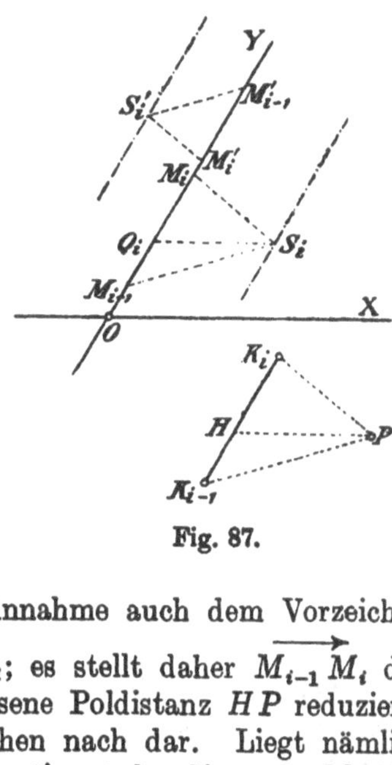

Fig. 87.

Satz 50. *Das in der Richtung $\overrightarrow{OX}$ gemessene statische Moment eines Systems paralleler Kräfte in Beziehung auf eine Achse OY ist gleich dem Produkte der in der Richtung $\overrightarrow{OX}$ gemessenen Poldistanz in das Stück der Achse OY von der ersten bis zur letzten Seite des Seil-*

polygons, ist also gleich dem in derselben Richtung gemessenen statischen Momente der Resultante des Systems für dieselbe Achse.

Obige Konstruktion des statischen Moments kann man auch zur Reduktion derjenigen Fläche auf eine Basis h benutzen, welche von der Achse OY und irgend einer Linie begrenzt wird, nachdem man diese Fläche durch Parallelen zu OX in Trapeze geteilt hat. Man braucht dann nur die Abschnitte dieser Parallelen auf OY als die Kräfte und die Parallelen zu OY durch die Mitten

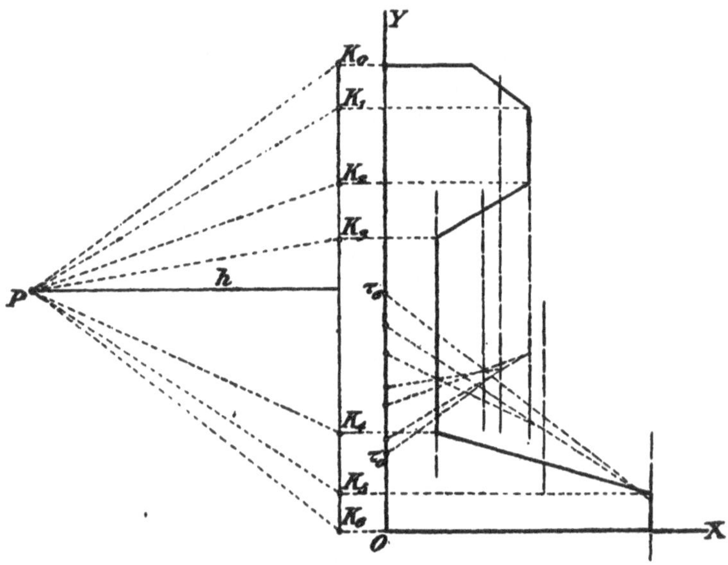

Fig. 88.

der gegenüberliegenden Trapezseiten als ihre Angriffslinien zu betrachten. Das zugehörige Seilpolygon reduziert dann zugleich die einzelnen Trapeze auf die Basis h. Dies wurde in Fig. 88 für ein schematisiertes Schienenprofil ausgeführt, wobei für die rechteckigen Teile die Angriffslinien in die OY gegenüberliegenden Rechteckseiten fallen.

Der letzte Teil unsres Satzes ist besonders wichtig für die Bestimmung des statischen Moments eines Profils, wenn es sich also um die unendlich vielen Schwerkräfte eines solchen handelt. Dessen statisches Moment ist hiernach gleich dem Produkte aus dem Gewichte des Profils in den Abstand seines Schwerpunkts von der Momentenachse. Kennt man daher das Gewicht eines Profils und seine statischen Momente für zwei nicht parallele Achsen, so kennt man die Koordinaten des Schwerpunkts für diese Achsen.

Nunmehr stellen wir die neue Definition auf:

15. Definition. Unter dem **Zentrifugalmomente** eines Systems paralleler Kräfte $g_1, g_2, \ldots, g_n$ mit den Angriffs-

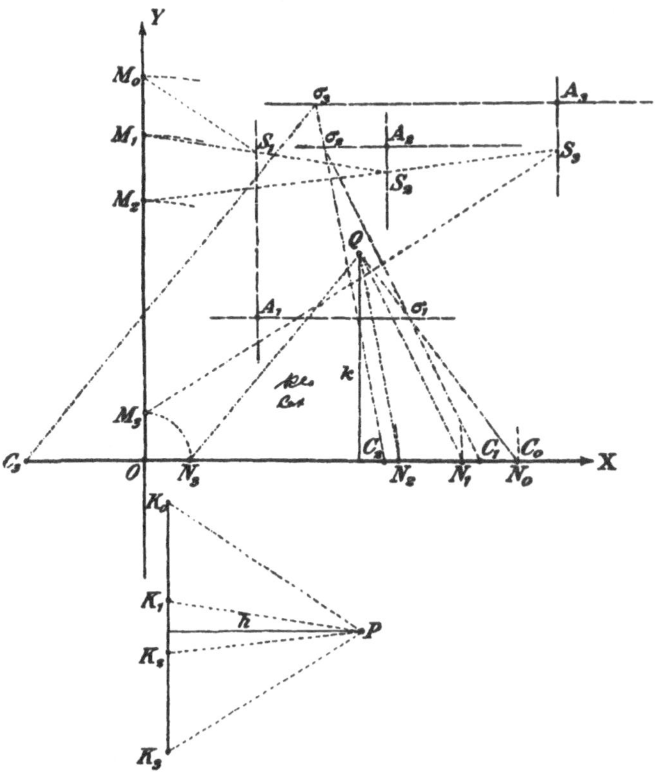

Fig. 89.

punkten $A_1, A_2, \ldots, A_n$ in Beziehung auf die beiden Achsen OX und OY versteht man die Summe $x_1 y_1 g_1 + x_2 y_2 g_2 + \ldots + x_n y_n g_n$, wo $x_1 y_1, x_2 y_2, \ldots, x_n y_n$ die Koordinaten der Angriffspunkte $A_1, A_2, \ldots, A_n$ in bezug auf die beiden Achsen sind.

Dies Zentrifugalmoment ist offenbar das in der Richtung $\overrightarrow{OY}$ gemessene statische Moment für die Achse OX derjenigen Kräfte, welche den in der Richtung $\overrightarrow{OX}$ gemessenen statischen Momenten der ursprünglichen Kräfte für die Achse OY gleich sind und dieselben Angriffspunkte wie letztere besitzen, wobei natürlich OX mit OY vertauscht werden kann. Die Konstruktion des Zentrifugalmoments kann hiernach mit Hilfe von zwei Seilpolygonen geschehen (Fig. 89). Unser obiges Seilpolygon liefert uns ja die Produkte $x_i \cdot g_i = h \cdot \overline{M_{i-1} M_i}$. Drehen wir daher $OM_0 M_1 \ldots M_n$ so um O nach $ON_0 N_1 \ldots N_n$, daß die OY auf OX zu liegen kommt, und nehmen einen neuen Pol Q in der in der Richtung $\overrightarrow{OY}$ gemessenen Distanz $KQ = k$ an, so ist es offenbar das Stück der OX von der ersten bis zur letzten Seite des zum Pole Q, zum Kräftepolygone $N_0 N_1 \ldots N_n$ und den zu OX parallelen Angriffslinien durch $A_1, A_2, \ldots, A_n$ gehörigen Seilpolygons, das mit h und k multipliziert das gesuchte Zentrifugalmoment liefert. Denn es ist jedesmal, wenn C_i die Schnittpunkte der Seiten des zweiten Seilpolygons mit der Achse OX sind, $h \cdot k \cdot C_{i-1} C_i = h \cdot N_{i-1} N_i \cdot y_i = h \cdot M_{i-1} M_i \cdot y_i = g_i x_i y_i$.

Die obige Drehung von $OM_1 M_2 \ldots M_n$ ist nicht nötig, wenn es sich um ein Trägheitsmoment handelt, das wir folgendermaßen definieren:

16. Definition. Unter dem **Trägheitsmomente** eines Systems paralleler Kräfte $g_1, g_2, \ldots, g_n$ für eine Achse OY versteht man die Summe $x_1^2 g_1 + x_2^2 g_2 + \ldots + x_n^2 g_n$, wo $x_1, x_2, \ldots, x_n$ die Entfernungen der Angriffspunkte von der Achse sind.

Das Trägheitsmoment spielt in der Mechanik eine wichtige Rolle, es tritt z. B. bei der Rotation eines Körpers um eine Achse an Stelle der Masse, durch den Abstand der Achse von der äußersten Faser dividiert bedeutet es das sogenannte Widerstandsmoment usw. Konstruieren wir zuerst mit Hilfe eines ersten Seilpolygons (Fig. 90) die statischen Momente $h \cdot M_{i-1} M_i$ und betrachten $M_0 M_1 M_2 \ldots M_n$ als neues Kräftepolygon, so sind die Abschnitte, die die Seiten des zweiten Seilpolygons auf der Achse machen, den Trägheitsmomenten der einzelnen Kräfte proportional. Im besonderen haben wir:

$$x_1^2 g_1 = x_1 \cdot h \cdot \overline{M_0 M_1} = 2h \cdot \Delta\, M_0 S_1 M_1 = h \cdot k \cdot \overline{\tau_0 \tau_1},$$
$$x_2^2 g_2 = x_2 \cdot h \cdot \overline{M_1 M_2} = 2h \cdot \Delta\, M_1 S_2 M_2 = h \cdot k \cdot \overline{\tau_1 \tau_2},$$
$$x_3^2 g_3 = x_3 \cdot h \cdot \overline{M_2 M_3} = 2h \cdot \Delta\, M_2 S_3 M_3 = h \cdot k \cdot \overline{\tau_2 \tau_3} \quad \text{usw.},$$

also:

$$x_1^2 g_1 + x_2^2 g_2 + \ldots + x_n^2 g_n = \text{Polygon } M_0 S_1 S_2 \ldots S_n M_n M_0 \cdot 2h$$
$$= h \cdot k \cdot \overline{\tau_0 \tau_n}.$$

Hiernach können wir den folgenden Satz von Mohr aussprechen:

Satz 51. *Das Trägheitsmoment paralleler Kräfte für eine Achse OY ist gleich dem Produkte aus dem Flächeninhalte des von den aufeinander folgenden Seiten eines Seilpolygons und der Achse begrenzten Polygons in die doppelte Poldistanz.*

Geht die Achse durch den Mittelpunkt des Systems, also auch durch den Schnittpunkt der ersten und letzten Seite des Seilpolygons, so geht das Polygon in das Seilpolygon selbst über. Es schließt

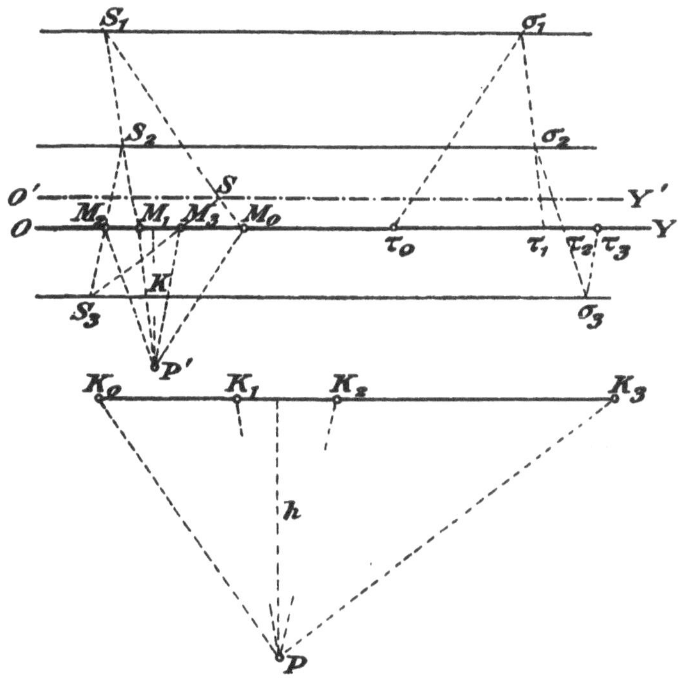

Fig. 90.

sich hieran eine wichtige Bemerkung über die Beziehung des zu irgendeiner Achse gehörigen Trägheitsmoments zu dem zu einer parallelen Achse durch den Mittelpunkt gehörigen. Die Figur zeigt, daß das erste Polygon gleich dem Seilpolygone vermehrt um das Dreieck $M_0 S M_n$ ist, daß also das Trägheitsmoment des Systems für die Achse OY gleich dem für die parallele Achse $O'Y'$ durch S vermehrt um das Trägheitsmoment der Resultante für OY ist. Es wird gut sein, diesen Satz auch direkt zu beweisen. Sind $x_1, x_2, \ldots, x_n$ die Abszissen der Angriffspunkte in bezug auf die Achse OY, x

die Abszisse des Mittelpunktes der parallelen Kräfte, so daß nach Satz 50 auf S. 161:

$$x\,(g_1+g_2+\dots+g_n)=x_1\,g_1+x_2\,g_2+\dots+x_n\,g_n$$

ist, sind ferner x_1', x_2', ..., x_n' die Abszissen der Angriffspunkte in Beziehung auf die zu OY parallele Achse $O'Y'$ durch den Mittelpunkt des Systems, so ist:

$$x_1'\,g_1+x_2'\,g_2+\dots+x_n'\,g_n=0$$

und

$$x_1=x+x_1',\ x_2=x+x_2',\ \dots,\ x_n=x+x_n',$$

und wir erhalten die Gleichung:

$$\begin{aligned}x_1^2\,g_1+x_2^2\,g_2+\dots+x_n^2\,g_n &= (x_1'+x)^2\,g_1+(x_2'+x)^2\,g_2+\dots\\ &+(x_n'+x)^2 g_n = x_1'^2\,g_1+x_2'^2\,g_2+\dots+x_n'^2\,g_n\\ &+x^2\,(g_1+g_2+\dots+g_n).\end{aligned}$$

Wir haben also den Satz:

Satz 52. *Das Trägheitsmoment eines Systems paralleler Kräfte für irgendeine Achse ist gleich dem Trägheitsmomente der Resultante des Systems für dieselbe Achse, vermehrt um das Trägheitsmoment des Systems für die parallele Achse durch den Mittelpunkt des Systems.*

Dieser Satz bedingt einen wesentlichen Unterschied zwischen den statischen und den Trägheitsmomenten, der besonders ins Gewicht fällt, wenn es sich um Momente von Profilen handelt. Während das statische Moment eines Profils für jede Achse gleich dem statischen Momente des in dem Schwerpunkte angreifenden Gewichts des Profils für dieselbe Achse ist, gilt der entsprechende Satz für Trägheitsmomente nicht, man hat hier vielmehr zu dem Trägheitsmomente des in dem Schwerpunkte angreifenden Gewichts des Profils noch das Trägheitsmoment des Profils für die parallele Achse durch den Schwerpunkt hinzuzufügen.

Wenn man also nach Culmann zur Ermittelung des Trägheitsmoments eines Profils dieses durch Parallelen zur Achse in schmale rechteckige oder trapezförmige Streifen teilt, das Trägheitsmoment jedes Streifens durch das Produkt aus dem Flächeninhalte des Streifens in das Quadrat des Abstands seines Schwerpunkts von der Achse ersetzt und die Summe dieser Produkte nach Fig. 90 durch zwei Seilpolygone konstruiert, so wird man einen gewissen Fehler machen. Diesen Fehler sucht Mohr dadurch zu vermeiden, daß er das erste Seilpolygon durch die Seilkurve ersetzt, die entstehen würde, wenn die Streifen unendlich schmal würden. Dann würde ja der Satz 51 von Mohr das Trägheitsmoment genau liefern durch den Inhalt der Fläche, welche die Achse, die Seilkurve und die Tangenten in ihren Endpunkten begrenzen. Nun läßt sich natürlich diese Seilkurve nicht genau zeichnen, wenn das Profil keine gesetzmäßige Begrenzung hat; macht man aber die Streifen sehr schmal, so daß auch ihre Abweichung von Rechtecken und Trapezen hinreichend klein ist, so sind die Seiten des ersten Seilpolygons Tangenten der Seilkurve in ihren Schnittpunkten mit den Trennungslinien der Streifen. Denn die Tangenten in den Endpunkten jedes Bogens der Seilkurve sind einerseits den Seilstrahlen parallel, die das dem Bogen entsprechende Stück des Kräftepolygons einschließen, und schneiden sich andererseits auf der Angriffslinie durch den Schwerpunkt des zugehörigen Teilprofils. Hiernach wird man aus Punkten und Tangenten die Seilkurve mit hinreichender Genauigkeit einzeichnen können. Was aber die Bestimmung des Inhalts der Fläche der Seilkurve betrifft, so wird man, falls man nicht ein Planimeter benutzen will, kaum besser verfahren können, als nach Culmann ein zweites Seilpolygon zu konstruieren (die Simpsonsche Regel dürfte hier praktisch kaum genauere Resultate liefern), ja man kann umgekehrt den Flächeninhalt irgend einer Kurve dadurch bestimmen, daß man ein ihr umschriebenes Polygon von hinreichend vielen Seiten als erstes Seilpolygon betrachtet und nun für die Abschnitte, die seine Seiten auf einer Achse durch den Schnittpunkt der ersten und letzten Seite macht, als Kräfte und die Parallelen zur Achse durch die Ecken des Polygons als Angriffslinien ein zweites Seilpolygon zeichnet; das Produkt aus der Poldistanz in den Abschnitt der Achse zwischen der ersten und letzten Seite dieses Seilpolygons ist dann gleich dem doppelten Inhalt des von der Kurve, ihrer Anfangs- und ihrer Endtangente eingeschlossenen Figur.

Soll daher das Planimeter (von der Benutzung sogenannter Momentenplanimeter sehen wir hier natürlich ganz ab) nicht verwendet werden, so dürfte die Mohrsche Methode zur Bestimmung des Trägheitsmoments eines Profils mit Hilfe der aus dem ersten Seilpolygone zu konstruierenden Seilkurve gegenüber der Culmannschen mit Hilfe der zwei Seilpolygone kaum einen Vorteil bieten. Um aber den Wert der letzteren noch besser beurteilen zu können, müssen wir noch die Abhängigkeit des Fehlers von der Breite der Streifen kennen zu lernen suchen.

Hierzu werden wir vor allem das Trägheitsmoment eines Rechtecks für die zu einer Seite parallele Achse durch den Schwerpunkt zu ermitteln haben. Denken wir uns diese Achse etwa vertikal, so können wir das Rechteck als Belastungsfläche eines Balkens betrachten, so daß die erste Seilkurve eine Parabel sein wird (Satz 21 auf S. 56).

Wollen wir also den **Mohrschen** Satz hierauf anwenden, so müssen wir zuerst den **Flächeninhalt einer Parabel** kennen lernen. Sind EA und EB (Fig. 91) die Tangenten in den Endpunkten der Sehne AB der Parabel, so schneidet bekanntlich der Durchmesser durch E die Sehne AB in deren Mitte D und die Parabel in der Mitte C von ED so, daß die Tangente $\alpha\beta$ von $C \parallel AB$ ist. Daraus folgt, daß $\triangle ABC = 2 \triangle \alpha\beta E$ ist. Schneiden weiter die Durchmesser durch α und β die Parabel in F und G, und sind $\alpha_1\varphi$, $\beta_1\gamma$ deren Tangenten, so ist ebenso $\triangle ACF = 2 \triangle \alpha_1\varphi\alpha$ und $\triangle BCG = 2 \triangle \beta_1\gamma\beta$. Es ist folglich Polygon $AFCGB = 2 \times$ Polygon $\alpha_1\varphi\gamma\beta_1 E$ usw. Schließt man so weiter und bedenkt, daß sich hierbei der von den beiden Polygonen freigelassene Teil des Dreiecks ABE immer mehr der Null nähert, so folgt schließlich, daß **das Parabelsegment** ABC **gleich** $^2/_3$ **der Dreiecksfläche** AEB **ist.**

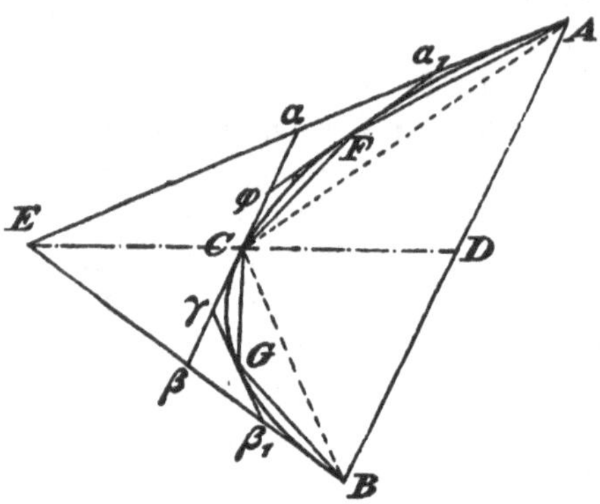

Fig. 91.

Denken wir uns nun die Fläche oder das Gewicht des Rechtecks $ABCD$ (Fig. 92) auf die Balkenlänge $AB = b$ reduziert, so daß die Kräftelinie K_0K_∞ der anderen Seite $a = BC$ des Rechtecks gleich ist, und wählen den Pol P auf der Achse oder der Mittelsenkrechten des Balkens und senkrecht gegen die Mitte von K_0K_∞, so ist nach dem **Mohrschen** Satze das gesuchte Trägheitsmoment

$$T_s = b \cdot 2\frac{b}{2} \cdot \text{Parabeldreieck } \alpha P \beta \sigma = b^2 \cdot \frac{1}{3}\frac{1}{2} b \frac{a}{2} = \mathfrak{F}\frac{b^2}{12},$$

wenn $\mathfrak{F}$ den Flächeninhalt des Rechtecks bedeutet. Nach Satz 52 ist daher das Trägheitsmoment T_a des Rechtecks für die Seite BC: $T_a = T_s + \mathfrak{F}\frac{b^2}{4} = \mathfrak{F}\frac{b^2}{3}$. Wir wollen dies in den Satz zusammenfassen:

Satz 53. *Das Trägheitsmoment eines Rechtecks von der Höhe h und dem Inhalte $\mathfrak{F}$ ist für die Grundlinie $\mathfrak{F}\frac{h^2}{3}$ und für die dazu parallele Achse durch den Schwerpunkt $\mathfrak{F}\frac{h^2}{12}$.*

Hieraus können wir die Trägheitsmomente eines bei B (Fig. 93) rechtwinkeligen Dreiecks ABC für die der Grundlinie parallelen Achsen finden. Das Trägheitsmoment T_x für die die Höhe h halbierende Achse OX ist nämlich die Hälfte des Trägheitsmoments derselben Achse für das Rechteck $ABCD$. Denn bei einer halben Umdrehung um den Mittelpunkt des Rechtecks geht jene Achse in sich über, das Dreieck ABC in CAD und jedes Flächenelement

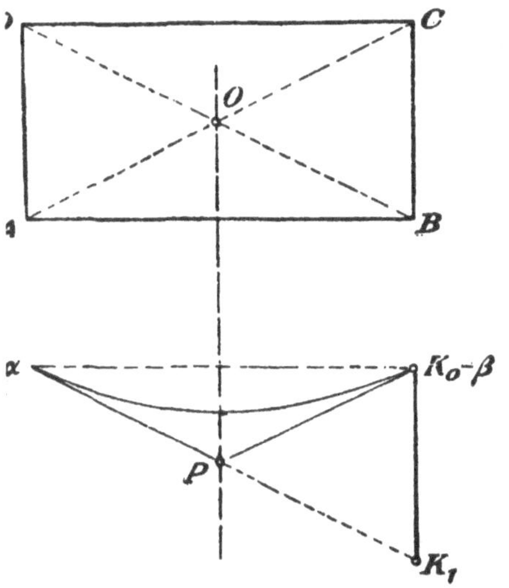

Fig. 92.

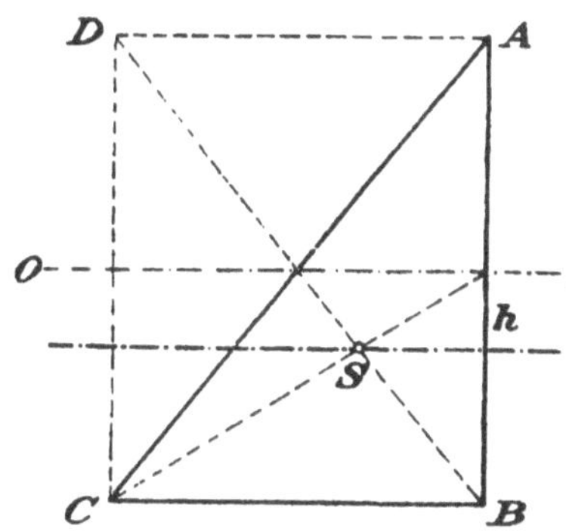

Fig. 93.

in ein solches von demselben Achsenabstande, und die Summe der Trägheitsmomente der beiden Dreiecke ist ja gleich dem des Rechtecks. Ist daher $\mathfrak{F}$ die Fläche des Dreiecks, so ist $T_x = \mathfrak{F}\frac{h^2}{12}$. Daraus wiederum ergeben sich die Trägheitsmomente T_a und T_d der Grundlinie und der parallelen Achse durch die Spitze:

$$T_a = T_s + \mathfrak{F}\frac{h^2}{9} = \mathfrak{F}\frac{h^2}{6} \quad \text{und} \quad T_d = T_s + \mathfrak{F}\frac{4h^2}{9} = \mathfrak{F}\frac{h^2}{2}.$$

Verschieben wir die Spitze A des Dreiecks auf der Geraden DA, so ändern sich offenbar die Trägheitsmomente der DA parallelen Achsen nicht. Denn sie setzen sich zusammen aus den Trägheitsmomenten der unendlich schmalen, den Achsen parallelen Streifen, die bei allen diesen Dreiecken je denselben Beitrag liefern. Somit können wir den Satz aussprechen:

Satz 54. *Das Trägheitsmoment eines Dreiecks von der Höhe h und dem Inhalte $\mathfrak{F}$ ist für die Grundlinie $\mathfrak{F}\frac{h^2}{6}$, für die parallelen Achsen durch den Schwerpunkt und die Spitze $\mathfrak{F}\frac{h^2}{18}$ und $\mathfrak{F}\frac{h^2}{2}$.*

Was endlich das Paralleltrapez betrifft, so wollen wir annehmen, daß die Mittellinie $AB = h$ seine Symmetrieachse sei. Dann zeigt Fig. 94, daß das Trägheitsmoment T_m für die Mittellinie $m = \frac{a+b}{2}$ der beiden anderen Seiten gleich dem für das Rechteck aus m und h ist. Denn es entsteht aus diesem durch Addition der

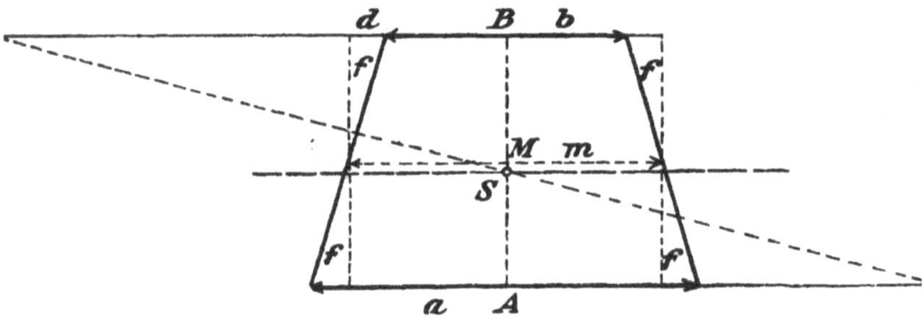

Fig. 94.

Trägheitsmomente für die unteren Dreiecke $f = \frac{h}{2}\,\frac{a-b}{4} = \frac{h \cdot d}{4}$ und Subtraktion derjenigen für die oberen Dreiecke, die je gleich sind. Es ist also $T_m = \mathfrak{F}\frac{h^2}{12}$, wo $\mathfrak{F} = m \cdot h$ ist. Nun ist doch, wenn S der Schwerpunkt des Trapezes und M die Mitte von m ist:

$$MS = \frac{h}{2} - AS = \frac{h}{2} - h\,\frac{\frac{a}{2}+b}{\frac{a}{2}+b+\frac{b}{2}+a} = \frac{h(a-b)}{6(a+b)} = \frac{h}{3}\,\frac{d}{m}.$$

Es ist daher:

$$T_s = \mathfrak{F}\frac{h^2}{12}\left(1 - \frac{4}{3}\,\frac{d^2}{m^2}\right);$$

wie beim Dreiecke beweist man, daß diese Formel auch für unsymmetrische Trapeze bestehen bleibt, wenn h seine Höhe bedeutet. Soll das Trägheitsmoment T_h des Trapezes für die Mittellinie AB gefunden werden, so haben wir, falls $\mathfrak{F}_1$ der Inhalt des von b und den Verlängerungen der nicht parallelen Seiten begrenzten Dreiecks und h_1 dessen Höhe ist, auf Grund des letzten Satzes:

$$T_h = \frac{1}{24}\left((\mathfrak{F} + \mathfrak{F}_1)a^2 - \mathfrak{F}_1 b^2\right), \quad \mathfrak{F}_1 = \frac{b\,h_1}{2}, \quad h_1 = \frac{h\,b}{a-b},$$

also

$$\mathfrak{F}_1 = \mathfrak{F}\frac{b^2}{a^2 - b^2}$$

und demnach

$$T_h = \frac{\mathfrak{F}}{24}(a^2 + b^2).$$

Wenn wir diese Resultate dazu benutzen wollen, um den Fehler abzuschätzen, der bei der Konstruktion des Trägheitsmoments nach dem Culmannschen Verfahren gemacht wird, führen wir zuerst einen auch für die Folge wichtigen Begriff durch die folgende Definition ein:

17. Definition. Unter dem **Trägheitsradius** eines Profils von dem Inhalte $\mathfrak{F}$ für eine Achse versteht man die Strecke, deren Quadrat mit $\mathfrak{F}$ multipliziert gleich dem Trägheitsmomente des Profils für die Achse ist.

Sind nunmehr $\mathfrak{F}_1, \mathfrak{F}_2, \ldots, \mathfrak{F}_n$ die Inhalte der Teile, in die ein Profil zerlegt ist, $x_1, x_2, \ldots, x_n$ die Abszissen ihrer Schwerpunkte für die Achse OY und $T_1, T_2, \ldots, T_n$ ihre Trägheitsmomente für die parallelen Achsen durch ihre Schwerpunkte, so ist nach Satz 52 auf S. **166** das Trägheitsmoment T des ganzen Profils für die Achse OY:

$$T = \mathfrak{F}_1 x_1^2 + \mathfrak{F}_2 x_2^2 + \ldots + \mathfrak{F}_n x_n^2 + T_1 + T_2 + \ldots + T_n.$$

Nun wird nach dem Culmannschen Verfahren nur die erste Hälfte dieser Summe als Trägheitsmoment konstruiert, die zweite hingegen vernachlässigt, und es wird darauf ankommen, die Größe dieser Vernachlässigung abzuschätzen. Sind nun jene Teile der Achse parallele Streifen von der Breite $\leqq h$, so ist nach dem Obigen, da wir diese Streifen als Rechtecke oder als Paralleltrapeze betrachten können:

$$T_1 + T_2 + \ldots + T_n \leqq \frac{h^2}{12}(\mathfrak{F}_1 + \mathfrak{F}_2 + \cdots + \mathfrak{F}_n).$$

Bezeichnen wir daher den nach dem **Culmann**schen Verfahren gefundenen Trägheitsradius mit r', so daß $\mathfrak{F} r'^2 = \mathfrak{F}_1 x_1^2 + \mathfrak{F}_2 x_2^2 + \ldots + \mathfrak{F}_n x_n^2$ ist, so ergibt sich die Ungleichung $r^2 \leqq r'^2 + \frac{h^2}{12}$ oder $r - r' < h\frac{h}{24 r'}$. Machen wir also beim Schienenprofil (Fig. 86 auf S. **159**) die Breite der Streifen 5 mm und nehmen an, was die Konstruktion bestätigt, daß r' nicht kleiner als 50 mm resultiere, so könnte theoretisch der Fehler bei der Bestimmung des Trägheitsradius höchstens $^1/_{48}$ mm sein. Hieraus sehen wir, daß das Culmannsche Verfahren so genaue Resultate liefert, als sie graphisch überhaupt zu erreichen sind. Natürlich gilt diese Betrachtung nur so lange, als alle Streifen dieselbe hinreichend kleine Breite nicht übersteigen, sie würde also zu gelten aufhören, wenn

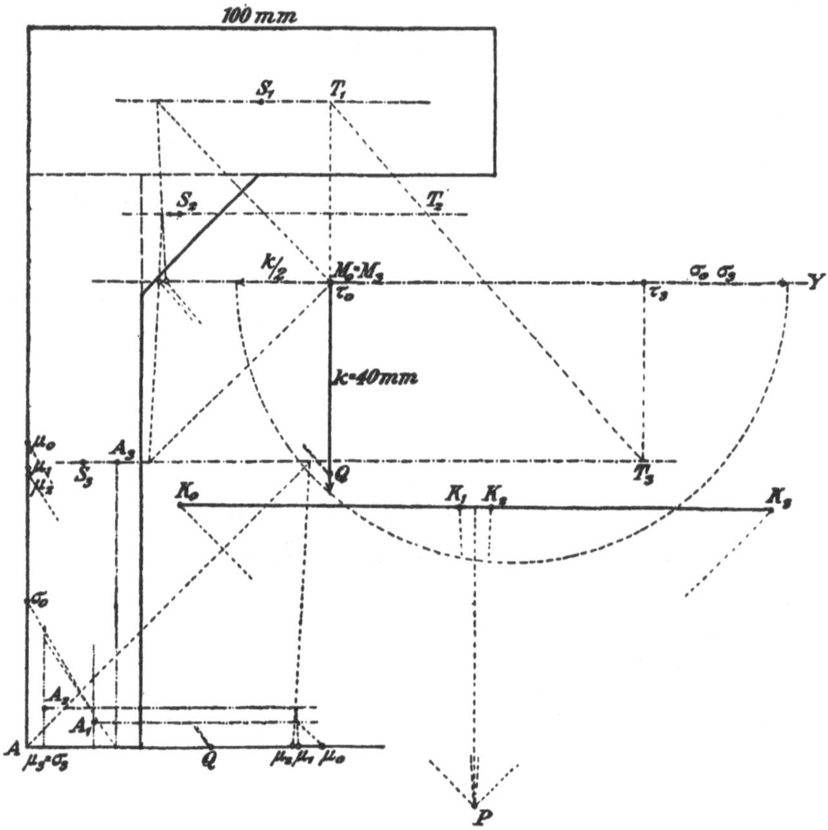

Fig. 95.

man den ganzen Steg des Schienenprofils von der Höhe $h' = 57{,}6$ mm und der Fläche $\mathfrak{F}'$ als einen Teil nehmen wollte. Dann würde ja in T das Glied $\mathfrak{F}' \frac{h'^2}{12}$ vernachlässigt werden, es wäre also $r^2 = r'^2 + \frac{\mathfrak{F}'}{\mathfrak{F}} \frac{h'^2}{12}$ zu setzen, wonach allerdings in unserem Falle r ebenfalls sehr wenig von r' abweichen würde. Um die zur Konstruktion von r nötige Division durch $\mathfrak{F}$ möglichst bequem ausführen zu können, haben wir in der Figur die erste Poldistanz $c = \frac{1}{2} K_0 K_n$ gesetzt, wo

$\mathfrak{F} = b \cdot K_0 K_n$ und b die Basis der Flächenverwandlung ist. Dann wird in Rücksicht darauf, daß das nach unserm Verfahren konstruierte Trägheitsmoment der in den Schwerpunkten der Teile angreifenden, auf b reduzierten Inhalte der Teile erst mit b multipliziert das Trägheitsmoment des Profils liefern kann, $T = b \cdot c \cdot e \cdot \overline{\tau_0 \tau_n}$, wo e die zweite Poldistanz ist. Es wird daher r einfach das geometrische Mittel aus $\frac{1}{2}e$ und $\overline{\tau_0 \tau_n}$.

Der oben abgeschätzte Fehler kann, wenn die Teile des Profils zu groß sind, bisweilen auch für sich konstruiert werden. Wir führen dies an der folgenden Aufgabe aus:

20. Aufgabe. Das Trägheitsmoment des in Fig. 95 dargestellten Winkeleisenprofils für die horizontale Schwerpunktsachse zu konstruieren.

Wir teilen das Profil in drei Teile $\mathfrak{F}_1$, $\mathfrak{F}_2$, $\mathfrak{F}_3$, ein Rechteck von der Höhe $h_1 = 30$ mm, ein Dreieck von der Höhe $h_2 = 25$ mm und ein Rechteck von der Höhe $h_3 = 120$ mm. Wir reduzieren zuerst $\mathfrak{F}_1$, $\mathfrak{F}_2$, $\mathfrak{F}_3$ auf die gemeinsame Basis $b = 50$ mm und konstruieren mit einer Poldistanz $h = \frac{1}{2} K_0 K_3$ den Punkt $M_0 = M_3$, der die Schwerpunktsachse OY enthält, und die statischen Momente $M_0 M_1$, $M_1 M_2$, $M_2 M_3$ der Teilprofile. Ein zweites Seilpolygon mit der Poldistanz $k = 40$ mm schneidet dann auf OY ein solches Stück $M_0 \tau_3$ aus, daß von dem gesuchten Momente $T = \mathfrak{F}_1 x_1^2 + \mathfrak{F}_2 x_2^2 + \mathfrak{F}_3 x_3^2 + \mathfrak{F}_1 \frac{h_1^2}{12} + \mathfrak{F}_2 \frac{h_2^2}{18} + \mathfrak{F}_3 \frac{h_3^2}{12}$ der erste Teil durch $b \cdot h \cdot k \cdot M_0 \tau_3 = \mathfrak{F} \cdot 20 \text{ mm} \cdot M_0 \tau_3$ dargestellt ist. Den zweiten Teil aber können wir als ein Zentrifugalmoment der in den Punkten A_1, A_2, A_3 mit den Koordinaten

$$\left(\frac{h_1}{2}, \frac{h_1}{6}\right), \left(\frac{h_2}{6}, \frac{h_2}{3}\right), \left(\frac{h_3}{2}, \frac{h_3}{6}\right)$$

angreifenden Kräfte $\mathfrak{F}_1$, $\mathfrak{F}_2$, $\mathfrak{F}_3$ konstruieren. Nehmen wir dabei dieselben Poldistanzen, so ergibt sich schließlich $T = \mathfrak{F} \cdot 20 \text{ mm} \cdot (M_0 \tau_3 + A \sigma_0)$, so daß der gesuchte Trägheitsradius r als das geometrische Mittel aus 20 mm und $M_0 \tau_3 + A \sigma_0$ gefunden werden kann.

31. Trägheits- und Zentralellipse von Profilen.

Wir haben bisher nur die Trägheitsmomente der Elementarprofile für solche Achsen kennen gelernt, welche einer der Begrenzungslinien parallel sind. Um das Trägheitsmoment eines Profils $\mathfrak{F}$ für eine beliebige Achse OZ zu finden, studieren wir die Beziehungen der Trägheitsmomente für alle Achsen durch einen Punkt O. Wir schließen uns hierbei des leichteren Verständnisses wegen zunächst mehr an die Analysis an, um in der folgenden Nummer eine rein geometrische Theorie dieser Beziehungen zu geben.

Betrachten wir O als den Anfangspunkt eines rechtwinkeligen Koordinatensystems (OX, OY) (Fig. 96), für das OZ die Amplitude

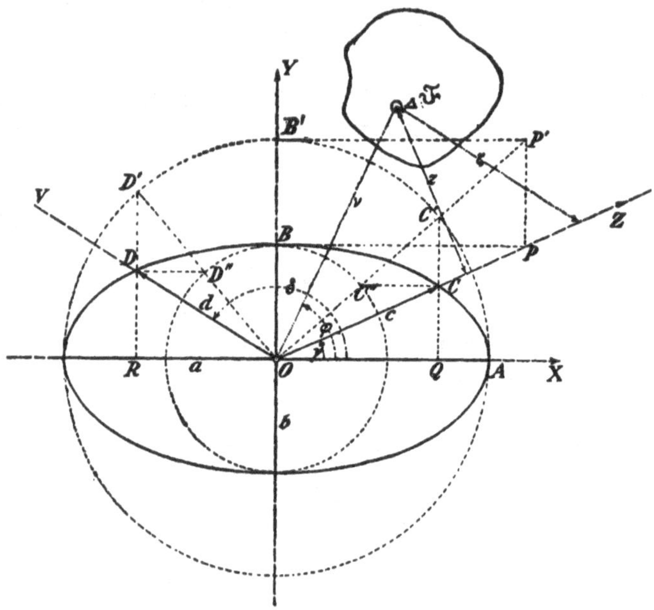

Fig. 96.

$\sphericalangle XOZ = \gamma$ hat, so ist der Abstand z eines Elements $\Delta\mathfrak{F}$ des Profils mit den Koordinaten x, y, der Amplitude φ und dem Radiusvektor r von der Achse OZ:

(1) $$z = r \sin(\varphi - \gamma) = y \cos\gamma - x \sin\gamma.$$

Setzen wir daher:

(2) $$T_x = \sum y^2 \Delta\mathfrak{F},\quad T_y = \sum x^2 \Delta\mathfrak{F},\quad C_{x,y} = \sum x\,y\,\Delta\mathfrak{F},$$

wo die Summation stets über alle Elemente des Profils zu erstrecken ist, so ergibt sich:

(3) $$T_z = \sum z^2 \Delta\mathfrak{F} = T_x \cos^2\gamma + T_y \sin^2\gamma - 2C_{x\,y} \cos\gamma \sin\gamma.$$

Bezeichnen wir nun mit T_z^u das in der Richtung OU mit der Amplitude δ gemessene Trägheitsmoment der Achse OZ, so ist $\zeta = \frac{z}{\sin(\delta - \gamma)}$ der Abstand des Elements $\Delta\mathfrak{F}$ von OZ, also $T_z^u = \frac{1}{\sin^2(\delta - \gamma)} T_z$, und das Zentrifugalmoment der beiden Achsen OZ und OU erhalten wir in der Form:

$$(4) \quad \begin{cases} C_{z,u} = \sum - \dfrac{y\cos\gamma - x\sin\gamma}{\sin(\gamma-\delta)} \cdot \dfrac{y\cos\delta - x\sin\delta}{\sin(\gamma-\delta)} \triangle \mathfrak{F} \\ \quad = \dfrac{1}{\sin^2(\gamma-\delta)}\{T_x\cos\gamma\cos\delta + T_y\sin\gamma\sin\delta - C_{x,y}\sin(\gamma+\delta)\}. \end{cases}$$

Nunmehr führen wir die folgende Bezeichnung ein:

18. Definition. Zwei Achsen heißen **konjugiert** in Beziehung auf ein Profil (oder ein System paralleler Kräfte), wenn das zugehörige Zentrifugalmoment verschwindet.

Dann lehrt Gleichung (4), daß jeder Achse OZ durch O eine ihr konjugierte OU entspricht, bestimmt durch den Richtungskoeffizienten $\operatorname{tg}\delta$. Unter diesen Paaren konjugierter Achsen gibt es auch ein rechtwinkeliges; denn aus $\delta = 90 + \gamma$ folgt:

$$(5) \qquad \operatorname{tg}(2\gamma) = \frac{2C_{y,x}}{T_y - T_x},$$

wodurch 2γ bis auf Vielfache von 180^0, also γ bis auf Vielfache von 90^0 bestimmt ist, und nur hierauf kommt es an. Ist $\sphericalangle XOV = 45^0$, so folgt aus (3): $2C_{xy} = T_x + T_y - 2T_v$, so daß γ aus bloßen Trägheitsmomenten ermittelt werden kann.

Nehmen wir nun an, das rechtwinkelige Koordinatensystem sei schon so gewählt, daß OX und OY konjugiert oder $C_{x,y}=0$ sei, und setzen $T_x = \mathfrak{F}\cdot b^2$, $T_y = \mathfrak{F}\cdot a^2$, so sind die beiden konjugierten Durchmesser OU und OZ der Ellipse mit den Halbachsen $OA = a$ und $OB = b$ auf OX bzw. OY auch konjugierte Achsen in Beziehung auf das Profil. Aus der Figur ($OC = c$, $OD = d$) folgt nämlich, wenn wir die bekannte Entstehung der Ellipse aus dem um- und eingeschriebenen Kreise zugrunde legen, also annehmen, daß die Bilder OC' und OD' von OC und OD senkrecht aufeinander stehen:

$$(6) \qquad c\cos\gamma = OQ = RD' = RD\frac{a}{b} = d\frac{a}{b}\sin\delta,$$

und

$$(7) \qquad c\sin\gamma = QC = OC'\frac{b}{a} = OR\frac{b}{a} = -d\frac{b}{a}\cos\delta,$$

also:

$$(8) \quad 0 = \frac{c}{d}(\cos\gamma\sin\gamma - \sin\gamma\cos\gamma) = \frac{a}{b}\sin\delta\sin\gamma + \frac{b}{a}\cos\delta\cos\gamma$$

oder

$$(9) \qquad b^2\cos\gamma\cos\delta + a^2\sin\gamma\sin\delta = 0,$$

so daß nach (4) wirklich $C_{u,z}=0$ wird, die Achsen OU und OZ also konjugiert sind. Weiter ist:

$$(10)\qquad a^2 = OC'^2 = OQ^2 + QC'^2 = c^2\cos^2\gamma + c^2\sin^2\gamma\,\frac{a^2}{b^2}\,,$$

oder

$$(11)\qquad b^2\cos^2\gamma + a^2\sin^2\gamma = \frac{a^2 b^2}{c^2}\,,$$

also nach den Formeln (6) und (7):

$$(12)\qquad \frac{a^2 b^2}{c^2} = b\cos\gamma\cdot b\cos\gamma + a\sin\gamma\cdot a\sin\gamma = \frac{d}{c}\,a\,b\sin(\delta-\gamma)$$

oder

$$(13)\qquad a\,b = c\,d\sin(\delta-\gamma).$$

Es wird demnach schließlich (Formel (3)):

$$(14)\qquad T_z = \mathfrak{F}(b^2\cos^2\gamma + a^2\sin^2\gamma) = \frac{\mathfrak{F}\,a^2 b^2}{c^2} = \mathfrak{F}\,d^2\sin^2(\delta-\gamma),$$

oder

$$(15)\qquad d^2 = \frac{1}{\mathfrak{F}}\,T_z^u,\qquad c^2 = \frac{1}{\mathfrak{F}}\,T_u^z.$$

Stellt man daher die Definition auf:

19. Definition. Der in der Richtung OU gemessene **Schwungradius** der Achse OZ für ein Profil ist die Seite des Quadrats, dessen Punkt mit der Fläche des Profils gleich dem in der Richtung OU gemessenen Trägheitsmomente des Profils für die Achse OZ ist;

so können wir unsere Resultate in den Satz zusammenfassen:

Satz 55. *Trägt man auf jeder durch einen festen Punkt O gehenden Achse den in ihrer Richtung gemessenen Schwungradius der für ein Profil konjugierten Achse durch O auf, so erfüllen die Endpunkte dieser Schwungradien die zum Mittelpunkte O gehörige* **Trägheitsellipse** *des Profils. Dieselbe heißt* **Zentralellipse,** *wenn O der Schwerpunkt des Profils ist.*

Aus diesem Satze und aus Satz 52 auf S. 166 ergibt sich die folgende Beziehung zwischen der Zentralellipse und irgendeiner Trägheitsellipse:

Satz 56. *Für jede Trägheitsellipse gehört der Verbindungslinie ihres Mittelpunktes mit demjenigen der Zentralellipse der Größe und Richtung nach derselbe konjugierte Durchmesser zu wie für diese, während das Quadrat des auf dieser Verbindungslinie selbst liegenden Halbmessers gleich demselben Quadrate für die Zentralellipse vermehrt um das Quadrat der Verbindungsstrecke der Mittelpunkte ist.*

Enthält nämlich die Achse OX den Schwerpunkt S ($\overrightarrow{OS} = c$, $x = x' + c$, $y = y'$) und ist OY zu OX konjugiert, so ist:

$$(16) \quad \left\{ \begin{aligned} 0 = \sum xy \,\Delta\mathfrak{F} = \sum (x'+c)y' \,\Delta\mathfrak{F} &= \sum x'y' \,\Delta\mathfrak{F} + c\sum y' \,\Delta\mathfrak{F} \\ &= \sum x'y' \,\Delta\mathfrak{F}, \end{aligned} \right.$$

weil S der Mittelpunkt des Profils sein soll, so daß auch die OY parallele Achse SY' durch S zu OX konjugiert ist. Da nun auf OY sowohl als auf SY' der in dieser Richtung gemessene Schwungradius von OX aus aufzutragen ist, so ist der erste Teil des Satzes bewiesen; der zweite Teil ergibt sich aus der zu Satz 52 auf S. **166** führenden Gleichung, wenn wir beiderseits mit $\sin^2(XOY)$ dividieren.

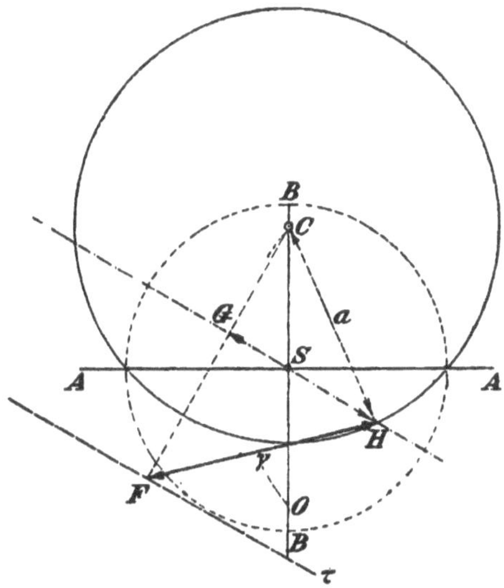

Fig. 97.

Nach diesem Satze ist es leicht, die Frage zu beantworten, ob die Trägheitsellipse im besonderen ein Kreis sein kann. Da dann alle konjugierten Durchmesser derselben senkrecht aufeinander stehen müssen, so liegt der Mittelpunkt O eines solchen Kreises jedenfalls auf einer der Hauptachsen der Zentralellipse; denn auch die zu SO konjugierte Achse durch S muß auf SO senkrecht stehen. Sind a und b die Halbachsen der Zentralellipse, und fällt O auf b, so ist nach dem letzten Satze a auch der Radius des Kreises, also $a^2 = b^2 + c^2$. Daraus geht hervor, daß a auf der kleinen Achse der Zentralellipse liegen muß, und zwar vom Mittelpunkte ebenso weit entfernt wie die Brennpunkte, und daß der Durchmesser des Trägheitskreises der großen Achse der Zentralellipse gleich sein muß. Es ist umgekehrt leicht zu sehen, daß die Trägheitsellipse der beiden so auf der kleinen Achse gefundenen Punkte ein Kreis ist; denn sie besitzt nach dem letzten Satze zwei gleiche und rechtwinkelige konjugierte Durchmesser.

Mit Hilfe eines dieser Trägheitskreise ist es leicht, den Trägheitsradius jeder beliebigen Achse τ zu finden (Fig. 97). Ist nämlich s der Trägheitsradius der parallelen Achse durch S — der der parallelen Achse durch O ist ja a —, und ist OFG das Lot von O auf τ bzw. die parallele Achse durch S, so ist nach Satz 52 einerseits

$r^2 = s^2 + \overline{FG}^2$, andererseits $s^2 = a^2 - \overline{OG}^2 = \overline{GH}^2$, wenn H ein Schnittpunkt des Trägheitskreises mit GS ist; folglich wird $r^2 = \overline{GH}^2 + \overline{FG}^2 = \overline{FH}^2$. Hieraus ergibt sich die folgende einfache Regel zur Konstruktion des Trägheitsradius jeder Achse:

Satz 57. *Der Trägheitsradius eines Profils für irgend eine Achse τ ist gleich der Strecke von dem Fußpunkte des Lotes vom Mittelpunkte eines Trägheitskreises auf τ bis zu einem Schnittpunkte dieses Kreises*

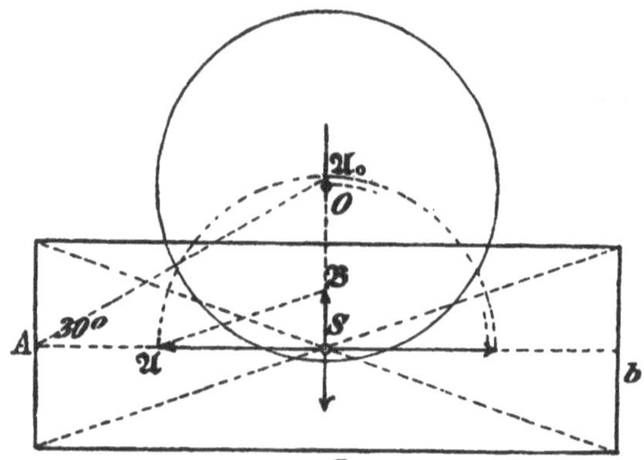

Fig. 98.

mit der Parallelen zu τ durch den Schwerpunkt des Profils. Die Mittelpunkte der beiden Trägheitskreise liegen auf der kleinen Achse der Zentralellipse von deren Mittelpunkte um die Exzentrizität entfernt, und ihre Durchmesser sind gleich der großen Achse.

Wir werden hiernach die Trägheitsmomente eines der Elementarprofile für jede Achse leicht finden können, sobald wir deren Zentralellipsen konstruiert haben. Dieses gelingt besonders auf Grund des folgenden Satzes:

Satz 58. *Besitzt ein Profil einen Durchmesser, so ist er zu jeder der parallelen Sehnen konjugiert, für die er der Ort der Mittelpunkte ist.*

Bildet man nämlich das Zentrifugalmoment oder $\sum x\, y\, \Delta \mathfrak{F}$ so, daß man die $\Delta \mathfrak{F}$ erst in zu den Sehnen parallelen Streifen zusammenfaßt, so liefert jeder dieser Streifen den Beitrag Null, wenn OY der Durchmesser und die Sehnen zu OX parallel sind; denn für einen solchen Streifen bleibt y konstant und jedem Elemente $x\,\Delta \mathfrak{F}$ entspricht ein ebenso großes mit entgegengesetztem Vorzeichen.

Hiernach können wir den **Trägheitskreis für ein Rechteck** bestimmen, indem wir zuerst die in die beiden Symmetrieachsen des Rechtecks fallenden Hauptachsen der Zentralellipse konstruieren. Sind a und b die beiden Seiten des Rechtecks (Fig. 98) und $S\mathfrak{A}$, $S\mathfrak{B}$ die ihnen parallelen Halbachsen der Ellipse, so ist nach Satz 53 auf S. 168 und Satz 55 auf S. 176 $S\mathfrak{A}^2 = \frac{1}{12}a^2$ und $S\mathfrak{B}^2 = \frac{1}{12}b^2$; denn der Trägheitsradius jeder der beiden Achsen ist auf der anderen aufzutragen. Die Konstruktion von O ist hiernach aus der Figur ersichtlich. Weil $\operatorname{tg} 30^0 = \frac{1}{\sqrt{3}}$, so schneidet die durch den Punkt A der Symmetrieachse a unter 30^0 gezogene Gerade auf b die Länge $S\mathfrak{A}_0$ der auf SA aufzutragenden Halbachse auf, woraus man $S\mathfrak{A}$ und hieraus $S\mathfrak{B}$ durch die Bemerkung findet, daß $S\mathfrak{A} : S\mathfrak{B} = a : b$ ist.

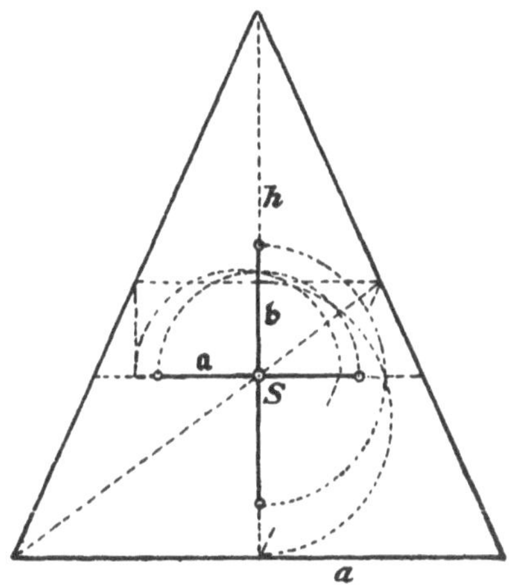

Fig. 99.

Soll die Zentralellipse des gleichschenkeligen Dreiecks von der Grundlinie a und der Höhe h gefunden werden, so folgt für die auf h fallende Halbachse $\mathfrak{b}$ nach Satz 54 auf S. 170 $\mathfrak{b}^2 = \frac{1}{18}h^2 = \frac{h}{3} \cdot \frac{h}{6}$ und für die andere Halbachse $\mathfrak{a}$ $\mathfrak{a}^2 = \frac{1}{6}\left(\frac{a}{2}\right)^2 = \frac{a}{4} \cdot \frac{a}{6}$, wonach $\mathfrak{a}$ und $\mathfrak{b}$ leicht zu konstruieren sind (Fig. 99). Das Stück von der Mitte der Höhe bis zum Schwerpunkte ist nämlich $\frac{1}{6}h$, das Stück der Parallelen zur Grundlinie von der Mitte der Höhe bis zu einem Schenkel des Dreiecks ist $\frac{1}{4}a$, wird also auf die Parallele durch den Schwerpunkt von der Mitte der Grundlinie als $\frac{2}{3} \cdot \frac{1}{4}a = \frac{1}{6}a$ projiziert. Ist das Dreieck nicht gleichschenkelig und h die Mittentransversale, so ergeben dieselben Konstruktionen zwei konjugierte Halbmesser der Zentralellipse, aus denen die Hauptachsen gefunden werden können. Wegen des Paralleltrapezes vgl. Nr. 31, Fig. 107.

Wollen wir auch krummlinig begrenzte Profile in Betracht ziehen, so müssen wir uns zuerst mit den Trägheitsmomenten des Kreissektors beschäftigen. Beziehen wir den Sektor vom Zentriwinkel 2α und dem Radius a auf seine beiden Symmetrieachsen OX und OY (Fig. 100), so ist das Trägheitsmoment irgend einer Achse OZ von der Amplitude γ nach Formel (3) auf S. 174 und Satz 58: $T_z = T_x \cos^2\gamma + T_y \sin^2\gamma$. Hier setzt sich das Trägheitsmoment T_x zusammen als Summe der Trägheitsmomente von

OX für alle die unendlich schmalen gleichschenkeligen Dreiecke $\Delta \mathfrak{F}$, als deren Summe man den Sektor betrachten kann. Ist φ die Amplitude der inneren Achse OY' eines solchen Dreiecks, so liefert

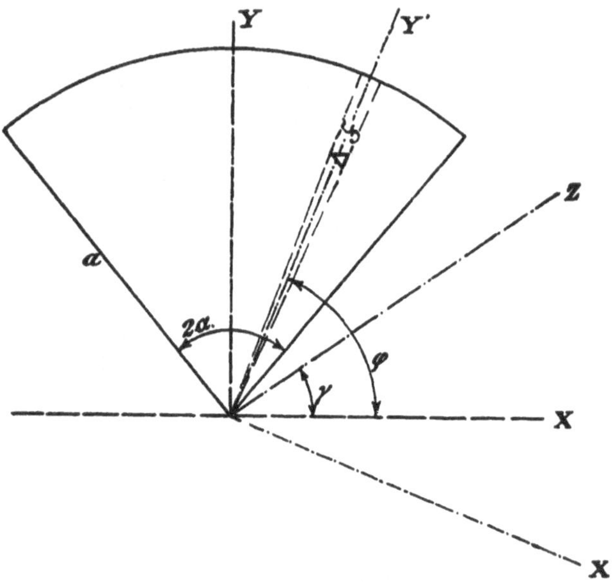

Fig. 100.

dasselbe zu T_x den Beitrag $T_{x'} \sin^2 \varphi + T_{y'} \cos^2 \varphi$, wo $T_{x'} = \Delta \mathfrak{F} \frac{a^2}{2}$ und $T_{y'} = \Delta \mathfrak{F} \frac{a^2}{24} (\Delta \varphi)^2$. Da hiernach $T_{y'}$ gegen $T_{x'}$ zu vernachlässigen ist, so folgt $\left(\Delta \mathfrak{F} = \frac{a^2}{2} \Delta \varphi\right)$:

$$(16) \quad \left\{ \begin{aligned} T_x &= \frac{a^4}{4} \sum_{\varphi = \frac{\pi}{2} - \alpha}^{\frac{\pi}{2} + \alpha} \sin^2 \varphi \Delta \varphi = \frac{a^4}{8} \sum_{\varphi = \frac{\pi}{2} - \alpha}^{\varphi = \frac{\pi}{2} + \alpha} (1 - \cos(2\varphi)) \Delta \varphi \\ &= \frac{a^4}{16} \sum_{\psi = \pi - 2\alpha}^{\psi = \pi + 2\alpha} (1 - \cos \psi) \Delta \psi = \frac{a^4}{16} \sum_{\omega = -2\alpha}^{\omega = +2\alpha} (1 + \cos \omega) \Delta \omega, \end{aligned} \right.$$

wo nunmehr $\omega = \psi - \pi$ von der negativen Seite der Achse OX aus zu rechnen ist. Nach S. 156 u. (Sehne zum Bogen $4\alpha a$) ist daher:

$$(17) \qquad T_x = \frac{a^4}{16} (4\alpha + 2 \sin(2\alpha)).$$

Ebenso folgt:

$$(18)\qquad T_y = \frac{a^4}{4}\sum_{\varphi=\frac{\pi}{2}-\alpha}^{\varphi=\frac{\pi}{2}+\alpha}\cos^2\varphi\,\Delta\varphi = \frac{a^4}{8}\sum_{\varphi=\frac{\pi}{2}-\alpha}^{\varphi=\frac{\pi}{2}+\alpha}(1+\cos 2\varphi)\Delta\varphi,$$

also:

$$(19)\qquad T_y = \frac{a^4}{16}\left(4\alpha - 2\sin(2\alpha)\right).$$

Es ist daher:

$$(20)\qquad T_z = \frac{a^4\alpha}{4} + \frac{a^4}{8}\sin(2\alpha)\cos(2\gamma),$$

also, weil $\mathfrak{F} = a^2\alpha$ ist, für $\gamma = 45^0$: $T_z = \frac{a^4\alpha}{4} = \mathfrak{F}\left(\frac{a}{2}\right)^2$, so daß der Trägheitsradius dieser Achsen unmittelbar bekannt ist.

Setzen wir nunmehr, um die Zentralellipse des Kreissektors zu konstruieren, $T_y = \mathfrak{a}^2\mathfrak{F}$, so wird:

$$(21)\qquad \mathfrak{a}^2 = \frac{a^2}{2}\left(1 - \frac{\sin(2\alpha)}{2\alpha}\right) = \frac{1}{8}2a\cdot\left(a - a\frac{\sin(2\alpha)}{2\alpha}\right).$$

Bedenken wir nun, daß $a\frac{\sin(2\alpha)}{2\alpha}$ den Abstand $O\sigma$ (Fig. 101) des Schwerpunktes σ des Bogens $4a\alpha = 2\widehat{AC'}$ vom Mittelpunkte bedeutet, so erhalten wir $\sqrt{8}\,\mathfrak{a}$ als das geometrische Mittel aus $2a = AB$ und $A\sigma$, also $\sqrt{8}\,\mathfrak{a} = AE$, wo E der Schnittpunkt des Kreises mit dem Lote in σ auf AB ist. Machen wir daher $O\mathfrak{A}$, wie aus der Figur ersichtlich, $= \frac{1}{2\sqrt{2}}AB$, $O\mathfrak{E} \parallel BE$ und $\mathfrak{A}\mathfrak{E} \parallel AE$, so ist $\mathfrak{A}\mathfrak{E}$ der gesuchte Trägheitsradius von OY und ist also $\parallel OX$ von dem Schwerpunkte S des Sektors aus nach beiden Seiten aufzutragen. Da nun ebenso:

$$(22)\quad T_x = \mathfrak{F}\frac{1}{8}2a\left(a + a\frac{\sin(2\alpha)}{2\alpha}\right) = \mathfrak{F}\frac{1}{8}AB\cdot\sigma B = \mathfrak{F}\frac{1}{8}BE^2 = \mathfrak{F}\cdot O\mathfrak{E}^2,$$

so ist die zweite Halbachse $\mathfrak{b}$ der Zentralellipse gegeben durch $\mathfrak{b}^2 = O\mathfrak{E}^2 - OS^2 = S\varepsilon^2$. Hieraus wurde der Trägheitskreis konstruiert und mit der Achse OZ von der Amplitude 135^0 die Probe auf Satz 57 und darauf gemacht, daß ihr Trägheitsradius $\frac{a}{2}$ sein muß. Die Zentralellipse ist selbst ein Kreis für $\frac{\operatorname{tg}\alpha}{\alpha} = \frac{9}{8}$ oder für $\alpha = 32^0\,42{,}5'$.

Die Trägheitskreise gestatten nun auch die Lösung der folgenden Aufgabe:

21. Aufgabe. Die Zentralellipse für ein so in Teile zerlegbares Profil zu finden, daß die Trägheitskreise der Teilprofile bekannt sind.

Dann kann man nämlich für jede beliebige Achse das Trägheitsmoment des ganzen Profils nach dem Culmannschen Ver-

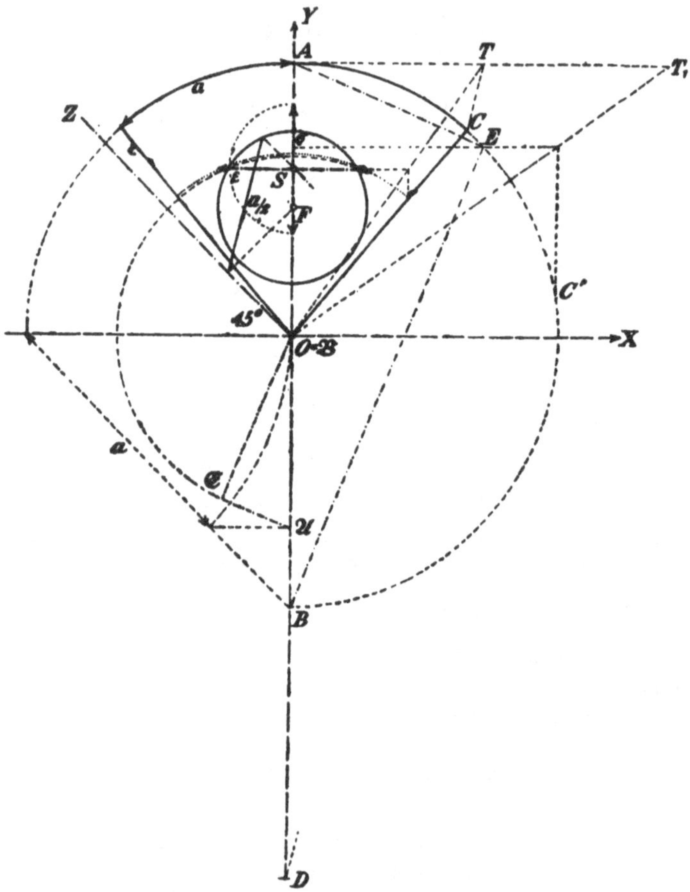

Fig. 101.

fahren durch zwei Seilpolygone finden. Hierbei sind die Inhalte der einzelnen Teile die Kräfte und die nach Satz 57 auf S. 178 zu konstruierenden Trägheitsradien der gegebenen Achse für die einzelnen Teile sind die Abstände der Angriffspunkte der Kräfte von der Achse. So wird man also durch Konstruktion von drei Trägheitsmomenten die Richtungen und Längen der Hauptachsen der Zentralellipse finden können.

Dies wurde in Fig. 102 für ein aus zwei Rechtecken bestehendes Winkeleisenprofil ausgeführt. Zuerst wurden der Schwerpunkt O

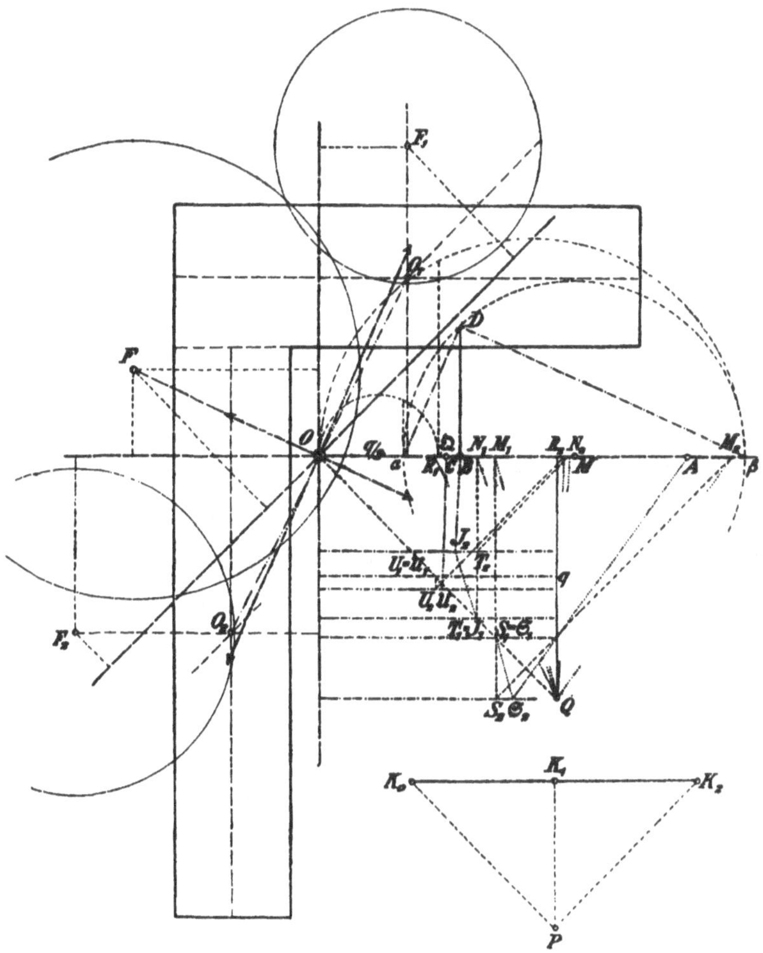

Fig. 102.

sowie die beiden Trägheitskreise mit den Mittelpunkten F_1 und F_2 konstruiert und die Inhalte $\mathfrak{J}_1$ und $\mathfrak{J}_2$ der Teile auf $K_0 K_1$ und $K_1 K_2$ reduziert. Nun wurden die sechs Trägheitsradien der Achsen OX, OY und OZ, wo $\sphericalangle XOZ = 45^0$ ist, für die beiden Rechtecke mit

Hilfe der Trägheitskreise gefunden und in ihnen gleichen Abständen Parallelen zu OX gezogen. Schließlich erhalten wir so mit Hilfe von drei ersten Seilpolygonen $OS_1S_2M_2$, $OT_1T_2N_2$ und $OU_1U_2R_2$, die zum Pole P und zum Kräftepolygone $K_0K_1K_2$ gehören, und dann mit Hilfe von drei zweiten Seilpolygonen $O\mathfrak{S}_1\mathfrak{S}_2A$, $O\mathfrak{T}_1\mathfrak{T}_2B$ und $O\mathfrak{U}_1\mathfrak{U}_2C$, die zum Pole Q und zu den Kräftepolygonen OM_1M_2, ON_1N_2 und OR_1R_2, aber zu denselben Angriffslinien gehören, die Trägheitsmomente der Achsen OX, OY und OZ als die Produkte von $\mathfrak{F}\frac{q}{2}$ (q Distanz des Poles Q, $\frac{1}{2}K_0K_2$ des Poles P) mit OA, OB und OC. Ist nun das Zentrifugalmoment $C_{x,y} = \mathfrak{F}\frac{q}{2}n$ und n die Abszisse eines Punktes M auf CX, so daß auch dem Vorzeichen nach $n = CM$ sein soll, so ist, weil $2C_{xy} = T_x + T_y - 2T_z$ ist (S. 175), $OA + OB = 2OC + 2CM = 2OM$, es liegt folglich M in der Mitte zwischen A und B.

Um hieraus die Hauptachsen der Zentralellipse zu finden, setzen wir $OA = l$, $OB = m$ und bezeichnen mit l', m', n' die entsprechenden Größen OA', OB', $C'M'$ für irgend zwei andere rechtwinkelige Achsen OX' und OY'. Dann ist nach den Gleichungen (3) und (4) auf S. **174** und **175**:

$$l' = l\cos^2\gamma + m\sin^2\gamma - 2n\cos\gamma\sin\gamma, \tag{23}$$

$$m' = l\sin^2\gamma + m\cos^2\gamma + 2n\sin\gamma\cos\gamma, \tag{24}$$

$$n' = (m - l)\cos\gamma\sin\gamma - n\cos(2\gamma). \tag{25}$$

Hieraus folgt zunächst $l' + m' = l + m$ oder $M' = M$. Legen wir ferner durch den Punkt $D\,(m, n)$ eine Parallele zu OX, deren Gleichungen also $x = m + u\cos\gamma$, $y = n + u\sin\gamma$ sind, so schneidet sie den Kreis um M durch $D\left(MD^2 = \left(\frac{m-l}{2}\right)^2 + n^2\right)$ noch in einem Punkte, für den $u = -\big((m-l)\cos\gamma + 2n\sin\gamma\big)$ ist, der also die Koordinaten $x = l'$, $y = -n'$ hat; ebenso schneidet die Parallele durch D zu OY' den Kreis noch in einem Punkte mit den Koordinaten $x = m'$, $y = n'$. Demnach kann dieser Kreis umgekehrt dazu dienen, die Trägheitsmomente aller Achsen vermittelst der Abszissen $\left(\mathfrak{F}\frac{q}{2}\right)$ seiner Schnittpunkte mit den Parallelen durch D zu diesen Achsen zu finden. Da aber zugleich die Ordinate eines solchen Schnittpunktes das Zentrifugalmoment der Achse und der auf ihr senkrechten liefert, so erhalten wir die beiden aufeinander senkrechten Achsen, deren Zentrifugalmoment verschwindet, oder die Hauptachsen der Ellipse parallel zu $D\alpha$ und $D\beta$, wenn α und

β die Schnittpunkte des Kreises mit OX sind. Zugleich liefert das geometrische Mittel aus $\frac{q}{2}$ und $O\beta$ bzw. $O\alpha$ die Länge der Halbachsen der Ellipse. Da es hierbei nicht wesentlich war, daß O der Schwerpunkt des Profils ist, so erhalten wir das Resultat:

Satz 59. *Sind* $\mathfrak{F}\frac{q}{2}\overline{OA}$ und $\mathfrak{F}\frac{q}{2}\overline{OB}$ *die Trägheitsmomente zweier aufeinander senkrechter Achsen* OX *und* OY *und* $\mathfrak{F}\frac{q}{2}\overline{OC}$ *dasjenige einer dazu unter 45° geneigten Achse* OZ *für ein Profil* $\mathfrak{F}$ *und* OA, OB, OC *als Abszissen auf* OX *aufgetragen, so schneidet der Kreis um die Mitte* M *von* $\overline{AB}$ *durch den Punkt* D *mit der Abszisse* $\overline{OB}$ *und der Ordinate* $\overline{CM}$ *die* OX *in zwei solchen Punkten* α *und* β, *daß* $D\alpha$ *und* $D\beta$ *die Richtungen der Hauptachsen der Trägheitsellipse von* O *angeben und* $\frac{q}{2}O\beta$ *bzw.* $\frac{q}{2}O\alpha$ *die zugehörigen Halbachsenquadrate.*

Nach dieser Regel wurden in der Figur die Hauptachsen der Zentralellipse des Winkeleisenprofils und daraus der Trägheitskreis um F konstruiert.

32. Statisches Polarsystem, Kern eines Profils.

Der Definition, die wir auf S. 175 von zwei in bezug auf ein Profil oder ein System paralleler Kräfte konjugierten Achsen aufstellten, kann noch eine andere Fassung gegeben werden. Das Zentrifugalmoment der Achsen OX und OY ist nämlich das in der Richtung OY gemessene statische Moment in bezug auf die Achse OX derjenigen Kräfte, welche den in der Richtung OX gemessenen statischen Momenten der ursprünglichen Kräfte $g_1, g_2, \ldots, g_n$ für die Achse OY gleich sind und dieselben Angriffspunkte $A_1, A_2, \ldots, A_n$ haben wie letztere (Fig. 89 auf S. 163). Nun verschwindet das statische Moment paralleler Kräfte, wenn die Achse in ihre Resultante fällt, und umgekehrt (Satz 50 auf S. 161). Verschwindet also das Zentrifugalmoment der Achsen OX und OY, so heißt das, daß OX die Resultante der in $A_1, A_2, \ldots, A_n$ angreifenden zu OX parallelen Kräfte ist, die den statischen Momenten der Kräfte $g_1, g_2, \ldots, g_n$ für die Achse OY gleich oder proportional sind, daß also OX durch den Mittelpunkt dieser Kräfte geht. Hiernach können wir den folgenden Satz aussprechen:

Satz 60. *Diejenigen Achsen, welche einer Achse* p *für ein System paralleler Kräfte* $g_1, g_2, \ldots, g_n$ *mit den Angriffspunkten* $A_1, A_2, \ldots, A_n$ *konjugiert sind, laufen durch einen Punkt* P, *welcher der Mittelpunkt der in* $A_1, A_2, \ldots, A_n$ *angreifenden, parallelen und den sta-*

tischen Momenten von $g_1, g_2, \ldots, g_n$ bzw. für die Achse p proportionalen Kräfte ist und der **statische Pol** *der Achse p für das System paralleler Kräfte heißt.*

Aus der Wechselseitigkeit des Konjugiertseins zweier Achsen folgt daher sofort:

Satz 61. *Liegt der statische Pol einer Achse p auf q, so liegt auch der Pol von q auf p.*

Hieraus ergibt sich weiter:

Satz 62. *Die statischen Pole aller Achsen durch einen Punkt P erfüllen eine Gerade p, deren Pol P ist, und die statische Polare von P für das Kräftesystem heißt.*

Denn sind Q und R die statischen Pole irgend zweier Geraden q und r durch P, so muß nach Satz 61 der statische Pol von $p = QR$ auf q und r liegen, also P sein, es muß also auch der statische Pol jeder Geraden durch P auf p liegen.

Der statische Pol P einer Achse $p = OX$ wird offenbar nur dann im Unendlichen verschwinden, wenn die Kräfte, deren Mittelpunkt er ist, keine Resultante haben, also das statische Moment der Achse OX für das gegebene Kräftesystem verschwindet, oder OX den Mittelpunkt S des Systems selbst enthält. Dann müssen die statischen Polaren aller Punkte von p derjenigen Richtung parallel sein, in welcher der statische Pol verschwindet; denn falls zwei solche statische Polaren sich schneiden würden, wäre ihr Schnittpunkt ein endlicher statischer Pol von P. So folgt auch umgekehrt, daß die Verbindungslinie der statischen Pole zweier paralleler Geraden durch den Mittelpunkt des Systems läuft. Wir erhalten also den besonderen Satz:

Satz 63. *Diejenigen Achsen, welche einer den Mittelpunkt des Kräftesystems enthaltenden Achse oder einem Durchmesser des Systems konjugiert sind, sind einander parallel, und es liegen umgekehrt die statischen Pole von parallelen Geraden auf einem Durchmesser.*

Wir zeigen nun, wie die Kenntnis des statischen Poles jeder Achse unmittelbar deren Trägheitsmoment zu finden erlaubt. Da nämlich das Trägheitsmoment das statische Moment der statischen Momente ist, so ist, wenn x und x' die Abszissen der Mittelpunkte des Systems bzw. des statischen Poles der Achse OY sind, nach Satz 50 auf S. 161:

$$\begin{aligned} x_1^2 g_1 + x_2^2 g_2 + \cdots + x_n^2 g_n &= x'(x_1 g_1 + x_2 g_2 + \cdots + x_n g_n) \\ &= x' \cdot x (g_1 + g_2 + \cdots + g_n). \end{aligned}$$

Demnach erhalten wir den Satz:

Satz 64. *Das in der Richtung OX gemessene Trägheitsmoment eines Systems paralleler Kräfte für eine Achse OY ist gleich dem Gewichte des Systems multipliziert mit dem Produkte der Abszissen des Systemmittelpunktes und des statischen Poles von OY.*

Kennen wir also das statische Polarsystem eines Systems paralleler Kräfte oder eines Profils, d. h. den statischen Pol jeder Achse, so besitzen wir durch den letzten Satz ein neues Mittel, das Trägheitsmoment jeder Achse zu finden. In der Tat hängt diese polare Zuordnung mit der Zentralellipse des Systems sehr eng zusammen. Sind nämlich OX und OY zwei konjugierte Durchmesser des Systems, also auch der Zentralellipse, ist $QP \parallel OY$ (Fig. 103) und Q' der nun auf OX liegende statische Pol von QP, so ist, wenn a der in der Richtung OX gemessene Schwungradius von OY (19. Definition auf S. 175) ist, nach Satz 52 auf S. 165 und nach dem letzten Satze:

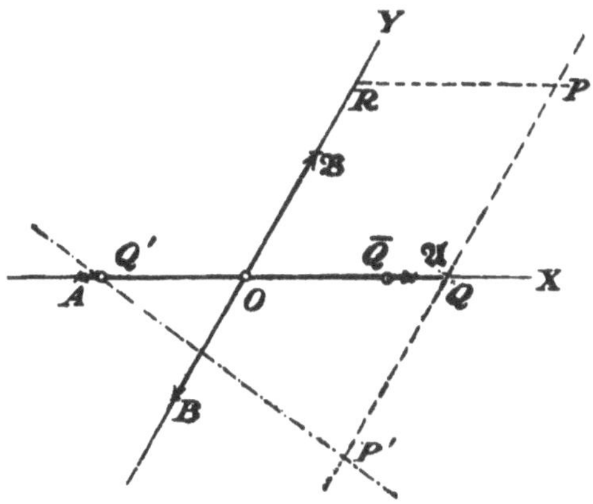

Fig. 103.

$$a^2 + OQ^2 = QQ' \cdot QO = (Q'O + OQ)\,OQ, \text{ also } OQ \cdot OQ' = -a^2.$$

Ist daher $\bar{Q}$ der Pol von QP in bezug auf die Zentralellipse, also, wenn A und $\mathfrak{A}$ deren Punkte auf OX sind, $\bar{Q}$ von Q harmonisch getrennt durch A und $\mathfrak{A}$, so folgt aus $A\bar{Q} : \bar{Q}\mathfrak{A} = AQ : \mathfrak{A}Q$ durch Einschaltung von O in bekannter Weise, daß $O\bar{Q} \cdot OQ = OA^2 = O\mathfrak{A}^2 = a^2$ ist. Hieraus ergibt sich der Satz:

Satz 65. *Der statische Pol jeder Achse in bezug auf ein System paralleler Kräfte (oder ein Profil) ist das Spiegelbild ihres Poles für die Zentralellipse in bezug auf deren Mittelpunkt als Spiegel.*

Durch zwei ihrer Größe und Lage nach gegebene konjugierte Durchmesser der Zentralellipse muß daher das statische Polarsystem bestimmt sein. Aber es bedarf hierzu gar nicht der Kenntnis der Zentralellipse selbst oder ihrer Theorie. Ist nämlich R' auf OY der statische Pol der zu OX parallelen Geraden RP, also $OR \cdot OR' = -b^2$, falls b der in der Richtung OY gemessene Schwungradius der Achse OX, so ist P der statische Pol von $Q'R'$. Man sieht also, wie man zu jeder beliebigen Achse $Q'R'$ den statischen Pol finden kann, wenn auf den beiden konjugierten Durchmessern OX und OY je ein Paar konjugierter, d. h. solcher Punkte gegeben sind, daß die statische Polare des einen durch den anderen geht. Denn dadurch sind auch die beiden Schwungradien von OX und OY bekannt, und man kann deshalb zu jedem Punkte dieser Achse den auf ihr liegenden konjugierten Punkt, also auch seine statische Polare bestimmen. Der Kreis über QQ' als Durchmesser trifft z. B. das Lot in O auf OX in einem solchen Punkte a, daß je zwei aufeinander senkrechte Strahlen durch a auf OX zwei konjugierte Punkte ausschneiden.

(Soll hiernach die Zentralellipse eines Systems paralleler Kräfte konstruiert werden, so bestimme man zuerst mit Hilfe eines ersten Seilpolygons für die horizontal gerichteten Kräfte ihre horizontale Resultante h und die statischen Momente auf einer horizontalen Achse s und mit Hilfe eines zweiten Seilpolygons die horizontale Resultante h' dieser statischen Momente. Richtet man die Angriffslinien vertikal, so liefern zwei neue Seilpolygone, deren Seiten auf den entsprechenden der ersten beiden Seilpolygone senkrecht stehen, die vertikalen Resultanten g und g' der obigen Kräfte und die statischen Momente der gegebenen für jede vertikale Achse. Es ist folglich $O=(g, h)$ der Mittelpunkt des Systems und $S'=(g', h')$ der statische Pol von s. Auf g' schneidet zugleich das dritte Seilpolygon die statischen Momente für g' aus, so daß ein diesem Momentenpolygone zugehöriges fünftes Seilpolygon als Resultante eine Gerade g'' bestimmt, deren Schnittpunkt G mit s den statischen Pol G von g' liefert. Die statische Polare r des Punktes $R'=(h, g)$ ist folglich die Parallele durch G zu OS'. Setzen wir noch $R=(h, r)$ und $S=(s, OS')$, so kennen wir auf zwei konjugierten Durchmessern die beiden Paare konjugierter Punkte R, R' und S, S', können also die Zentralellipse finden.)

Hieraus ergibt sich eine zweite für uns sehr wichtige Bestimmungsart des statischen Polarsystems durch seinen Mittelpunkt O und irgend ein statisches Polardreieck $A_1A_2A_3$, d. h. ein solches Dreieck, daß jede Ecke der statische Pol der gegenüberliegenden Seite ist. In Fig. 103 ist z. B. $PP'Q'$ ein solches Polardreieck. Da A_1 der statische Pol von A_2A_3 sein soll, so ist nämlich die Parallele zu A_2A_3 der zu OA_1 konjugierte Durchmesser (Fig. 104). Schneidet sie A_1A_2 in B, so ist die Parallele A_3B' zu OA_1 die Polare von B, es sind also B, B' zwei konjugierte Punkte auf diesem Durchmesser, ebenso wie A_1 und der Punkt $A_1'=(OA_1, A_2A_3)$ auf dem konjugierten. Wir erhalten daher den Satz:

Satz 66. *Der statische Pol jeder Achse in bezug auf ein System paralleler Kräfte (oder ein Profil) ist bekannt, sobald außer dem Mittelpunkte des Systems irgend ein statisches Polardreieck, d. h. ein solches Dreieck bekannt ist, von dem jede Ecke der statische Pol der gegenüberliegenden Seite ist.*

Handelt es sich um ein System von nur drei Kräften, die in den Ecken des Dreiecks $A_1A_2A_3$ angreifen, so ist klar, daß dieses Dreieck selbst ein solches statisches Polardreieck ist. Denn die statischen Momente von g_2 und g_3 in Beziehung auf die Achse A_2A_3 z. B. verschwinden, so daß der Mittelpunkt der statischen Momente von g_1, g_2, g_3 in bezug auf A_2A_3, sofern sie in A_1, A_2, A_3 angebracht sind, notwendig der Punkt A_1 ist. Andererseits kann man jeden Punkt O als den Mittelpunkt dreier paralleler Kräfte g_1, g_2, g_3 ansehen, die in drei gegebenen Punkten A_1, A_2, A_3 angreifen und deren Summe g ist. Man braucht ja nur zuerst g zu zerlegen nach den beiden in A_1 und A_1' angreifenden Komponenten g_1 und g_1' und dann g_1' nach den beiden in A_2 und A_3 angreifenden Komponenten g_2 und g_3. Man findet so, daß $g_1 : g_1' = \varDelta\, OA_1'A_2 : \varDelta\, A_1OA_2$ und $g_1' : g_3 = \varDelta\, A_3OA_2 : \varDelta\, OA_1'A_2$, also $g_1 : g_3 = \varDelta\, A_2A_3O : \varDelta\, A_1A_2O$ usw. Hiernach können wir nun den folgenden bemerkenswerten Satz aussprechen:

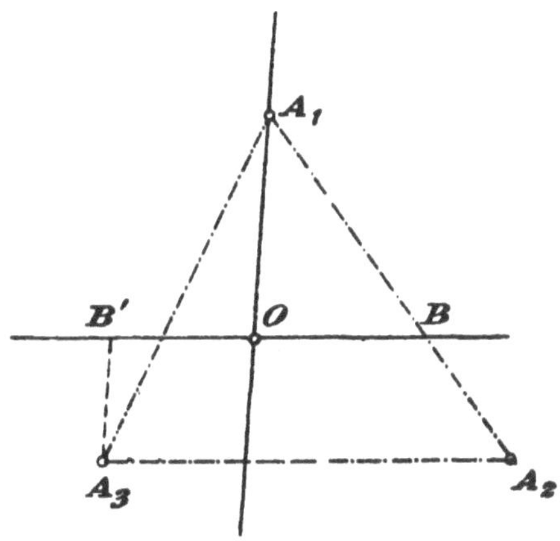

Fig. 104.

Satz 67. *Der statische Pol jeder Achse in Beziehung auf irgend ein System paralleler Kräfte (oder ein Profil) ist identisch mit demjenigen derselben Achse in bezug auf ein System von drei parallelen Kräften, welche in den Ecken irgend eines statischen Polardreiecks des gegebenen Systems angreifen und mit dem gegebenen Systeme den Mittelpunkt gemein haben; ist das Gewicht beider Systeme dasselbe, so gehört auch jeder Achse für beide Systeme dasselbe Trägheitsmoment zu.*

Wir haben hier stillschweigend angenommen und es auch durch die besonders betonte Bezugnahme auf das Profil zum Ausdrucke gebracht, daß die Kräfte des Systems gleichen Sinn haben. Diese Beschränkung ist aber nicht notwendig. Es kann eben unser statisches Polarsystem dasjenige irgend eines Kegelschnittes sein, auch einer Parabel, wenn nämlich die algebraische Summe der Kräfte verschwindet. Wir wollen aber hierauf nicht eingehen. Für Profile gehört, wie Satz 65 lehrt, das statische Polarsystem zu einem imaginären Kegelschnitte.

Wir erwähnen noch den folgenden Satz, der für die Bestimmung des statischen Polarsystems eines Profils häufig gute Dienste leistet:

Satz 68. *Kennt man die statischen Pole einer Achse für die Teile, in die man ein System paralleler Kräfte (ein Profil) zerlegen kann, so ist derjenige für das ganze System der Mittelpunkt der in diesen statischen Polen angebrachten Kräfte, welche den statischen Momenten der Teile für dieselbe Achse proportional sind.*

Der Satz folgt unmittelbar aus der Definition des statischen Poles (Satz 60 auf S. 185).

Die Theorie der statischen Pole findet eine bemerkenswerte Anwendung in der Festigkeitslehre. Die statischen Momente, die wir bei ihrer Definition als Kräfte betrachten, sind, sobald die ursprünglichen Kräfte gleich groß sind, Kräfte, deren Intensitäten den Entfernungen ihrer Angriffspunkte von einer festen Achse, der sogenannten Neutralachse, proportional sind. Solche Kräfte entwickeln sich z. B. bei Rotation eines festen Körpers um eine feste Achse, die dann Neutralachse ist. Solche Kräfte sind ferner die Druckkräfte, die sich bei der Durchdringung einer Flüssigkeit durch eine starre Ebene in den Punkten dieser entwickeln, wobei die Neutralachse die Spur der Ebene in der freien Oberfläche der Flüssigkeit ist. Endlich sind es die elastischen Kräfte, die sich in den Querschnitten der Stücke entwickeln, die man in der Lehre vom Widerstande der Materialien studiert. Da nun diese elastischen Kräfte oder Spannungen, die in jedem Elemente des Querschnitts wirken, auch den Flächeninhalten dieser Elemente proportional gesetzt werden können, so ist der Mittelpunkt dieser übrigens normal zur Ebene des Querschnitts wirkenden Kräfte der Mittelpunkt der statischen Momente der gleich belasteten Elemente des Querschnitts in bezug auf die Neutralachse, er ist also der statische Pol der Neutralachse für das Profil des Querschnitts. Da durch ihn zugleich, wenn anders Gleichgewicht herrschen soll, die normal zum Querschnitte gerichtete Komponente der Resultante der äußeren auf den Querschnitt wirkenden Kräfte gehen muß, so können unsere Methoden natürlich umgekehrt zur Bestimmung der Neutralachse der elastischen Normalspannung für gegebene äußere Kräfte dienen. Je nachdem nun diese Achse das Profil des Querschnitts treffen wird oder nicht, werden die in jedem Punkte desselben sich entwickelnden

Spannungen von verschiedenen Zeichen sein oder alle desselben Zeichens. Da nun gewisse Materialien nur Spannungen eines Zeichens vertragen können, z. B. Mauerwerk nur Druckspannungen, so ist es wichtig, zu wissen, wo der Angriffspunkt der Resultante der äußeren Kräfte liegen muß, damit die dadurch hervorgerufenen elastischen Kräfte desselben Zeichens seien, oder die Neutralachse ganz außerhalb des Querschnitts liege. Durch diese Betrachtungen ist die folgende Definition veranlaßt, die auch an sich verständlich ist:

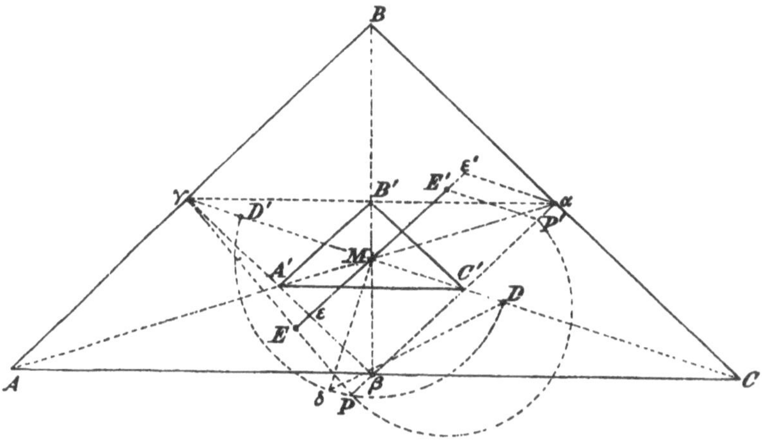

Fig. 105.

20. Definition. Dasjenige Stück der Ebene eines Profils, dessen Punkte in bezug auf dieses Profil statische Polaren besitzen, die ganz außerhalb des Profils liegen, heißt der **Kern** des Profils; er wird begrenzt durch den Ort der statischen Pole der Tangenten der Kontur des Profils.

Wir bestimmen hiernach die Kerne einiger Elementarprofile und fangen an mit dem Kern des Dreiecks. Sind A, B, C seine Ecken, α, β, γ die Mitten der Seiten, M der Schwerpunkt und A', B', C' die den Punkten α, β, γ auf ihren Durchmessern konjugierten Punkte (Fig. 105), so ist, weil nach Satz 54 auf S. 170 der in der Richtung γC gemessene Schwungradius der Parallelen durch M zu AB durch $\frac{1}{18}\gamma C^2$ bestimmt ist, $MC' = \frac{1}{6}\gamma C$, also C' die Mitte von γC. Es ist also der statische Pol jeder Seite die Mitte ihrer Mittentransversale. Da zugleich die statische Polare von γ die Parallele durch C' zu AB oder $\alpha\beta$ sein muß, so ist $\alpha\beta\gamma$ ein statisches Polardreieck und zwar ein solches, dessen Schwerpunkt M ist. Wir erhalten daher den Satz:

Satz 69. *Der statische Pol jeder Achse in Beziehung auf ein dreieckiges Profil ist identisch mit demjenigen in bezug auf ein System von drei gleichen und gleich gerichteten Kräften, welche in den Mitten der Seiten des Dreiecks angreifen. Der Kern dieses Profils ist wieder ein Dreieck, dessen Ecken die Mitten der Mittentransversalen sind.*

(Die Bestimmung des statischen Poles jeder Achse s in bezug auf ein Profil läßt sich zurückführen auf die Bestimmung des Schwerpunktes eines senkrecht über dem Profil errichteten Zylinderstumpfes, dessen obere Begrenzung eine unter 45° geneigte Ebene durch s ist. Das statische Moment jedes Elements $\Delta\mathfrak{F}$ des Profils $\mathfrak{F}$ kann nämlich dargestellt werden durch einen Zylinder über $\Delta\mathfrak{F}$, dessen Höhe der Abstand des Elements $\Delta\mathfrak{F}$ von s ist. Die Endelemente aller dieser Zylinder erfüllen also eine Ebene durch s, die unter 45° gegen die Profilebene geneigt ist, und es bilden daher alle Schwerpunkte oder Mittelpunkte dieser Zylinder ebenfalls ein ebenes Profil. Der Schwerpunkt des ganzen Zylinderstumpfs ist also der Mittelpunkt paralleler Kräfte, die in den Elementen dieses Profils angreifen und den statischen Momenten von deren Projektionen für die Achse s proportional sind, die Projektion des Schwerpunktes des über dem Profil errichteten Zylinderstumpfes, dessen obere Begrenzung eine unter 45° geneigte Ebene durch die Achse s ist, ist also der statische Pol von s für das Profil. Ist also das Profil ein Dreieck und $s = AB$, so wird der Zylinderstumpf ein Tetraeder mit der Spitze S über C. Dessen Schwerpunkt liegt auf MS um $\frac{1}{4}MS$ von M entfernt, so daß in der Tat auch $MC' = \frac{1}{4}MC = \frac{1}{6}\gamma C$ ist.)

Konstruieren wir mit Hilfe des Kreises über $\gamma C'$ als Durchmesser die beiden konjugierten und gleich weit von M abstehenden Punkte D und D' ($MD = MD' = M\delta \perp \gamma C$) und ebenso auf dem konjugierten Durchmesser vermittelst der Schnittpunkte ε und ε' mit $\beta\gamma$ und der Parallelen durch α zu MC die beiden konjugierten und von M gleich weit abstehenden Punkte E und E', so zeigt die Figur, daß für jedes statische Polarsystem ein Polardreieck gefunden werden kann, dessen Schwerpunkt der Mittelpunkt des Systems ist. Denken wir uns nämlich dieses Polarsystem durch die beiden Paare konjugierter Punkte D, D' und E, E' auf konjugierten Durchmessern gegeben und so, daß $MD = MD'$ und $ME = ME'$ ist, so bestimmen wir zuerst γ und C' so, daß $M\gamma \cdot MC' = \frac{1}{2}M\gamma^2 = MD \cdot MD'$ wird. Wir brauchen also nur $M\gamma = D\delta$ und $MC' = \frac{1}{2}D\delta$ zu machen. Wird dann die Parallele durch C' zu ME von γE und der Parallelen durch E' zu MD in den konjugierten Punkten P und P' geschnitten, so liefert wieder der Kreis über PP' als Durchmesser auf $C'P$ zwei solche konjugierte Punkte α, β, daß $C'\alpha = C'\beta = C'\pi$ wird ($C'\pi \perp C'P$, $P\pi \perp P'\pi$). Somit haben wir das gesuchte Polardreieck gefunden; hiermit ist auch das Profildreieck ABC gegeben, zu dem das gegebene statische Polarsystem gehört. Offenbar gehören aber zu jedem Paare konjugierter Durchmesser solche Dreiecke.

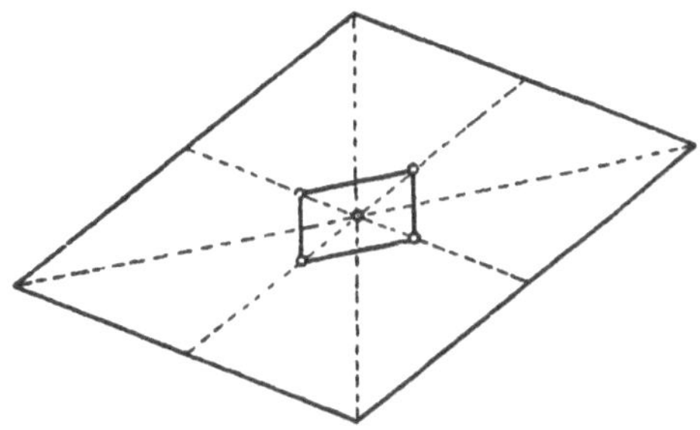

Fig. 106.

Denkt man sich das Parallelogramm (Fig. 106) durch eine Diagonale in zwei kongruente Dreiecke zerlegt, so sieht man, daß das statische Polarsystem eines Parallelogramms durch dasjenige von vier gleichen in den Mitten der Seiten angreifenden Kräften und eine doppelt so große im Mittelpunkt des Profils ersetzt werden kann. Der statische Pol jeder Seite ist also der Mittelpunkt zweier Kräfte, welche im Mittelpunkte des Parallelogramms und in der Mitte der gegenüberliegenden Seite angreifen und sich wie 2:1 verhalten; denn in der Mittellinie greift zwar nach dem Obigen die vierfache Kraft an wie in der gegenüberliegenden Seite, diese hat aber die doppelte Entfernung von der Achse als jene. Der statische Pol jeder Seite liegt also in $^1/_3$ Abstand der Mitte der gegenüberliegenden Seite vom Mittelpunkt des Parallelogramms. Dasselbe folgt aus Satz 53 auf S. 168 $\left(\text{(Quadrat des Schwungradius } \frac{h}{2} \cdot \frac{h}{6}\right)$. (Dies Resultat liefert auch die Betrachtung des Zylinderstumpfs, der hier ein Prisma ist, dessen Schwerpunkt also durch den des dreieckigen Querschnitts gefunden wird.) Der Kern eines Parallelogramms ist demnach wieder ein Parallelogramm, dessen Ecken die Durchmesser des ersten dritteilen und dessen Seiten den Diagonalen des ersten parallel sind.

Handelt es sich um ein Paralleltrapez (Fig. 107), so finden wir zuerst den Mittelpunkt M auf der Verbindungslinie EF der Mitten der parallelen Seiten $AB = a$ und $CD = b$ und auf der Geraden $\sigma\tau$, wo σ die Mitte von AC und τ auf DB so liegt, daß $\tau B = D\varrho$, und ϱ der Schnittpunkt der beiden Diagonalen ist. Sind weiter G und H die Mitten von BC und AD, so ist offenbar das statische Polarsystem des Paralleltrapezes identisch mit demjenigen des Systems paralleler Kräfte, welche in E, G, F, H und σ angreifen und zu $a:a:b:b:a+b$ proportional sind. Hieraus kann man die statischen Pole der Seiten des Parallelogramms $EGFH$ finden. Der statische Pol B' von EG ist danach nämlich der Mittelpunkt der statischen Momente der in σ und der Mitte von FH angreifenden

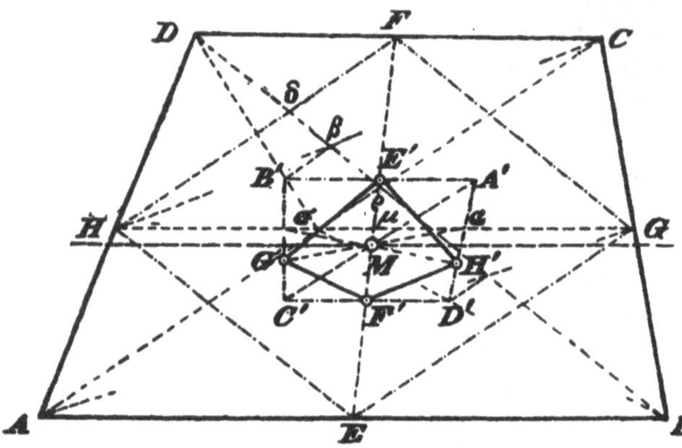

Fig. 107.

Kräfte $a+b$ und $2b$. Da sich aber die Abstände der Angriffslinien AC und HF von EG selbst wie $a:a+b$ verhalten ($D\varrho:\varrho B = b:a$), so ist B' der Mittelpunkt zweier in jenen Punkten angreifenden Kräfte a und $2b$. Ist daher $\beta = (D\varrho,\ HC)$ und $\delta = (D\varrho,\ HF)$, so ist $\delta\beta:\beta\varrho = H\delta:\varrho C = \frac{1}{2} A\varrho:\varrho C = a:2b$. Demnach trifft die Parallele durch β zu AC die Gerade $D\sigma$ in dem gesuchten statischen Pole B' von EG. In derselben Weise findet man die statischen Pole A', C', D' von EH, FG, FH bzw.

Nun sind $A'B'$ und $C'D'$ die statischen Polaren von E und F, also parallel zu AB, weil ED der der Richtung AB zugeordnete Durchmesser des Profils ist; dasselbe folgt auch aus der Konstruktion. Es schneiden daher $A'B'$ und $C'D'$ auf EF die statischen Pole E' und F' der Trapezseiten AB und CD aus, also zwei Eckpunkte des Kerns. Zur Bestimmung der statischen Pole G' und H' von BC und AD dient die folgende Bemerkung. Der statische Pol μ' von GH ist, da auch σ auf GH liegt und GH von E und F gleichen, aber entgegengesetzten Abstand hat, der Mittelpunkt von zwei in E und F angreifenden Kräften a und $-b$. Ist daher $S = (EF,\ BC)$, so ist $H\mu' \parallel$ und $= SG$, weil $SE:SF = a:b$ ist. Demnach sind die statischen Polaren von G' und $a = (GH,\ A'D')$ einander parallel, es liegen also G' und a auf einer Geraden mit M. Hiernach kann auch G' und ebenso H' leicht gefunden werden. Der Kern $E'G'F'H'$ ist also vollständig konstruiert. Wir kennen nun auch verschiedene statische Polardreiecke, z. B. A', E und der Schnittpunkt von $A'B'$ und EH. Man kann auch aus den konjugierten Punkten

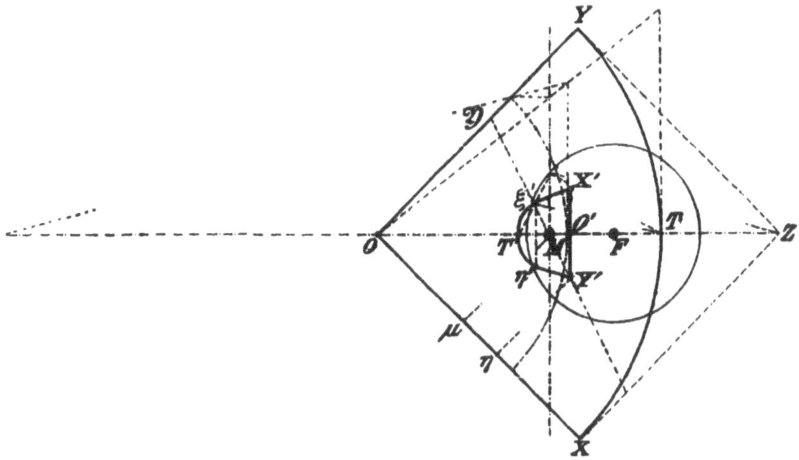

Fig. 108.

auf EF und auf dem ihm konjugierten, zu AB parallelen Durchmesser die Längen zweier konjugierter Halbmesser der Zentralellipse und daraus diese selbst finden.

In analoger Weise wird man ein beliebiges geradlinig begrenztes Profil, nachdem man es in Dreiecke zerlegt hat, durch ein System paralleler Kräfte ersetzen können, welche in den Mitten der Seiten dieser Dreiecke angreifen. Doch kommt man vielfach einfacher zum Ziele, wenn man die statischen Pole für andere als dreieckige Teile sucht und dann deren statische Momente als diejenigen ihrer in den Schwerpunkten angebrachten Flächeninhalte. Auf diese Weise erhält man den statischen Pol der Achse für das ganze Profil als den Mittelpunkt der in den statischen Polen der einzelnen Teile angebrachten statischen Momente dieser. Man bestimme so den Kern des Profils in Fig. 102 auf S. 183.

Um wenigstens ein Beispiel eines krummlinig begrenzten Profils zu geben, bestimmen wir den Kern eines Kreisquadranten $XTYO$ (Fig. 108). Wir konstruieren zuerst nach Fig. 101 auf S. 182 den Mittelpunkt M auf OT und mit Hilfe des auf MT fallenden Halbmessers der Zentralellipse ($S\varepsilon$ in Fig. 101) die zu O und T konjugierten Punkte O' und T'. Die statischen Pole X' und Y' von OX und OY liegen also in der Senkrechten in O' auf OT, d. h. der statischen Polare von O. Um sie wirklich zu finden, erinnern wir uns, daß die Trägheitsradien von OX und OY die Hälfte des Radius a betragen (Formel (20) auf S. 181). Sind daher μ und η die Projektionen von M und Y' auf OX, so muß nach Satz 64 auf S. 187 $O\mu \cdot O\eta = \frac{1}{4}a^2$ sein, woraus η und hieraus Y' leicht gefunden werden kann und in entsprechender Weise X'. Da man nun auf MY' zwei konjugierte Punkte $\mathfrak{Y}$ und Y' kennt, kann man den statischen Pol ξ' der Tangente XZ finden und ebenso den statischen Pol η' von YZ. Nunmehr wird der Kern begrenzt von den geraden Strecken $\eta' Y'$, $Y' X'$, $X' \xi'$ und dem Ellipsenbogen durch die drei Punkte ξ', T', η' mit den Tangenten $X'\xi'$, der Senkrechten in T' auf OT', $Y'\eta'$. Daß es sich um einen Ellipsenbogen handelt, geht daraus hervor, daß M innerhalb des das Profil begrenzenden Kreises liegt.

Aus den Formeln (17) und (19) auf S. 180 und 181 geht noch hervor, daß die Zentralellipse für den Vollkreis ein konzentrischer Kreis mit dem Radius $\frac{a}{2}$, der Kern also ein solcher mit dem Radius $\frac{a}{4}$ ist.

§ 7.

Kräfte im Raume.

33. Mittelpunkt paralleler Kräfte. Zusammensetzung beliebiger Kräfte im Raume.

Wir haben uns zwar schon in Nr. 1 mit Kräften beschäftigt, deren Angriffslinien nicht in derselben Ebene liegen, aber nur mit solchen, die denselben Angriffspunkt haben. Auch wenn dieser gemeinsame Angriffspunkt ins Unendliche rückt, die Kräfte also parallel werden, lassen sie eine einfache Behandlung zu. Man sieht zunächst, daß solche Parallelkräfte, wenn sie nicht ein Kräftepaar bestimmen, stets eine Resultante haben. Wir brauchen, um dies einzusehen, nur der Reihe nach gemäß Satz 4 auf S. 9 erst zwei Kräfte zu einer Resultante zusammenzufassen, dann diese mit einer dritten, die neue Resultante mit einer vierten usf., und man sieht, daß ein Kräftepaar dann und nur dann resultieren wird, wenn die algebraische Summe der Parallelkräfte verschwindet oder das Kräftepolygon sich schließt. Auf das Kräftepaar im Raume kommen wir noch zurück. Die Resultante eines Systems von Parallelkräften kann offenbar durch die Resultanten ihrer Parallelprojektionen auf zwei Ebenen gefunden werden. Denn diejenige Konstruktion, welche die Resultante von zwei Parallelkräften in deren Ebene liefert (Figg. 5 u. 5a auf S. 8 und 9), geht in die entsprechende Konstruktion der Resultante der Projektionen der beiden Parallelkräfte über, weil durch die Parallelprojektion parallele Geraden wieder in parallele Geraden projiziert werden. Stellen wir also die Parallelkräfte im Raume durch ihre Grund- und Aufrisse im Zweitafelsystem dar, so werden wir ihre Resultante mit Hilfe je eines Seilpolygons in den beiden Tafeln konstruieren können. Man kann diese Konstruktion auch in einer Ebene ausführen, etwa in der Grundrißebene, indem man in ihr den Mittelpunkt derjenigen den gegebenen Parallelkräften proportionalen Kräfte bestimmt, welche in den Grundrißspuren ihrer Angriffslinien angreifen; denn nach der Definition des Mittelpunktes paralleler Kräfte (S. 150) muß er sicher auf der Resultante der gegebenen Kräfte liegen.

Nunmehr ist auch leicht zu sehen, daß Parallelkräfte, die in den durch ihre Grundrisse A_1', A_2', ..., A_n' und ihre Aufrisse A_1'', A_2'', ..., A_n'' gegebenen Punkten A_1, A_2, ..., A_n angreifen,

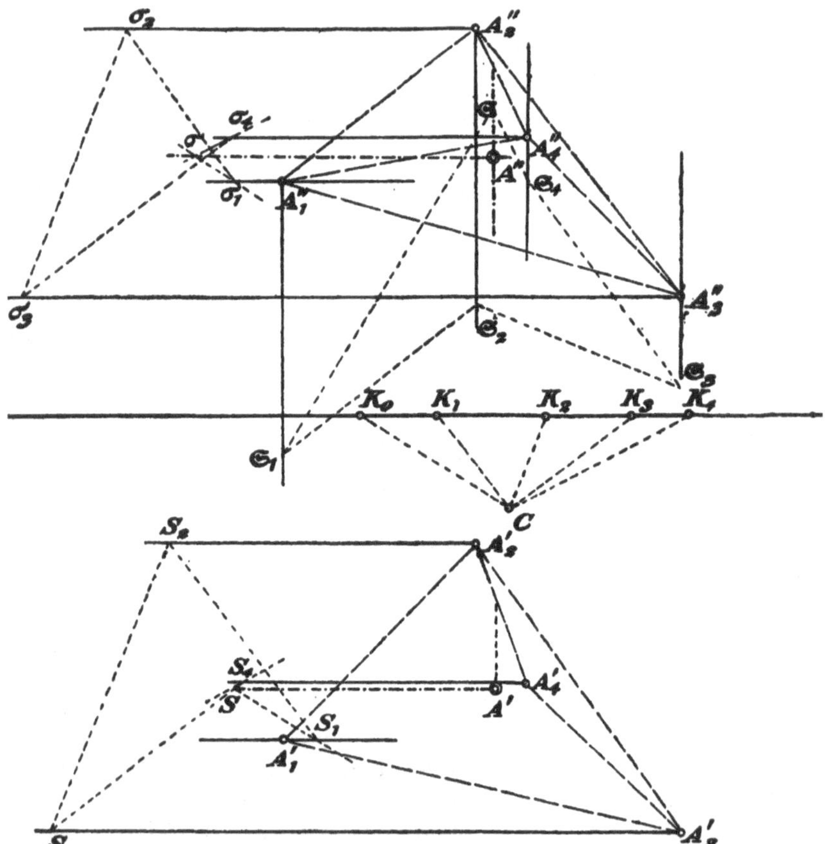

Fig. 109.

einen Mittelpunkt besitzen, d. h. daß ihre Resultanten, wie die Parallelkräfte auch einander gleich und gleich gerichtet bleibend sich um ihre Angriffspunkte drehen mögen, stets durch einen festen Punkt A des Raumes, ihren Mittelpunkt, laufen. Ein solcher Punkt müßte nämlich, wenn er existierte, jedenfalls die Mittelpunkte A' und A'' der in den Punkten A_1', A_2', ..., A_n' einerseits und in den

Punkten A_1'', A_2'', ..., A_n'' andererseits angreifenden und den gegebenen Kräften (auch dem Vorzeichen nach) proportionalen Kräfte zum Grund- und Aufrisse haben. Es fragt sich also nur, ob A' und A'' in einer Senkrechten zur trennenden Achse liegen. Um dies einzusehen, braucht man den Parallelkräften in beiden Ebenen nur die Richtung senkrecht zur trennenden Achse zu geben, sie also in die Angriffslinien $A_1'A_1''$, $A_2'A_2''$, ..., $A_n'A_n''$ (natürlich nach Ineinanderklappung der beiden Tafeln) zu verlegen. In diesen setzen sich die in A_i' und A_i'' angreifenden Kräfte zu Kräften zusammen, die dieselben Angriffslinien haben und den gegebenen Kräften ebenfalls proportional sind, also eine Resultante ergeben, welche die beiden Mittelpunkte A' und A'' enthält. Wir können so das Resultat aussprechen.

Satz 70. *Ein System paralleler Kräfte im Raume besitzt, wenn sich das Kräftepolygon nicht schließt, eine Resultante, deren Spur in irgend einer Ebene als Mittelpunkt derjenigen Kräfte konstruiert werden kann, welche in den Spurpunkten der Komponenten angreifen und diesen auch dem Vorzeichen nach proportional sind. Dreht man ein solches System von Parallelkräften um feste Angriffspunkte und läßt hierbei ihre Verhältnisse auch dem Vorzeichen nach ungeändert, so laufen auch die Resultanten durch einen festen Punkt, den Mittelpunkt dieser räumlichen Parallelkräfte.*

In Fig. 109 ist ein solcher Mittelpunkt von vier Kräften mit Hilfe von im ganzen drei Seilpolygonen konstruiert, je einem Seilpolygone im Grund- bzw. Aufrisse für der trennenden Achse parallele Kräfte, auf der auch das Kräftepolygon angenommen wurde, und einem dritten Seilpolygone für die Kräfte, die auf der trennenden Achse senkrecht stehen; die ersten beiden Seilpolygone haben die entsprechenden Seiten parallel, die des dritten stehen darauf senkrecht.

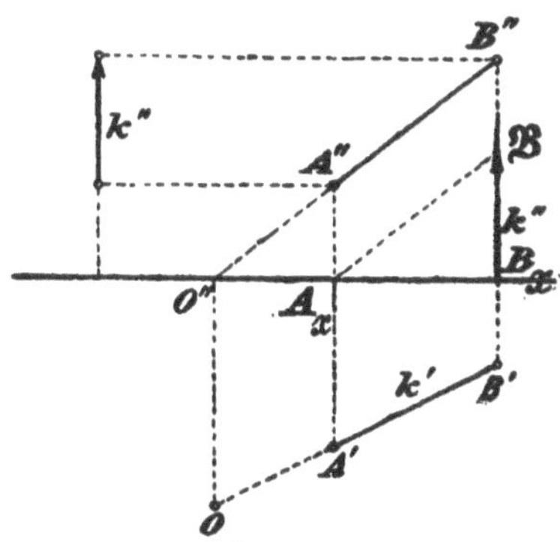

Fig. 110.

Wir können dies dazu benutzen, um irgend ein System von Kräften im Raume auf zwei Komponenten zu bringen, von denen die erste etwa in der Grundrißebene liegt und die zweite senkrecht dazu ist. Ist nämlich eine Kraft durch ihren Grundriß $A'B'$ und ihren Aufriß $A''B''$ gegeben, woraus der Spurpunkt O ihrer Angriffslinie g leicht zu finden ist, so können wir sie als die Resultante zweier in O angreifenden Kräfte k' und k'', die mit $A'B'$ bzw. der Projektion von $A''B''$ auf irgend eine Vertikale gleich und gleich gerichtet sind darstellen (Fig. 110). Hierbei haben wir k' und k'' der 2. Definition auf S. 2 gemäß als nur ihrer Größe und Pfeilrichtung nach gegebene Strecken oder Vektoren aufzufassen; ein solcher Vektor

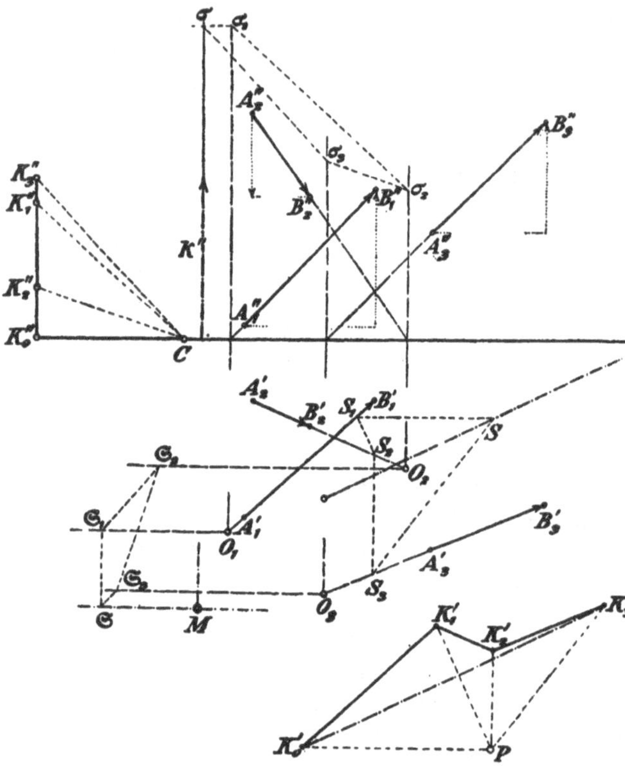

Fig. 111.

kann durch jede ihm gleiche und gleich gerichtete Strecke im Raume dargestellt werden. Durch O, k' und k'' sind dann Angriffslinie, Größe und Sinn der Kraft AB vollkommen bestimmt. Auf einem O enthaltenden Träger werden wir eine dem Vektor k' gleiche Strecke $A'B'$ annehmen, von B_x aus den Vektor $B_x\mathfrak{B} = k''$ auftragen und durch O'' die Parallele $A''B''$ zu $A_x\mathfrak{B}$ ziehen.

Ist nunmehr ein beliebiges System von Kräften durch deren Grundrisse und Aufrisse gegeben, so können wir das System zunächst ersetzen durch die in der Grundrißebene liegenden Projektionen $A_1'B_1'$, $A_2'B_2'$, ..., $A_n'B_n'$ der gegebenen Kräfte und die in deren Spurpunkten O_1, O_2, ..., O_n angreifenden Kräfte, deren Vektoren k_1'', k_2'', ..., k_n'' den Projektionen von $A_1''B_1''$, $A_2''B_2''$, ..., $A_n''B_n''$ auf eine Vertikale gleich sind. Die ersten Kräfte können wir mit Hilfe eines ersten Seilpolygons zu einer in g' angreifenden Horizontalkraft k' zusammensetzen, die zweiten nach dem obigen Satze dadurch, daß wir den Mittelpunkt M der in den Punkten O_1, O_2, ..., O_n angreifenden Parallelkräfte k_1'', k_2'', ..., k_n''

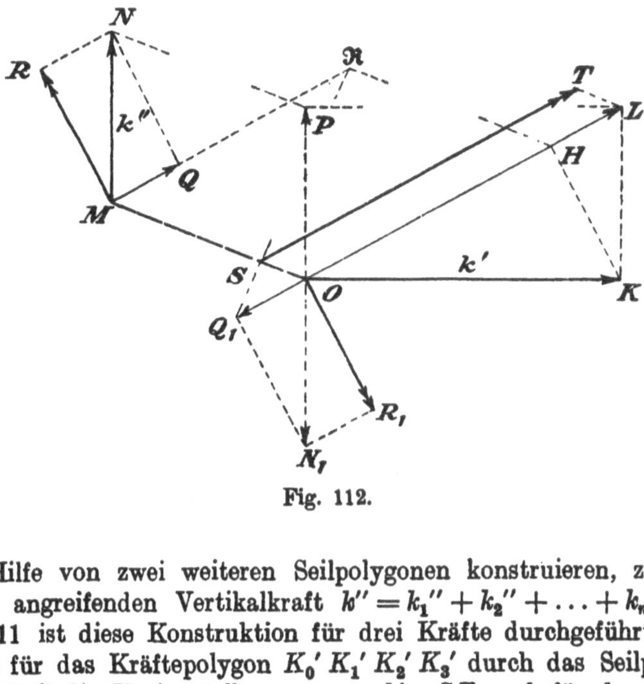

Fig. 112.

mit Hilfe von zwei weiteren Seilpolygonen konstruieren, zu einer in M angreifenden Vertikalkraft $k'' = k_1'' + k_2'' + \ldots + k_n''$. In Fig. 111 ist diese Konstruktion für drei Kräfte durchgeführt; man findet für das Kräftepolygon $K_0' K_1' K_2' K_3'$ durch das Seilpolygon $SS_1S_2S_3S$ die Horizontalkomponente $k' = ST$ und für das Kräftepolygon $K_0'' K_1'' K_2'' K_3''$ durch zwei weitere Seilpolygone die in M angreifende Vertikalkomponente $k'' = K_0''K_3''$.

Eine weitere Reduktion wird zwar, falls M nicht auf g' fällt, nicht möglich sein, wohl aber können wir das Kräftesystem, das jetzt durch k' in g' und k'' durch M repräsentiert ist, auf mannigfaltige Weise durch eine Einzelkraft und ein Kräftepaar ersetzen. Um dies näher zu untersuchen, denken wir uns die beiden aufeinander senkrechten Kräfte k' und k'' in schiefer Parallelprojektion so durch die beiden Strecken OK und MN (Fig. 112) dargestellt, daß O der Fußpunkt des Lotes von M auf die Horizontalkraft ist; (die

Tafel sei diesen beiden Kräften parallel). Nun fügen wir in O zwei Kräfte OP und ON_1 hinzu, welche dem Vektor MN gleich bzw. entgegengesetzt gleich sein mögen, und setzen OK und OP zu einer Resultante zusammen. Alsdann ist unser System ersetzt durch die Einzelkraft OL und das Kräftepaar MN, ON_1. Nun zerlegen wir MN in eine zu OL parallele Komponente MQ und eine darauf senkrechte MR und ebenso ON_1 in OQ_1 und OR_1. Bilden wir dann die Resultante ST der drei Parallelkräfte OL, OQ_1 und MQ derselben Ebene in einer aus der Figur ersichtlichen Weise ($KH \perp OL$,

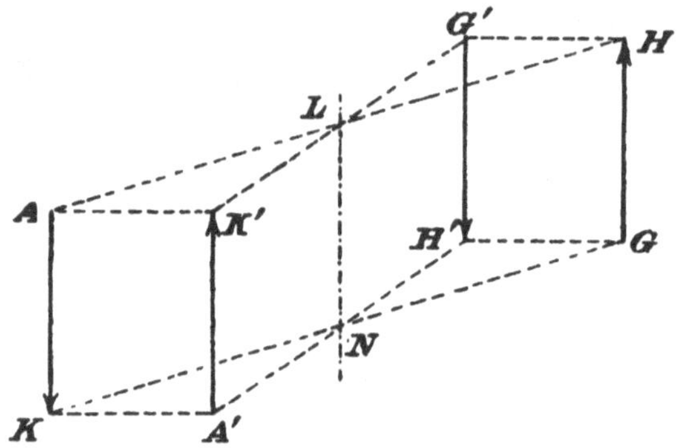

Fig. 113.

$M\mathfrak{R} = \| OH$, $S = (MO, Q_1\mathfrak{R})$, $ST = \| OL$), so haben wir unser System reduziert auf die Einzelkraft ST und das Kräftepaar MR, OR_1 in einer auf ST senkrechten Ebene. Wir kommen in Nr. 84 auf dies Resultat zurück.

Wenn wir von Kräftepaaren im Raume handeln, so bedarf das Vorzeichen seines Moments noch einer Erläuterung, weil sonst die Unterscheidung von Links und Rechts in der 8. Definition auf S. 20 bei beliebiger Neigung der Ebene des Paares ihre Bedeutung verliert. Wir machen daher die folgende Festsetzung:

21. Definition. Das Moment eines **Kräftepaares im Raume** ist positiv oder negativ, je nachdem bei der im Sinne der Kräfte vorgenommenen Umlaufung die Fläche des Momentenparallelogramms zur Rechten oder zur Linken bleibt, insofern die von unten nach oben gerichtete Achse des Beschauers eine als positiv festgesetzte, zur Ebene des Paares senkrechte Pfeilrichtung besitzt.

Nunmehr ist leicht zu sehen, daß ein Kräftepaar auch einem nicht in seiner Ebene gelegenen äquivalent sein kann (Satz 9 auf

S. 21). Wird nämlich das Kräftepaar AK, $A'K'$ nach $G'H'$, GH aus seiner Ebene heraus parallel verschoben (Fig. 113), setzen wir $(AH, G'K') = L$, $(A'H', GK) = N$ und denken uns dem Paare AK, $A'K'$ die sich aufhebenden Kräfte LN und NL hinzugefügt, so ist das Paar AK, NL dem Paare KN, LA, dieses NG, HL und dieses GH, LN äquivalent, ebenso ist auch $A'K'$, LN dem Paare $G'H'$, NL äquivalent, also auch das Paar AK, $A'K'$ dem Paare GH, $G'H'$. Daß bei dieser Parallelverschiebung das Moment des Kräftepaares sein Vorzeichen behält, folgt daraus, daß wir für die Parallelebenen die als positiv festgesetzte, zu ihnen senkrechte Pfeilrichtung beibehalten werden.

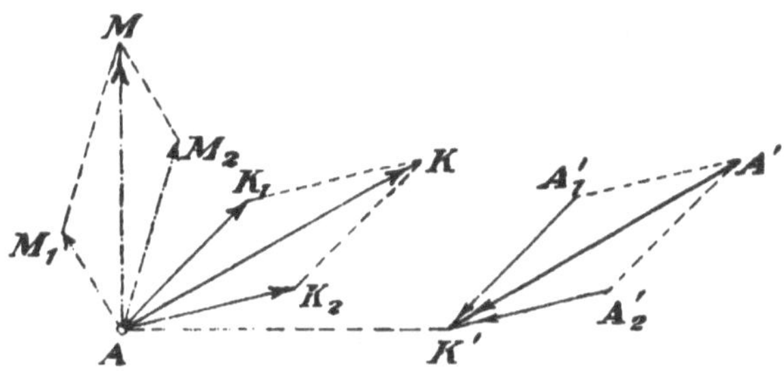

Fig. 114.

In jeder dieser Parallelebenen können nun nach Satz 9 auf S. 21 die beiden parallelen Angriffslinien des Paares beliebig angenommen werden, wenn nur das Moment das gegebene ist. Deshalb denkt man sich ein Kräftepaar auf folgende Weise durch einen zur Ebene des Paares senkrechten Vektor dargestellt:

22. Definition. Unter dem **Momentvektor eines Kräftepaares** versteht man den zur Ebene des Paares senkrechten Vektor, der mit einer konstanten Strecke c ein Rechteck von dem Inhalte des Momentes des Paares bestimmt und diejenige Pfeilrichtung besitzt, für welche das Moment des Paares positiv ist.

Ist der Momentvektor AM irgendwo im Raume gegeben, so können wir folgendermaßen ein durch ihn bestimmtes Kräftepaar AK, $A'K'$ konstruieren (Fig. 114). Wir nehmen $AK' = c$ senkrecht gegen AM an und $AK = AM$ senkrecht gegen AM und AK' so, daß $\Delta\, AKK'$ bei der Umlaufung von A über K nach K' für den Beobachter $\overrightarrow{AM}$ zur Rechten liegt. Macht man dann $K'A'$ mit AK gleich und gleich gerichtet, so ist AK, $A'K'$ das gesuchte Kräftepaar.

Wir können diese Regel auch so aussprechen, daß sich AM mit dem Zeiger einer senkrecht zu AK' und das Zifferblatt gegen K' kehrenden Uhr um 90^0 drehen muß, um mit AK zusammenzufallen. Wir werden also umgekehrt den zu dem Kräftepaare AK, $A'K'$ gehörigen Momentvektor AM erhalten, wenn wir dieses auf den Hebelarm $AK'=c$ reduzieren und dann AK um die Achse AK' entgegengesetzt dem Sinne des Uhrzeigers durch 90^0 drehen.

Sollen daher zwei Kräftepaare zusammengesetzt werden, so nehmen wir auf der Schnittlinie ihrer Ebenen die Strecke $AK'=c$ an und bringen die Kräftepaare auf je zwei Angriffslinien durch A und K' senkrecht gegen AK'. Sind sie dann durch AK_1, $A_1'K'$ und AK_2, $A_2'K'$ dargestellt, so finden wir durch die zu AK' senkrechten Parallelogramme sofort das Resultantenpaar AK, $A'K'$ (Fig. 114). Da nun die entsprechenden Momentvektoren AM_1, AM_2 und AM durch obige Drehung aus AK_1, AK_2 und AM entstehen, so ist klar, daß AM die Diagonale des durch AM_1 und AM_2 bestimmten Parallelogramms ist. Wir haben daher den Satz (2. Definition auf S. 2):

Satz 71. *Irgend zwei Kräftepaare bestimmen ein Resultantenpaar, dessen Momentvektor gleich der geometrischen Summe der Momentvektoren der Komponentenpaare ist.*

Nunmehr können wir auch beweisen, daß die auf S. 201 gegebene Reduktion irgend eines Kräftesystems auf eine Einzelkraft k und ein Kräftepaar, dessen Momentvektor zu k parallel ist, nur auf eine Weise möglich ist. Eine Einzelkraft und ein Kräftepaar können nämlich einander niemals das Gleichgewicht halten. Denn reduzieren wir das Paar auf zwei Kräfte, von denen eine die Einzelkraft schneidet, so ergibt sie mit dieser eine Resultante, die eine von der anderen Kraft des Paares verschiedene Richtung hat. Könnte nun das Kräftesystem auch auf die Einzelkraft l und ein Kräftepaar vom Momentvektor $n \parallel l$ gebracht werden, so müßte die Einzelkraft $-l$ mit dem Paare vom Momentvektor $-n$ der Einzelkraft k und dem Paare vom Momentvektor m das Gleichgewicht halten. Nun ergeben aber die beiden Kräftepaare, wenn sie sich nicht aufheben, wieder ein Paar, das nur durch ein Kräftepaar aufgehoben werden kann, so daß jedenfalls die Vektoren von k und l gleich sein müssen. Dann steht aber das letzte Resultantenpaar auf k und $-l$ senkrecht, kann also dies Paar nicht aufheben. Demnach kann Gleichgewicht nur stattfinden, wenn k mit l, also auch m mit n übereinstimmt. Wir erhalten daher den Satz:

Satz 72. *Ein beliebiges Kräftesystem im Raume kann stets auf eine und nur eine Art auf eine Einzelkraft und ein Kräftepaar, dessen*

Ebene auf der Einzelkraft senkrecht steht, gebracht werden; die Einzelkraft heißt dann die **Zentralachse** *des Systems.*

Hierin sind natürlich die besonderen Fälle einbegriffen, daß entweder das Moment des Kräftepaares oder die Einzelkraft oder beide verschwinden.

34. Abbildung der Vektoren auf die Kräfte einer Ebene, Zerlegung eines Vektors.

Unsere Darstellung der Kräfte im Raume durch ihre Projektionen auf eine Horizontalebene und eine Vertikallinie sowie die Horizontalspuren ihrer Angriffslinien ergibt zwar eine befriedigende graphische Lösung der Aufgabe, beliebig viel Kräfte im Raume zusammenzusetzen, aber schon die Zerlegung von Kräften durch einen Punkt oder von Vektoren erfordert, so einfach sie auch durch eine Raumkonstruktion zu beschreiben ist, für ihre wirkliche Ausführung neue Hilfsmittel der darstellenden Geometrie. Wir wollen deshalb diese Aufgabe nach v. Mises[1] durch eine Abbildung der Vektoren auf die Kräfte einer Ebene in eine bekannte Aufgabe der ebenen Graphostatik verwandeln. Die Abbildung sei folgendermaßen definiert:

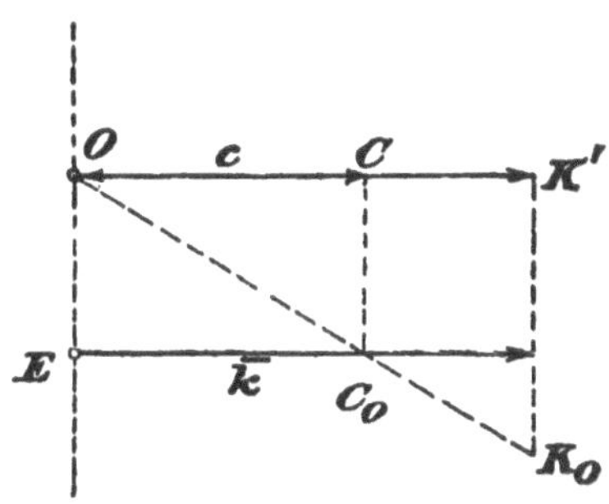

Fig. 115.

23. Definition. Als **Bild jedes Vektors** OK durch einen festen Punkt O der Grundrißebene bezeichnet man die Kraft $\bar{k}$ dieser Ebene, deren Vektor dem Grundrisse $k' = OK'$ von OK gleich ist, und deren Drehmoment in bezug auf den Punkt O auch dem Vorzeichen nach durch die Projektion k_z von OK auf die nach oben gerichtete Vertikale OZ dargestellt ist; als das Bild eines auf OZ fallenden Vektors ist das zu ihm als Momentvektor gehörige Kräftepaar zu betrachten.

Hiernach können wir dieses Bild des Vektors OK aus OK' und k_z dadurch konstruieren, daß wir (Fig. 115) auf OK' die Strecke $OC = c$ und in K' senkrecht auf OK' die Strecke $k_z = K' K^0$ je nachdem, ob k_z positiv oder negativ ist, nach links oder nach rechts auf-

[1] Vgl. v. Mises, Graphische Statik räumlicher Kräftesysteme. Zeitschr. f. Math. u. Phys. Bd. 64.

tragen; dann ist der Schnittpunkt C^0 des Lotes in C auf OC mit OK^0 ein Punkt der Angriffslinie von $\bar{k}$. Die Figur zeigt dann, wie man auch umgekehrt aus $\bar{k}$ den Grundriß k' und die Projektion k_z auf OZ auch dem Vorzeichen nach finden kann. Wie zu einem Vektor auf OZ das Kräftepaar gefunden werden kann und umgekehrt, haben wir auf S. 203 gezeigt. Die in der Grundrißebene gelegenen Vektoren entsprechen offenbar sich selbst.

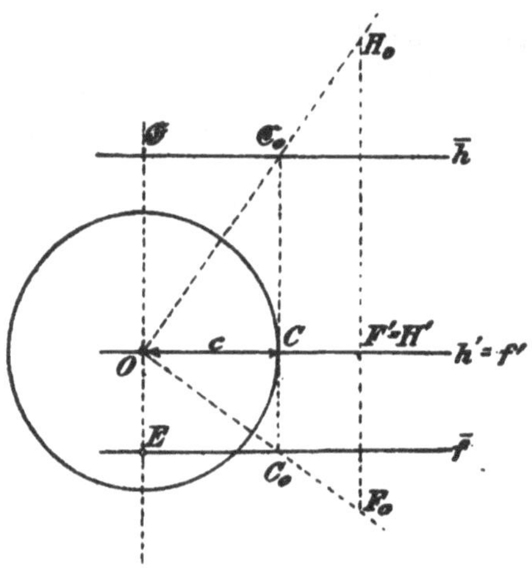

Fig. 116.

Die Figur lehrt außerdem, daß, wenn K sich auf derselben Geraden durch O bewegt, dasselbe von K' und K^0 gilt, also $\bar{k}$ in derselben Angriffslinie bleibt; denn OK^0 ist die Umlegung der Geraden OK in die Grundrißebene mit der Projektionsebene $OK'K$. Es gilt daher der Satz:

Satz 73. *Die Bilder der in denselben Strahl durch O fallenden Vektoren liegen in derselben Geraden, dem Bilde des Strahles, und umgekehrt.*

Die Nützlichkeit unserer Abbildung leuchtet sofort aus dem folgenden Satze ein:

Satz 74. *Das Bild der geometrischen Summe mehrerer Vektoren durch O ist die Resultante ihrer Bilder und umgekehrt.*

Denn erstens ist der Grundriß der geometrischen Summe der Vektoren gleich der geometrischen Summe ihrer Grundrisse und zweitens ihre Projektion auf OZ gleich der algebraischen Summe der Projektionen. Da wir nach Satz 11 auf S. 24 die Resultante eines ebenen Kräftesystems durch Bildung einerseits der Vektorsumme und andererseits der algebraischen Summe der Drehmomente der Komponenten finden können, so ist unser Satz bewiesen. Er erlaubt erstens die Zusammensetzung von beliebig viel Vektoren mit Hilfe eines Seilpolygons und zweitens die Zerlegung eines Vektors durch O nach drei Richtungen (vgl. Satz 73) durch das Verfahren der 5. Aufgabe auf S. 28.

Um aber die Ausnahmefälle richtig zu verstehen, müssen wir die Abbildung der Strahlen durch O auf die Geraden der Grundrißebene noch genauer untersuchen. Betrachten wir zuerst die Bilder der Strahlen einer Ebene ε mit der Grundrißspur e und der auf e senkrechten Fallinie f, deren Projektion f' also auf e senkrecht steht und deren Bild $\bar{f}$ die e in einem Punkte E schneiden wird, durch den nach Satz 74 die Bilder aller Strahlen von ε laufen müssen (Fig. 116). Denn wir können jeden Vektor eines solchen Strahles als Resultante zweier in e und f gelegenen Vektoren betrachten. Konstruieren wir nun den Punkt E nach Fig. 115 und ebenso das Bild $\bar{h}$ des auf der Ebene ε senkrechten Strahles h durch O, dessen Grundriß h' ja auf f' fällt, so folgt aus der Ähnlichkeit der beiden Dreiecke OCC^0 und $\mathfrak{C}^0CO$, daß $CC^0 : CO = CO : C\mathfrak{C}^0$, daß also $OE \cdot O\mathfrak{C} = -c^2$, wenn $\mathfrak{C}$ der notwendig von E durch O getrennte Schnittpunkt von e mit $\bar{h}$ ist; denn die zu demselben Grundrisse $F' = H'$ gehörigen Punkte F und H von f und h müssen, weil $f \perp h$ ist, durch die Grundrißebene getrennt sein. Es ist daher E der statische Pol von $\bar{h}$ für ein Profil, dessen Zentralellipse der Kreis um O mit dem Radius c ist (vgl. S. 187). Wir erhalten daher den Satz:

Satz 75. *Die Bilder der Strahlen einer Ebene ε laufen durch denjenigen Punkt E ihrer Spur e, welcher der statische Pol des Bildes $\bar{h}$ des auf ε senkrechten Strahles in bezug auf ein Profil, dessen Zentralellipse der Kreis um O mit dem Radius c ist, oder der Antipol von $\bar{h}$ für diesen Kreis $\mathfrak{c}$ ist.*

Steht die Ebene ε auf der Grundrißebene senkrecht, so rückt offenbar der Bildpunkt E ins Unendliche. Nun entspricht dem gemeinsamen Strahle zweier Ebenen die Verbindungsgerade ihrer Bildpunkte, also dem Strahle OZ die unendlich ferne Gerade. Demnach kommen wir auch hierdurch zu unserer Festsetzung, daß die Bilder der Vektoren von OZ Kräftepaare sein sollen. Denn nach Satz 4 auf S. 9 haben wir als Resultante zweier entgegengesetzt gleicher Kräfte die unendlich ferne Gerade zu betrachten.

Unser Satz zeigt, daß die Aufgabe, einen Vektor nach drei Richtungen zu zerlegen, nur dann keine oder unendlich viele Lösungen besitzen wird, wenn die drei Richtungen derselben Ebene parallel sind; denn dann werden die entsprechenden drei Angriffslinien der Grundrißebene durch einen Punkt laufen (Satz 14 auf S. 31). Aus dem Satze ergibt sich sofort der folgende:

Satz 76. *Stehen zwei Vektoren durch O aufeinander senkrecht, so geht das Bild des einen durch den Antipol des anderen für den Kreis $\mathfrak{c}$ und umgekehrt.*

Geht nämlich $\bar{k}$ durch den Antipol E von $\bar{h}$, so liegt k in der auf h senkrechten Ebene, steht also senkrecht auf h.

35. Zusammensetzung und Zerlegung beliebiger Kräfte im Raume.

Handelt es sich nicht nur um Vektoren oder Kräfte mit demselben Angriffspunkte, so wird die Kraft (k) vollständig bestimmt sein durch ihren Vektor OK, den wir wieder durch sein Bild $\bar{k}$ darstellen können, und durch die Grundrißspur K_1 ihrer Angriffslinie. Nun versagt aber diese Bestimmung schon dann, wenn die Kraft (k) der Grundrißebene parallel ist. Wir fügen deshalb in O zwei sich aufhebende Kräfte OK und $O\mathfrak{K}$ hinzu, so daß die gegebene Kraft (k) ersetzt ist durch OK und das Kräftepaar (k), $O\mathfrak{K}$, das wir nach der 22. Definition auf S. 203 durch den auf der Ebene $O(k)$ senkrechten Momentvektor OM darstellen können. Ist $\bar{m}$ das Bild dieses Vektors, so wird nun die beliebige Kraft (k) durch $\bar{k}$ und $\bar{m}$ bestimmt sein, falls $\bar{m}$ den sogenannten Antipol E von $\bar{k}$ für den Kreis $\mathfrak{c}$ (Spiegelbild des Poles) enthält. Denn konstruieren wir nach S. 203 das zu dem Vektor OM gehörige Kräftepaar in der auf OM senkrechten, also nach dem letzten Satze auch OK enthaltenden Ebene, so ist die Resultante von OK mit diesem Paare die gesuchte Kraft (k). Es werden also $\bar{k}$ und $\bar{m}$ dann und nur dann eine Einzelkraft (k) bestimmen, wenn $\bar{m}$ den Antipol von $\bar{k}$ für den Kreis $\mathfrak{c}$ enthält; denn dann und nur dann ergibt OK mit dem durch OM bestimmten Kräftepaare eine Resultante.

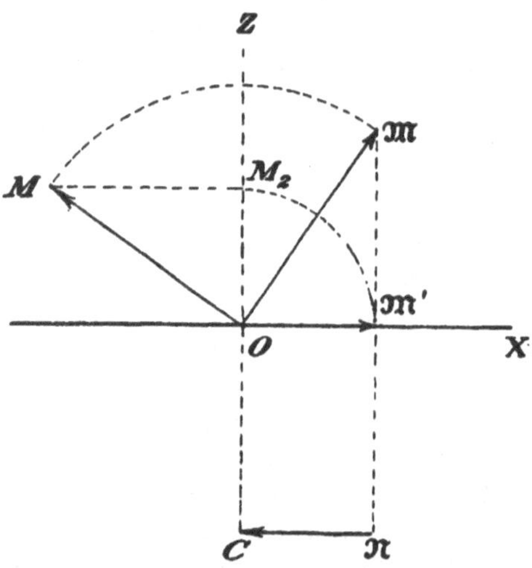

Fig. 117.

Für uns wird es sich aber darum handeln, aus $\bar{k}$ und $\bar{m}$ den Spurpunkt K_1 dieser Resultante durch Konstruktionen in der Grundrißebene selbst zu finden. Nun liegt K_1 erstens auf der Spur e jener Ebene, welche die Senkrechte durch O auf $\bar{m}$ ist. Es wird also genügen, den Grundriß (k') jener Resultante zu finden, d. h. die Resultante von OK' und dem Grundrisse jenes Kräftepaares. Es läßt sich aber leicht zeigen, daß dieser Grundriß dasselbe Moment hat wie das Paar $\bar{m}$, $M'O'$. Wählen wir nämlich C auf e so, daß

$OC = c$ ist, so erhalten wir nach S. 204 einen Arm des gesuchten Paares, wenn wir OM um die Achse e im Sinne des Uhrzeigers (von C aus gesehen) durch 90^0 nach $O\mathfrak{M}$ drehen, während der andere Arm durch die entgegengesetzt gleiche Strecke $\mathfrak{N}C$ dargestellt ist (Fig. 117 im Zweitafelsystem). Bei dieser Drehung geht aber auch M_z in den Grundriß $\mathfrak{M}'$ von $\mathfrak{M}$ über und $O\mathfrak{M}'$, $\mathfrak{N}C$ ist der Grundriß des gesuchten Paares. Dieses hat also in der Tat auch dem Vorzeichen nach dasselbe Moment wie das Paar $\bar{m}$, $M'O$ (22. Definition auf S. 203), weil es ebenfalls mit OM_z positiv oder negativ ist.

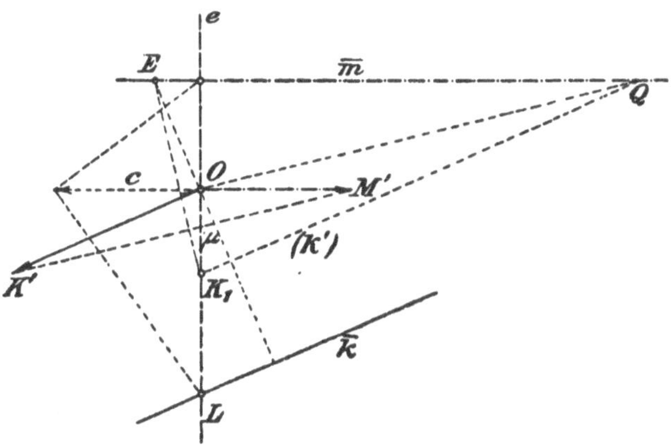

Fig. 118.

Wir haben daher, um (k') zu finden, nur die Resultante von OK', $M'O$ und $\bar{m}$ zu konstruieren, also durch den Schnittpunkt Q von $\bar{m}$ mit der Parallelen durch O zu $M'K'$ die Parallele zu OK' zu ziehen (Fig. 118); sie schneidet e in dem gesuchten Spurpunkte K_1 von (k). Die Resultante (k') kann hiernach stets gefunden werden, auch dann, wenn $\bar{k} \parallel$ oder $\perp \bar{m}$ ist. Im ersten Falle ist auch $(k') \parallel \bar{m}$, und man wird K_1 nach Satz 4 auf S. 9 konstruieren. Im zweiten Falle ist auch $k' \perp \bar{m}$, K_1 fällt ins Unendliche und (k) ist parallel der Grundrißebene, was auch darin zum Ausdrucke kommt, daß $\bar{k}$ durch O geht. Wollen wir keine zweite Tafel benutzen, so können wir (k) nicht anders darstellen, als durch ihren Grundriß (k') und die auf OM senkrechte Ebene, deren Bild der Antipol L von $\bar{m}$ ist (Satz 75 auf S. 207).

Ist (k) senkrecht zur Grundrißebene, so fällt OM in diese. Konstruiert man dann aus $OC = c$ und OM das Rechteck $COM\mathfrak{N}$ in rechtläufigem Sinne, und fällt der Vektor OK von (k), den wir uns durch ein Kräftepaar in der Grundrißebene gegeben zu denken haben, bei der Drehung von 90^0 um OC im Sinne des Uhrzeigers nach $O\mathfrak{K}$, so schneidet offenbar die Resultante von $O\mathfrak{K}$ und dem Kräftepaare OM, $\mathfrak{R}C$ aus der Geraden OC den Spurpunkt K_1 von (k) aus.

Sehen wir von diesen besonderen Fällen ab, so können wir unserer Regel zur Konstruktion von K_1 aus $\bar{k}$ und $\bar{m}$ noch eine andere Fassung geben. Weil $OE \perp \bar{k}$ oder K_1Q und $OK_1 \perp QE$ ist, so ist nach dem Satze vom Höhenschnittpunkte des Dreiecks EK_1Q auch $OQ \perp EK_1$. Wir erhalten daher das Resultat:

Satz 77. *Hat der Vektor einer Kraft* (k) *das Bild* $\bar{k}$ *und der Vektor ihres Momentes für den Punkt* O *das Bild* $\bar{m}$ *in der Grundrißebene, so ist die Grundrißspur von* (k) *der Schnittpunkt des Lotes von* O *auf* $\bar{m}$ *mit dem Lote von dem auf* $\bar{m}$ *liegenden Antipole* E *von* $\bar{k}$ *zu* $K'M'$, *wo* OK' *und* OM' *die Grundrißebene der beiden Vektoren sind* (*v. Mises*).

Der Satz gilt zwar auch in den Ausnahmefällen, doch führt er dann nicht zur Bestimmung von K_1. Die ebene Konstruktion bleibt zwar auch bestehen, wenn E nicht auf $\bar{m}$ liegt, dann fehlt ihr aber die räumliche Bedeutung, weil der Vektor OK nicht in einer auf OM senkrechten Ebene liegt, das Kräftepaar also nicht mit OK zu einer Einzelkraft zusammengesetzt werden kann.

Die Figur zeigt auch, daß die Raumgerade (g), welche die Angriffslinie der Kraft (k) ist, durch die Geraden $\bar{k}$ und $\bar{m}$ nicht vollständig bestimmt ist, sie gehört aber einer Schar von Parallelgeraden an, die in der Ebene liegen, deren Bild der Antipol L von $\bar{m}$ ist. Hingegen kann die Gerade durch die Gerade $\bar{k}$ und die übrigens willkürlich zu wählende Spur vollkommen bestimmt werden.

Sollen nunmehr beliebig viel Kräfte des Raumes zusammengesetzt werden, so wird man sich die Kräfte durch die Bilder $\bar{k}_1, \bar{k}_2, \ldots, \bar{k}_n$ ihrer Vektoren einerseits und durch die Bilder $\bar{m}_1, \bar{m}_2, \ldots, \bar{m}_n$ der Vektoren ihrer Momente für O gegeben denken, dann die ersten mit Hilfe eines Seilpolygons zu einer Resultante $\bar{k}$ und ebenso die zweiten zu einer Resultante $\bar{m}$ zusammensetzen. Da aber $\bar{m}$ im allgemeinen nicht durch den Antipol E von $\bar{k}$ gehen wird, so werden wir im allgemeinen keine Einzelkraft als Resultante erhalten, sondern nur eine Einzelkraft OK und ein Kräftepaar, dessen Ebene auf OM senkrecht steht, aber OK nicht enthält. Es ist aber sehr leicht hieraus die Zentralachse des Systems zu bestimmen oder die Aufgabe zu lösen:

22. Aufgabe. Ist ein Kräftesystem gegeben durch die Bilder $\bar{k}$ und $\bar{m}$ einer Einzelkraft OK und des Momentvektors OM eines Kräftepaares, das mit der Einzelkraft

zusammen dem Systeme äquivalent ist, so soll seine **Zentralachse** gefunden werden, d. h. diejenige Einzelkraft, die mit einem auf ihm senkrechten Kräftepaare dem Systeme äquivalent ist.

Da nämlich das Bild des Momentvektors des neuen Kräftepaares auf die Gerade $\bar{k}$ fallen soll, so zerlegen wir $\bar{m}$ in eine auf $\bar{k}$ fallende und eine durch den Antipol E von $\bar{k}$ laufende Komponente, QE in Fig. 119, während Größe und Pfeilrichtung der Komponenten durch OM_2' und OM_1' dargestellt sind. Nunmehr bestimmen $\bar{k}$

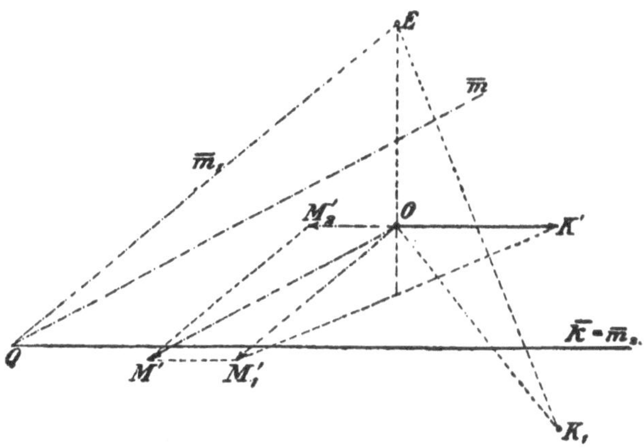

Fig. 119.

und $\bar{m}_1$ in der Tat eine Einzelkraft, die mit dem durch $\bar{m}_2$ bestimmten Kräftepaare dem gegebenen Systeme äquivalent ist, und dieses steht senkrecht auf der Einzelkraft. Die Senkrechten durch O zu $\bar{m}_1$ und durch E zu $M_1' K'$ schneiden sich dann nach dem letzten Satze in dem Spurpunkte K_1 der Zentralachse.

Als Vorbereitung für die wichtige 24. Aufgabe behandeln wir die folgende:

23. Aufgabe. Das Moment $\bar{n}$ eines durch $\bar{k}$ und $\bar{m}$ bestimmten Kräftesystems für irgend einen Punkt P der Grundrißebene zu finden.

Dieses Moment $\bar{n}$ ist der 4. Definition auf S. 23 gemäß und nach Satz 71 auf S. 204 die geometrische Summe der drei Kräftepaare, die aus OK, den Armen AB und $A'B'$ des durch $\bar{m}$ bestimmten Paares einerseits und den ihnen entgegengesetzt gleichen Kräften $P\mathfrak{K}$, $P\mathfrak{B}$ und $\mathfrak{B}P$ durch P andererseits bestehen (Fig. 120). Nun ist die geometrische Summe der beiden letzten Momente gleich dem Momente des Paares selbst. Das erkennt man am einfachsten dadurch, daß man die Kräfte des Paares in den Fußpunkten A, B' der Lote von P auf ihre Angriffslinien anfangen bzw. endigen läßt. Dann erhält man den Momentvektoren gleich gerichtete und proportionale Strecken, wenn PA, $B'P$ und ihre Resultante $B'A$ um die Achse $P\mathfrak{B}$ durch 90° dreht. Es ist daher das gesuchte Moment $\bar{n}$ die Summe des Moments $\bar{m}$ und desjenigen des Kräftepaares OK, $P\mathfrak{K}$; $\bar{n}$ entsteht daher auch durch Subtraktion des Moments $\bar{\bar{m}}$ einer in P angreifenden Kraft, deren Vektor das Bild $\bar{k}$ in bezug auf O besitzt, vom Momente $\bar{m}$. Nun liegt $\bar{\bar{m}}$ in der Senkrechten aus dem Antipole E von $\bar{k}$ auf PO und der Grundriß $O\bar{\bar{M}}$ seines Originals wird auf der Parallelen durch O zu $\bar{\bar{m}}$ durch das Lot von K' auf PE ausgeschnitten (Satz 77). Es ist daher (Fig. 121) ON' gleich und gleich gerichtet mit $\bar{\bar{M}}M'$ und $\bar{n}$ die Parallele dazu durch $(\bar{m}, \bar{\bar{m}})$, womit unsere Aufgabe gelöst ist. Ist das System einer Einzelkraft äquivalent, läuft also $\bar{m}$ durch E, so tut es auch $\bar{n}$, entspricht daher auch einem auf OK senkrechten Vektor, was geometrisch evident ist.

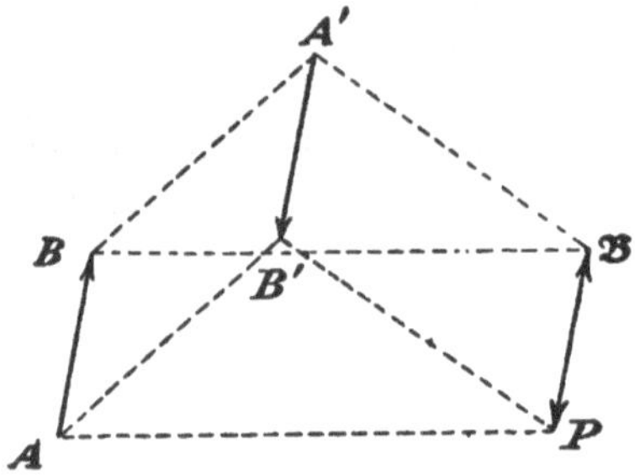

Fig. 120.

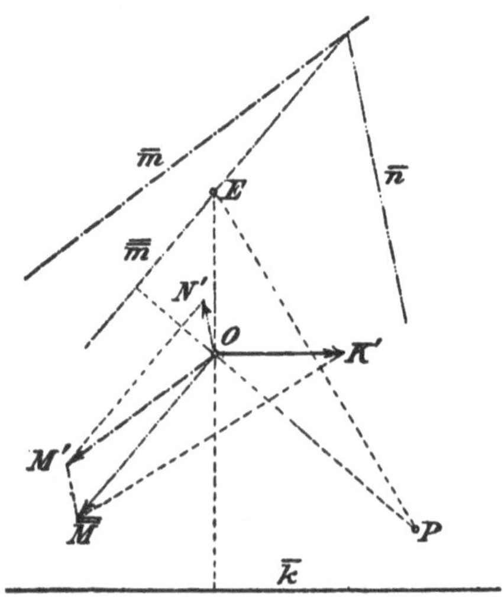

Fig. 121.

Nun haben wir schon in Nr. 32 ein beliebiges Kräftesystem in zwei Komponenten zerlegt, von denen die eine k' in der Grundrißebene und die andere p darauf senkrecht steht. Ist daher h' der Grundriß irgendeiner Geraden, so können wir zuerst k' zerlegen nach einer Komponente in h' und einer zweiten durch (k', h') und den Spurpunkt O von p und diese zweite Komponente mit p zu einer Resultante s vereinigen. Zerlegen wir daher weiter die erste Komponente nach h und der Geraden durch den Spurpunkt H_1 von h

und den Schnittpunkt von q mit der Ebene $[h, h']$, so können wir die zweite Komponente wieder mit s zu einer Resultante l vereinigen und haben so das gegebene Kräftesystem in zwei Komponenten zerlegt, von denen die eine in einer beliebigen Geraden liegt, wodurch deren Größe sowie Lage und Größe der zweiten Kompo-

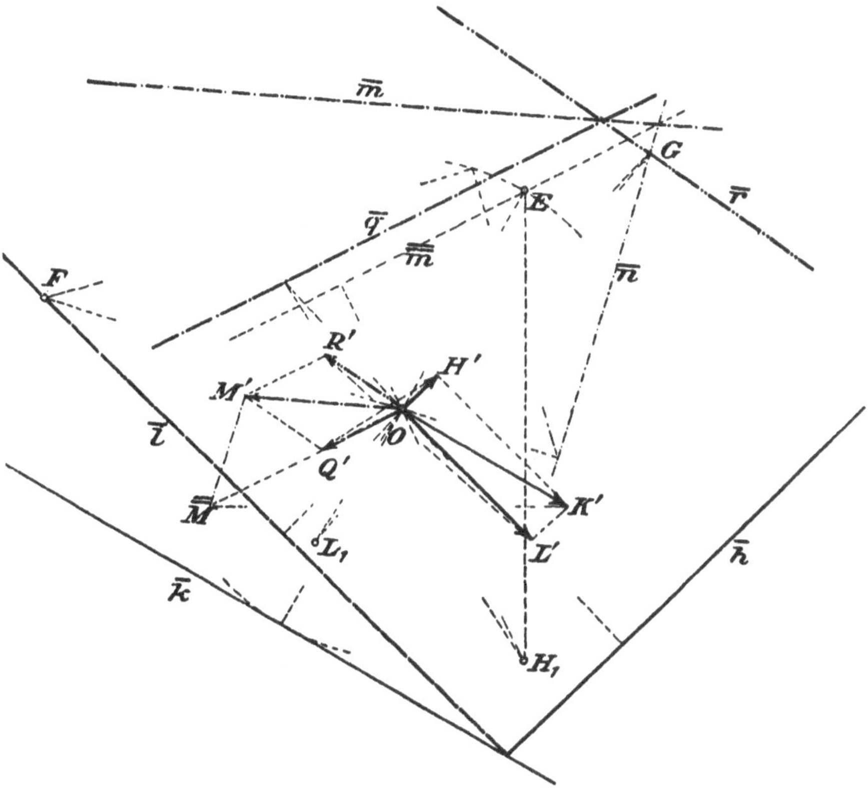

Fig. 122.

nente l bestimmt sind. Es wird nun darauf ankommen, dies wirklich zeichnerisch durchzuführen und dabei auch die Bedingungen des Problems kennen zu lernen. Wir behandeln also die Aufgabe:

24. Aufgabe. Ein durch $\bar{k}$ und m bestimmtes Kräftesystem in zwei Komponenten zu zerlegen, deren eine Angriffslinie durch $\bar{h}$ und den Spurpunkt H_1 gegeben ist.

Ist eine solche Zerlegung gefunden, so ist das Moment $\bar{n}$ des Systems für H_1 zugleich das Moment der zweiten Kraft (l) für H_1.

Demnach ist $\bar{l}$ (Fig. 122) die Verbindungslinie von $(\bar{k}, \bar{h})$ mit dem Antipole F von $\bar{n}$, das wir nach der vorigen Aufgabe konstruiert denken. Hier sind aber zwei Fälle auszunehmen.

Liegt F erstens auf $\bar{k}$, also auch E auf $\bar{n}$ und deshalb auch auf $\bar{\bar{m}}$ und $\bar{m}$, so ist unser Kräftesystem einer Einzelkraft äquivalent, kann also nur dann eine Komponente in der Geraden $(\bar{h}, H_1)$ haben, wenn diese mit der Einzelkraft in einer Ebene liegt, also $H_1 K_1$ parallel zur Geraden durch O und den Punkt $(\bar{h}, \bar{k})$ ist. Dann kann $(\bar{l}, L_1)$ eine beliebige Gerade durch diesen Punkt in jener Ebene sein, und die Zerlegung kann in bekannter Weise erfolgen, was der Leser selbst ausführen mag. Keine Lösung des Problems gibt es aber, wenn $\bar{h}$ den Antipol F von $\bar{n}$ enthält, weil das System im allgemeinen nicht in zwei Komponenten gleicher Richtung zerlegt werden kann. Da den Geraden der Grundrißebene durch F in O die Strahlen einer Ebene entsprechen (Satz 75 auf S. 207), so erfüllen diese Ausnahmegeraden durch H_1 eine Ebene, welche Nullebene des Systems genannt wird; wir müssen uns versagen, hierauf näher einzugehen.

Sehen wir von diesen Ausnahmefällen ab, so können wir unsere Lösung folgendermaßen vervollständigen. Man findet zuerst OH' und OL' durch Zerlegung von OK' nach den Richtungen $\bar{h}$ und $\bar{l}$. Konstruiert man nun zu der Kraft $\bar{h}$ mit dem Angriffspunkte H_1 nach Satz 77 das Moment $\bar{q}$ von der Größe OQ', so stellt die zu $Q'M'$ parallele Gerade $\bar{r}$ durch $(\bar{m}, \bar{q})$ und $OR' = Q'M'$ das zur zweiten Komponente (l) gehörige Moment dar, woraus auch deren Spurpunkt L_1 gefunden werden kann; $\bar{r}$ muß außerdem den auf $\bar{n}$ liegenden Antipol von $\bar{l}$ enthalten.

Wir müssen hier der Versuchung widerstehen, den Gegenstand weiter zu verfolgen, da wir nur die Elemente der räumlichen graphischen Statik geben wollten. Es möge nur noch bemerkt werden, daß die nach v. Mises entwickelte Abbildungsmethode der Kräfte des Raumes zugleich eine neue Methode der darstellenden Geometrie enthält, die den Zwecken der graphischen Statik angepaßt ist. Wie jede Gerade h durch ihre Grundrißspur H_1 und das Bild $\bar{h}$ des Parallelstrahls durch O dargestellt ist, so können wir jeden Punkt P durch seinen Grundriß P' und das zu OP' parallele Bild $\bar{p}$ von OP darstellen. Soll der Punkt P auf der Geraden h liegen, so muß $H_1 P' \parallel \bar{h}$ sein und der Punkt $(\bar{h}, \bar{p})$ auf OH_1 liegen. Eine Ebene ε wird dargestellt durch den Bildpunkt E der Parallelebene durch O und die zu OE parallele Spur e_1. Diese Darstellung ist zugleich unabhängig von der konstanten Strecke c, die erst in Frage kommt, sobald es sich um senkrechte Geraden oder Ebenen handelt. Auch hierauf können wir nicht weiter eingehen.

36. Ein einfaches räumliches Fachwerk.

Die in Nr. 34 entwickelte Zerlegung von Vektoren nach gegebenen Richtungen wollen wir dazu benutzen, um die Spannungen in den Stäben eines einfachen räumlichen Fachwerkkrahns zu ermitteln, ohne jedoch näher auf die allgemeinen Gesetze der Stabilität eines räumlichen Fachwerks und seiner Lagerung einzugehen. Das Fachwerk, das durch Fig. 123 im Grund- und Aufriß dargestellt ist, besteht aus den beiden Tetraedern $ABDE$ und $CBDE$ mit dem gemeinsamen Stabdreieck BDE. Die Eckpunkte C, D, E des unteren Dreiecks sind als Auflagergelenke aufzufassen, welche durch insgesamt sechs Stäbe mit dem festen Boden verbunden sind. Punkt C stellt mit seinen drei nicht in einer Ebene gelegenen, zum Boden gehenden Stäben CP_1, CP_2, CP_3 ein festes Auflagergelenk dar; D und E sind beweglich, aber von verschiedenem Grade, da E mit zwei Stäben EP_4 und EP_6, D aber nur mit einem Stabe DP_5 am Boden befestigt ist, so daß sich vermöge dieser Verbindung mit dem Boden E auf einer Kreislinie, D auf einer Kugelfläche bewegen könnte. Die genannten sechs Stäbe reichen gerade hin, um das aus den beiden Tetraedern bestehende Fachwerk starr zu lagern. Was die Auflagerreaktionen betrifft, so muß eine solche für D in die Stabachse DP_5 fallen, für E in die Ebene der beiden Stäbe EP_4 und EP_6, während sie für C eine ganz beliebige Richtung haben kann, damit sie durch die genannten Stäbe vermittelt werde. Wir wollen aber direkt mit der Bestimmung der Stabspannungen im Fachwerke beginnen, wobei sich die Auflagerreaktionen von selbst ergeben werden.

Hierzu stellen wir zunächst die Stabachsen in Fig. 123b) nach unserem Abbildungsverfahren dar. Der Anfangspunkt O und die konstante Strecke c können willkürlich angenommen werden. Wir wählen zur Vereinfachung der Konstruktion als Strecke c die doppelte Länge der mehrfach in der Figur auftretenden Strecke $\frac{c}{2} = P_1'' P_3'' = C'B' = P_4E' = E'P_6 = P_5D'$. Die Bilder der horizontalen Stäbe 7, 8, 9 gehen durch O und sind den ersten Projektionen parallel. Die Bilder der zur zweiten Tafel parallelen Stäbe 1, 6, 10, 11, 12 sind parallel zur trennenden Achse der beiden Tafeln, und ihre Abstände von O werden angegeben durch diejenigen aus dem Aufrisse leicht zu ermittelnden Strecken, um welche diese Stäbe über der horizontalen Basis c in vertikaler Richtung steigen. Es sind für 1 und 6 die doppelten Größen von $\beta B''$ und $\beta_1 B''$, für 10, 11 und 12 diejneigen von $\delta D''$, wobei die parallelen Geraden 10 und 11 im Bilde zusammenfallen, während das Bild der symmetrisch geneigten 12 die bezüglich O symmetrische Gerade ist. Nun liegen 4 und 5 beziehungsweise mit 6, 8 und 9, 8 in je einer Ebene, ihre Bilder in b) gehen also nach Satz 75 auf S. 207 durch die Bildschnittpunkte (6, 8) bzw. (6, 9). 2 liegt mit 1, 4 und 3 mit 1, 5 in je einer Ebene, ihre Bilder in b) gehen folglich durch die Punkte (1, 4) und (1, 5). Schließlich sind die Geraden 13 und 14 mit 10

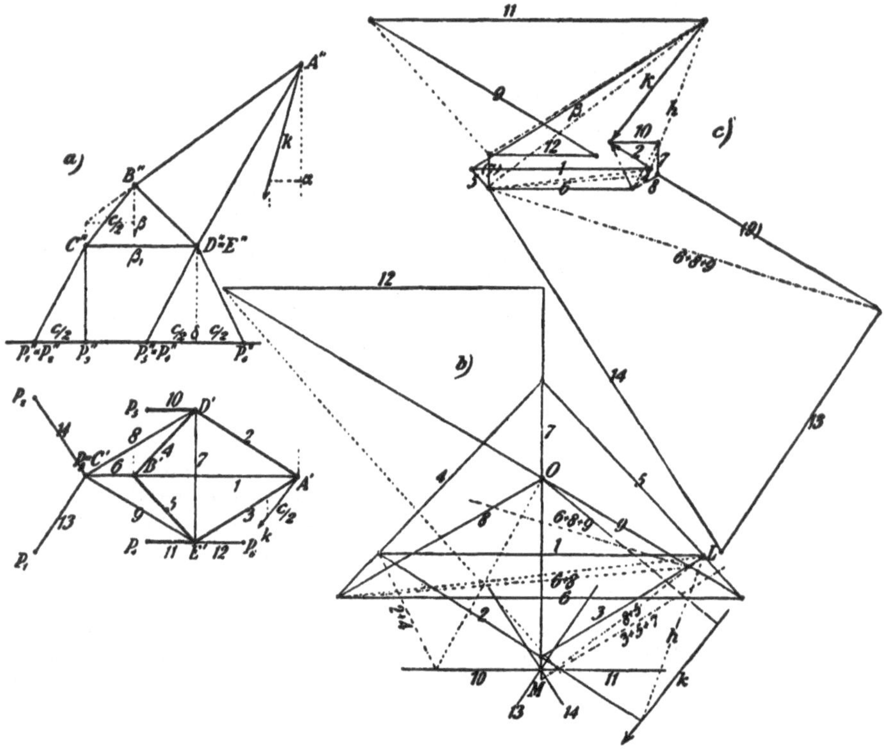

Fig. 123.

und 7 zu einer Ebene parallel, ihre Bilder in b) laufen also durch den Schnittpunkt (7, 10). Das Bild der Angriffslinie der Kraft k wird im Abstande $2 \cdot aA''$ von O gefunden.

Die Kräftezerlegung ist nun in einer neuen Figur c) systematisch durchgeführt worden, wobei zunächst der Vektor k parallel und gleich dem Bilde der Kraft k an beliebiger Stelle der Zeichenebene angenommen werde. Nunmehr ist diese Kraft in die durch A laufenden Stabrichtungen 1, 2, 3 zu zerlegen. Hierzu haben wir nach 206 in Fig. b) die im Bilde von k wirkende Kraft nach den

Bildern von 3, 1, 2 zu zerlegen, was in Fig. c) unter Benutzung der Hilfskomponente in der Verbindungsgeraden h von $(k, 2)$ und $(3, 1)$ nach Culmann ausgeführt wurde. Das erhaltene Polygon gibt die Bilder der Spannungen ihrer Größe und Pfeilrichtung nach, so daß auch darüber entschieden werden kann, ob sie Druck und Zug bedeuten, was im Grundrisse des Fachwerks in der üblichen Weise angezeigt wurde. In derselben Weise ist die nunmehr bekannte Zugwirkung des Stabes 1 im Punkte B in die Stabrichtungen 5, 6, 4 zu zerlegen; für das Culmannsche Verfahren wurden in b) die Hilfskomponente (1, 5), (4, 6) benutzt und damit in c) die gesuchten Spannungen gefunden. Jetzt haben wir die in D angreifenden Spannungen 4 und 2 zu einer Resultanten zusammenzusetzen, deren Größe und Pfeilrichtung in c) leicht gefunden werden kann, und deren Bild in b) durch den Punkt (2, 4) laufen muß. Diese Resultierende ist in die Stabrichtungen 8, 7, 10 zu zerlegen, wozu die Hilfslinie, die $(2+4, 10)$ mit $(7,8)=O$ verbindet, in b) benutzt wurde. Nun sind in E nur noch die Stabkräfte 11, 9, 12 zu finden, wozu aber die bekannten Stabkräfte 3, 5, 7 zusammenzusetzen sind. 3 und 5 reihen sich in c) schon aneinander und das Bild ihrer Resultierenden geht in b) durch $(3, 5)=L$. 7 muß in c) nach (7) herangeschoben werden, womit die Gesamtresultierende $3+5+7$ in c) und ihr Bild in b) durch den Punkt $(3+5, 7)=M$ erhalten wird. Die Culmannsche Zerlegung wurde mit Benutzung der Hilfsgeraden, die die Punkte $(3+5+7, 11)$ und (9, 12) in b) verbindet, ausgeführt. Am letzten Knotenpunkte C wirken nun die bekannten Stabkräfte 6, 8, 9, die durch Heranschieben von 9 an 8 nach (9) ermittelt wurde, während die Spannungen 13, 14, 15 noch zu finden sind. Von diesen verschwindet in unserer Darstellung die Spannung 15, weil der Stab auf der Bildebene senkrecht steht; wir erhalten daher die Spannungen 13 und 14 durch gewöhnliche Zerlegung der eben gewonnenen Resultierenden $6+8+9$. Die Spannung von 15 erhalten wir, wenn wir das Bild der Angriffslinie jener Resultierenden in b) aufsuchen und das Moment der in ihr wirkenden Kraft $6+8+9$ in bezug auf O auf den Hebelarm c reduzieren. Der Drehungssinn dieses Moments stimmt mit dem Drehungssinn der Momente aller nach oben gerichteten Kräfte bezüglich O in der Abbildung b) überein, d. h. auch diese Stabkraft ist nach oben gerichtet, der Stab 15 ist gezogen.

Hiermit sind alle Spannungen gefunden und zugleich eine Lösung der Aufgabe gegeben, eine Kraft nach den 6 Angriffslinien 10 bis 15 zu zerlegen. Wir begnügen uns mit diesem Beispiele zur Erläuterung der Fruchtbarkeit der Abbildungsmethode von v. Mises.

Register.

FSC
www.fsc.org
MIX
Papier | Fördert gute Waldnutzung
FSC® C083411

Zeitfracht Medien GmbH
Ferdinand-Jühlke-Straße 7
99095 Erfurt, Deutschland
produktsicherheit@kolibri360.de